Anthony Ichuloi Oure

Nowoczesna nauka i technologia

Anthony Ichuloi Oure

Nowoczesna nauka i technologia

Wyzwanie dla ludzkiego samozrozumienia

Wydawnictwo Bezkresy Wiedzy

Imprint
Any brand names and product names mentioned in this book are subject to trademark, brand or patent protection and are trademarks or registered trademarks of their respective holders. The use of brand names, product names, common names, trade names, product descriptions etc. even without a particular marking in this work is in no way to be construed to mean that such names may be regarded as unrestricted in respect of trademark and brand protection legislation and could thus be used by anyone.

Cover image: www.ingimage.com

This book is a translation from the original published under ISBN 978-3-659-84044-9.

Publisher:
Wydawnictwo Bezkresy Wiedzy
is a trademark of
Dodo Books Indian Ocean Ltd., member of the OmniScriptum S.R.L Publishing group
str. A.Russo 15, of. 61, Chisinau-2068, Republic of Moldova Europe
Printed at: see last page
ISBN: 978-620-2-44785-0

Nowoczesna nauka i technologia

ABSTRACT

Ta filozoficzna praca bada fundamentalną ontologię technologii Heideggera. Jego krytyka instrumentalnego opisu technologii wywodzi się bezpośrednio z jego ontologii, która według Heideggera otwiera filozoficzną refleksję, dzięki której może się ujawnić wewnętrzna relacja z technologią. Rachunek instrumentalny, który postrzega technologię jako zewnętrzną relację z podmiotem ludzkim, jest niewystarczający, ponieważ skupia się jedynie na korzyściach materialnych, przesłaniając nas przed rozpoznaniem złożonej struktury technologii i głębokich konsekwencji ontologicznych, jakie może ona mieć dla nas, ludzi. Podkreślony przez Heideggera pogląd na ludzką subiektywność stanowi fundamentalną podstawę do szerszego i głębszego zrozumienia ontologicznych implikacji nowoczesnych technologii, a nie tylko ich technicznego zastosowania.

Książka ta opiera się na fundamentalnym twierdzeniu, że technologia przeszła od instrumentu używanego do osiągnięcia określonych celów instrumentalnych do zjawiska ludzkiej rekonstrukcji, podważając naszą autentyczną ludzką podmiotowość i samorozumienie. Tak bardzo polegamy na technologii, że możemy określić prawie każdy aspekt naszej egzystencji, nie zastanawiając się nad jego potencjalnymi zagrożeniami. W dyskusji, terminologia *enframing* Heideggera jest szczególnie używana do wyjaśnienia rekonstrukcyjnej i restrukturyzacyjnej siły nowoczesnej technologii nad nami, ludźmi i całym światem natury.

Wkładem książki jest nadanie teoretycznych ram rozumienia współczesnej technologii oraz pomoc w ponownym przemyśleniu naszego podejścia do niej, przy jednoczesnym przestrzeganiu wezwania do fenomenologii technologii - "samych produktów technologicznych" w ich ontologicznym znaczeniu, tak aby uniknąć manipulowania i uprzedmiotawiania tendencji, poprzez które nauka i technologia wyjaśniają świat w jego dyskretnej i zewnętrznej formie. Książka podkreśla fundamentalne znaczenie ciągłej filozoficznej refleksji nad ontologicznymi implikacjami nowoczesnej technologii.

SPIS TREŚCI

POTWIERDZENIE

Życie jest dla mnie niezwykłą podróżą, za którą jestem bardzo wdzięczny, zwłaszcza za niezwykłe możliwości i pełne wyzwań chwile, których doświadczam. Ta książka jest kolejną niezwykłą drogą mojego doświadczenia życiowego, które się kształtuje. Jego realizacja była długim i żmudnym procesem. W związku z tym jestem wdzięczny wielu osobom, które pomogły mu w jego ukończeniu. Pragnę wyrazić moją wdzięczność, w szczególności następującym osobom:

Dr Christopherowi Allsobrookowi za jego wsparcie, szczególnie za jego dyspozycyjność, gdy tylko potrzebowałem go do dyskusji na ten temat. Nigdy nie dał mi uciec od tanich założeń filozoficznych dotyczących nowoczesnej technologii. Jestem również wdzięczny doktorowi Gerardowi Walmsleyowi za jego wstępne uwagi na temat tego dochodzenia.

Muszę docenić rodzinę i przyjacielskie wsparcie, jakie otrzymałem od pięknej chrześcijańskiej pary: Pan Mike Makhoney i pani Mary Makhoney. Pan Mike niestrudzenie zamawiał potrzebne mi książki, przekazywał artykuły i inne bieżące sprawy na ten temat. Doceniam pośredni wkład moich studentów w Consolata Institute of Philosophy (Kenia), którzy poprzez swój sposób odnoszenia się do gadżetów technologicznych dali pierwszą inspirację do tej książki. Szczególne podziękowania dla panów Daniela Kivuw'a i Josepha Mang'ong'a, za ich szczerą, braterską miłość i wsparcie, które otrzymałem w trakcie dochodzenia. Jestem wdzięczny wszystkim tym, którzy wspierali mnie finansowo, włącznie z Administracją Generalną Misjonarzy Consolata. Twój wkład zawsze będzie służył społeczeństwu w każdym kontekście mojego życia.

Moja głęboka wdzięczność skierowana jest do moich pokornych rodziców za to, że dali mi życie i miłość, którą kocham, za początkowe wykształcenie i dom, do którego zawsze mogę wrócić. Mojemu przyjacielowi Encarnacion Asuncion Vazquezowi za to, że sprawił, że uwierzyłem w siebie, a szczególnie za jej zachętę w tych czasach wielkiej potrzeby.

I wreszcie, co nie mniej ważne, do Boga za podtrzymywanie mnie w całej mojej drodze życia, zwłaszcza w chwilach próby.

ABBREVIATIONS

BT - Bycie i czas

CT - Myślenie obliczeniowe

DA - Akceptacja śmierci

DOT - Dyskurs o myśleniu

ET - Zasadnicze myślenie

ETC - Et Cetera

IE - To jest

IT - Technologie interaktywne

QCT - pytanie dotyczące technologii

TE - Transcendentalne Ego

FO - Ontologia podstawowa

USA - Stany Zjednoczone Ameryki

WPROWADZENIE OGÓLNE

1.1 Realność nowoczesnej technologii

Niekwestionowana rzeczywistość XXI wieku jest taka, że życie ludzkie znacznie się zmieniło w wyniku globalnych postępów w nauce i technologii. Obecnie technologie szybko się rozwijają - od spekulacyjnej science fiction po rzeczywistość produktów konsumenckich, od technologii informacyjnych po podróże kosmiczne, po technologie futurystyczne, już praktykowane i pojawiające się na horyzoncie nanotechnologii, w tym monitorowanie i leczenie medyczne. Widzieliśmy rozwój od efektywnego terapeutycznego wykorzystania protetyki do ulepszania cyborgów, a nawet do programów postludzkich. Technologie są stosowane w przemyśle, handlu, żywieniu, edukacji, działaniach wojennych i polityce. Zajmujemy[1] się technologiami takimi jak aplikacje programowe, urządzenia elektryczne, samochody samojezdne, gadżety telekomunikacyjne, sprzęt sportowy itd. W swojej pracy *The Question Concerning Technology* (*QCT*) Martin Heidegger opisuje tę pojawiającą się sytuację w następujący sposób:

> "Rzeczywistość, w której dzisiejszy człowiek porusza się i próbuje się utrzymać, jest, w odniesieniu do jej podstawowych cech, zdeterminowana na coraz większą skalę przez i w połączeniu z... nauką."[2]

Technologia zrewolucjonizowała nasz świat,[3] tak że prawie wszystkie aspekty życia są przez niego zorganizowane i wokół niego, zmieniając dramatycznie ludzką egzystencję. Andrew Feenberg podsumowuje relację z tej nowej rzeczywistości technologicznej, do której odnosi się Heidegger, zauważając, że dziś "technologia nie jest tylko środkiem, ale stała się

---

[1] Martin Heidegger, *The Question Concerning Technology and Other Essays,* trans. William Lovitt, Nowy Jork: Harper and Row, 1977, 157; William Barrett, *The Illusion of Technique: A Search for Meaning in a Technological Civilization,* Garden City, New York: Anchor Books, 1978, 204-8.

[2] Martin Heidegger, *The Question Concerning Technology and Other Essays*, Op. Cit., 156.

[3] *Świat życia* jest codziennym światem, w którym żyjemy ze wszystkimi jego przyjętymi założeniami; światem naszego przeżywanego doświadczenia tych zjawisk. Husserl opisuje go jako "świat bezpośredniego doświadczenia", "już tam" i "z góry" nam dany, ludzkich trosk: kultury, sztuki, sportu, muzyki, nauki, technologii. Edmund Husserl, *The Crisis of European Sciences and Transcendental Phenomenology: Wprowadzenie do Filozofii Fenomenologicznej,* Evanston: Northwestern University Press, 1970, 379ff.

środowiskiem i sposobem na życie".[4] Jako sposób życia, definiuje on sposób *bycia w świecie* i rozumienia go. Jednakże, pomimo uznania tej nowej rzeczywistości technologii, Heidegger, w *Dyskursie o myśleniu* (*DOT*) wyraża swoje zastrzeżenie w następujący sposób:

> "Nikt nie może przewidzieć radykalnych zmian, które nadejdą. Ale postęp technologiczny będzie postępował coraz szybciej i nigdy nie będzie można go zatrzymać. We wszystkich obszarach jego egzystencji człowiek będzie coraz ściślej otoczony przez siły techniki. Siły te, które wszędzie i w każdej minucie domagają się, wciągają, naciskają i narzucają człowiekowi podstępem technicznym lub innym - te siły, ponieważ człowiek ich nie stworzył, już dawno przekroczyły jego wolę i przerosły jego zdolność do podejmowania decyzji".[5]

Najpoważniejszym problemem tej nowej rzeczywistości technologicznej, wskazuje Heidegger, jest jej transcendentna natura, przejawiająca się w jej totaliztycznej tendencji do znaczenia, w której technologia stała się ruchomą siłą, *przeznaczeniem* współczesnego świata, do tego stopnia, że przerosła zdolność człowieka do samostanowienia. Najbardziej drażliwym skutkiem tego jest doświadczany obecnie problem różnorodności biologicznej. W ciągu ostatnich dziesięcioleci naukowcy i inżynierowie rozpoczęli projekt zrozumienia i projektowania nowych form ludzkiego życia. Obecnie, poprzez "biologię syntetyczną", życie jest tworzone i rozszerzane poza kody genetyczne, które rozwijają się w sposób naturalny, zamieniając akt Boga w kolejne pole możliwości manipulacji przez ludzką agencję. Jednakże biologia syntetyczna nie tylko rekonfiguruje nauki biologiczne; potencjalne implikacje dla ludzkiej podmiotowości[6] są równie, jeśli nie znacznie głębsze, szczególnie gdy współczesna nauka i technologia są celowo i systematycznie stosowane do każdego aspektu oceny życia bez głębokiej refleksji.

Kwestią krytyczną dla Heideggera jest to, że te technologiczne innowacje poruszają się z karkołomną prędkością do tego stopnia, że ich produkcja i obecność w życiu ludzkiego podmiotu jest szybsza niż jej zdolność do ich odzwierciedlania i internalizacji.[7] Wraz z przejęciem technologii podważane są możliwości i cechy podmiotu ludzkiego, które są

---

[4] Andrew Feenberg, *Transforming Technology: Zrewidowana teoria krytyczna,* Nowy Jork: Oxford University Press, 2002, 8; Ibidem, "A Critical Theory of Technology", w A *Companion to the Philosophy of Technology, pod redakcją* Olsena Kyrre'a, Andura Stiga i Hendricksa Vincenta, Oxford: Blackwell Publishing Limited, 2009, 148; William Barrett, *The Illusion of Technique: A Search for Meaning in a Technological Civilization,* Op. Cit., 208.

[5] Martin Heidegger, *Discourse On Thinking,* trans. John M. Anderson i Hans E. Freud, Nowy Jork: Harper i Row, 1966, 51.

[6] *Subiektywność ludzka*, w kontekście tej pracy, oznacza *ludzką tożsamość, poczucie siebie* i *autonomię* dla samostanowienia.

[7] Martin Heidegger, *Discourse On Thinking,* Op. Cit., 52.

fundamentalne dla jego podmiotowości, ponieważ technologia ma tendencję do definiowania wszystkiego we własnych ramach dowodowych.

Bezspornym faktem jest, że życie ludzkie w XXI wieku różni się zasadniczo od wszystkiego, co kiedykolwiek znaliśmy w minionych wiekach: nikt inny w historii ludzkości nie żył tak, jak my żyjemy dzisiaj. W pewnym sensie po prostu zaczęliśmy dostrzegać to, co zostało zbudowane w ciągu tysięcy lat ludzkiej historii, a jeszcze nie doświadczyliśmy więcej naukowych i technologicznych cudów. Żyjemy w świecie, który jest zdominowany przez wynalazki technologiczne w takim stopniu, że działania i produkty technologiczne są obecnie charakterystyczne dla naszego bytu.

Charakterystyczne dla naszego bytu jest to, że technologia jako zjawisko zyskała dziś wewnętrzny związek z nami. Rozumiem przez to, że obecność zaawansowanych technologii w przeżywanym doświadczeniu współczesnego podmiotu sama w sobie jest problemem, który stawia przed nią wyzwanie poprzez restrukturyzację i rekonstrukcję jej bytu i postrzegania świata, wzywając do ponownego potwierdzenia jej podmiotowości, czyniąc z niej problem filozoficzny, który zasługuje na krytyczną uwagę. Technologia jest "wewnątrz" nas, jest "wewnątrz naszego świata" i jest naszym doświadczeniem życiowym;[8] *przeżywamy ją, z* nią i *w* niej. Nie[9] możemy już postrzegać technologii w jej tradycyjnym znaczeniu jako czegoś, co jest dla nas czymś zewnętrznym. Ten wewnętrzny związek technologii jest potwierdzony przez hiszpańskiego filozofa José Ortegę y Gasseta, kiedy powiedział: "Człowiek bez technologii nie jest człowiekiem."[10] Technologia stała się nieodzownym wymiarem naszego bytu i nie można dziś myśleć o byciu człowiekiem, niezależnym od naszego *bytu-z-technologii.* Jednakże podstawową kwestią, która jest przedmiotem tego dochodzenia, jest to, że jeżeli nasze istnienie jest powiązane z technologią, to każda próba uznania jej za zwykły instrument polega na niedocenianiu jej wpływu. Nie możemy pojmować technologii jako zwykłego instrumentu, który przynosi nam korzyści; raczej jako wewnętrznej relacji, która otwiera inne nowe światy znaczeń, jednocześnie działając jako medium do interpretacji tych nowych światów. Heidegger

---

[8] Doświadczenie *przeżywane jest* szczególnym i niepowtarzalnym rodzajem doświadczenia, przeżywanym przez osobę w danym czasie i stanie, w danym miejscu jej relacji ze światem. Możemy zajmować się tym samym zjawiskiem, ale nasze doświadczenia z nim związane nie są takie same, ale raczej osobiste, ponieważ mamy różne światopoglądy. Przeżyte doświadczenie jest pragmatyczne i implikuje całokształt ludzkiego życia. Edmund Husserl, *The Crisis of European Sciences and Transcendental Phenomenology: An Introduction to Phenomenological Philosophy,* Op. Cit., 343ff.

[9] Don Ihde, *Bodies in Technology,* Minneapolis: University of Minnesota, 2001; Ibidem, *Technology and the Life-world: Z Ogrodu na Ziemię,* Bloomington: Indiana University Press, 1990, 72-80.

[10] José Ortega y Gasset, "Thoughts on Technology" w Mitcham Carl i Robert Mackey, *Filozofia i technologia: Odczyty w "Philosophical Problems of Technology",* Nowy Jork: The Free Press, 1983, 293.

mówi: "Siła ukryta we współczesnej technologii determinuje stosunek człowieka do tego, co istnieje."[11]

Dlatego też, z klasycznego i instrumentalnego punktu widzenia, możemy myśleć o tych technologiach jako o starannie zaprojektowanych, aby robić to, co chcemy, aby realizowały, co chcemy, aby przyniosły one pewną zmianę, uważaną za dobrą, w życiu ich użytkowników w odpowiednich obszarach ich zainteresowań. Kiedy są zatrudnieni, aby robić to, do czego są przeznaczone, ich cuda są bardzo duże.[12] W ujęciu Heideggera taka technologiczna mediacja ludzkiej podmiotowości jest charakterystyczna dla nowoczesności,[13] a krytyczna dynamika systemów światowych, czy to atmosferycznych, biologicznych, radioaktywnych, czy to kulturowych, czy ekonomicznych, w coraz większym stopniu nosi ludzki ślad.

Najbardziej intrygującą i krytyczną kwestią podjętą w tej pracy jest to, że skoro żyjemy w tym złożonym i technologicznie zdefiniowanym świecie, rzadko zatrzymujemy się na krytycznym myśleniu o tym, w jakim stopniu jesteśmy zdeterminowani przez stosowane przez nas technologie. W miarę jak wymyślane są kolejne technologie, musimy zastanowić się nad naszymi relacjami z nimi pod kątem tego, czy rzeczywiście służą one naszym celom, czy też nie. Musimy zadać sobie pytanie: W jakim stopniu technologie te wpływają na naszą podmiotowość? Nie możemy teraz postrzegać technologii z czysto instrumentalnego i zewnętrznego punktu widzenia, ponieważ jej domena wykracza poza materialne artefakty i obejmuje podstawowe sposoby ontologicznej oceny życia. Właśnie ze względu na jego rozumienie transcendentnej cechy technologii uważam fundamentalną ontologię[14] Heideggera za wiarygodną i pomocną; opiera on technologię nie w jakiejś zewnętrznej teorii czy zbiorze

---

[11] Martin Heidegger, *Discourse On Thinking,* Op. Cit., 50.

[12] Gabriel Marcel, *Man Against Mass Society*, trans. G. Fraser, Lanham: University of America, 1985, 82; Ibidem, "The Limits of Industrial Civilization", w *The Decline of Wisdom*, trans. Manya Harari, Londyn: Harvill Press, 1954, 1-20; Jacques Ellul, *The Technological Society*, trans. John Wilkinson, Nowy Jork: Vintage Books, 1964, xxv; William Barrett, *The Illusion of Technique: A Search for Meaning in a Technological Civilization*, Op. Cit., 22.

[13] *Nowoczesność*, w kontekście tej pracy, jest zrozumieniem, że nasze doświadczenie świata i nasza wiedza o nim są ukonstytuowane i zapośredniczone przez naukę i technikę oraz jako gwarancja ważności naszej egzystencji, która kieruje naszymi działaniami i sposobem odnoszenia się do współczesnego świata i do nas samych.

[14] *Ontologia fundamentalna* w kontekście Heideggera jest ontologią istot ludzkich, rozumianą jako objawienie Bycia, ponieważ Bycie według Heideggera ma znaczenie jedynie poprzez naszą ludzką egzystencję, która jest dla nas problemem. Heidegger używa terminu *ontologia,* by oznaczać naukę, która nie zajmuje się przede wszystkim bytami lub bytami, które *są*, ale raczej bytami tych bytów; co oznacza dla nich "być" lub "istnieć". Przeciwieństwem *ontologii* jest *ontologia*, czyli nauka badająca ten czy inny rodzaj bytów lub bytów (podobnie jak biologia bada żywe istoty, geologia bada ziemię itp.) Chodzi o wiedzę lub fakty dotyczące podmiotów. Por. William Large, Heidegger's *Being and Time*, Bloomington and Indianapolis: Indiana University Press, 2001, 118. *Kontekst ontologiczny* technologii odnosi się do technologii nie jako do przedmiotu analizy, ale jako do sposobu, w jaki Istota bytów stała się interpretowana we współczesnym świecie. Obecnie technologia reprezentuje sposób interakcji, w ramach którego ludzie napotykają na wszystko, w tym na siebie samych w świecie, jako na przedmioty, które należy wziąć, używać i usuwać do woli. Terminy zawarte w tych ramach są traktowane jako podstawa znaczenia zarówno ludzi, jak i rzeczy, podważając w ten sposób ludzką rolę dla znaczenia.

przedmiotów materialnych, ale raczej w ontologicznym pojmowaniu podmiotu ludzkiego, jako tego, który rekonstruuje i restrukturyzuje skutki dla tego samego podmiotu. Innymi słowy, Heidegger rozumie technologię ontologicznie, jako związek wewnętrzny, jak to później udowodnię.

Po szerokim omówieniu obecności, zakresu i wskazaniu możliwego wpływu technologii na współczesną ludzką egzystencję, w dalszej części zwracam się do przesłanek tej refleksji, aby zapytać o główną cechę tego nowego technologicznego zjawiska, która czyni z niego zagadnienie zasługujące na filozoficzną refleksję.

1.2 Racja Księgi

Chociaż nowoczesne technologie wpływają na prawie każdy aspekt naszej codziennej egzystencji do tego stopnia, że sprowadzają ją do swojej obliczeniowej logiki zorientowanej na zasoby, niestety nadal funkcjonujemy ze stosunkowo nieświadomymi koncepcjami ich ontologicznego wpływu na nas. Kiedy decydujemy się na korzystanie z takich technologii, jak telefony komórkowe, komputery, cybernetyka, inżynieria genetyczna, praktycznie nie zastanawiamy się nad tym, że takie urządzenia mogą mieć negatywny wpływ na nasze życie osobiste i społeczne: naszą subiektywność i samorozumienie. Zamiast tego, mamy tendencję do optymistycznego postrzegania tych implikacji jako z natury pozytywnych i w każdym razie nieuniknionych. Ale tak nie jest; technologia działa w ramach charakterystycznej ramy ontologicznej, która rekonstruuje, wyrównuje inne formy oceny życia do swojej *obliczeniowej* i operacyjnej struktury, do tego stopnia, że zaczynamy postrzegać siebie jako działającego z tej ramy. Innymi słowy, nasza subiektywność stała się coraz bardziej spleciona z technologią do tego stopnia, że poczucie własnej osoby jest postrzegane z instrumentalnych, technologicznych ram, przesłaniających inne formy oceny życia. Kwestia ta staje się więc zasadniczo ontologiczna, gdzie krytyczna analiza wpływu technologii na nas ma wiele wspólnego z naszym rozumieniem naszej podmiotowości, która dziś, w XXI wieku, ulega ciągłej rekonstrukcji technologicznej.

Heidegger w swojej fundamentalnej ontologii (FO), zamiast dawać jedynie zewnętrzne, instrumentalne refleksje na temat technologii, opiera technologię na podmiotowości i zrozumieniu samego siebie człowieka; to znaczy głębiej niż tylko zewnętrzne, instrumentalne relacje i warunki. Może to być irytujące, zwłaszcza dla filozofów i projektantów, ponieważ ontologia technologii ma tendencję do odrzucania kwestii instrumentalnych na rzecz fundamentalnej krytyki ludzkiej egzystencji. Wiele osób zgadza się dziś z poglądem, że nasze istnienie jest rzeczą oczywistą i oczywistą, ponieważ technologia tak bardzo o nas dba. Ontologia Heideggera nie odnosi się tylko do samego faktu ludzkiej egzystencji. To, *jak istniejemy,* nasze *zadanie* w tym istnieniu i w jakim *celu* istniejemy, są dla niego zasadniczo ważne. Na przykład, gdy zatrzymuję się, by zrobić sobie podsumowanie, pytając: "Kim jestem? Zadaję pytanie o znaczenie mojego bytu, jego cel oraz moją rolę i odpowiedzialność w nim.

Heidegger uważa, że wszechobecny instrumentalny stosunek do technologii w społeczeństwie przez długi czas pielęgnował bezkrytyczną postawę wobec niej, do tego stopnia, że nie kwestionujemy znaczenia naszej egzystencji w jej kontakcie z technologią. Myślimy tylko o tym, co mogą *zrobić technologie*, nie mogąc się zastanowić, co te same technologie mogą *cofnąć* w naszym życiu.[15] Korzyści technologiczne uwodzą nas do wadliwego założenia, twierdzonego na przykład przez Ortega y Gasseta, że jako ludzie jesteśmy zasadniczo technologiczni. Według Egberta Schuurmana tego rodzaju myślenie sprawia, że uważamy się dziś za silniejszych niż kiedykolwiek wcześniej. Co[16] więcej, tego rodzaju założenie, w swojej wartości nominalnej, uznaje, że nowoczesna technologia nie ma żadnych nieodłącznych problemów. Uważam to za iluzję współczesnego człowieka.

Nie ma wątpliwości, że technologia ułatwia współczesny temat, ale czasami to, co może ułatwić, może również uniemożliwić. Technologia stanowi wyzwanie dla naszej podmiotowości w jej wielu formach: z jednej strony, jak wskazano powyżej, stała się ona wyrazem naszego rozumienia siebie jako mistrzów wszystkiego, a z drugiej strony jest czymś, co nas odtwarza, tworząc nowe tożsamości i przekształcając stare, stając się w ten sposób władzą nad nami. Subiektywność, jako istotna cecha tego, kim jesteśmy i za kogo się uważamy, jest obecnie kierowana przez technologię: nasze przekonania i pragnienia, nasze doświadczenia, nasze plany i cele, nasze wizje tego, kim jesteśmy, były i mogą się jeszcze stać, są wyznacznikami technologii. W naszym pragnieniu lepszego życia, technologia w dużym stopniu determinuje, poszerza i przekształca naszą podmiotowość i samorozumienie. Biorąc pod uwagę tę rekonstrukcyjną siłę technologii, krytyczna ontologia[17] technologii, a zwłaszcza

[15] Martin Heidegger, *The Question Concerning Technology and Other Essays,* Op. Cit., 4ff.
[16] Egbert Schuurman, *Perspektywy Technologii i Kultury,* Sioux, USA: Dordt College Press, 1995, 18.
[17] A *Krytyczna* ontologia zajmuje się i analizuje różne podejścia do technologii, w szczególności do kwestii instrumentalnej, która pozostaje jedynie na temat korzyści płynących z technologii, bez głębszej refleksji nad jej działaniem strukturalnym. Zajmuje się ona problemami ontologicznymi osadzonymi w technologii, jednocześnie opowiadając się za naszym świadomym i ostrożnym stosunkiem do technologii, jej reformy i odbudowy.

jej instrumentalne znaczenie i związane z nią problemy, które będę kwestionował w tej książce, będzie miała wiele do zaoferowania w kwestii koncepcji faktycznego stanu osoby ludzkiej w świecie technologii.

W całej tej książce twierdzę, że transcendentna filozofia technologii Heideggera jest istotnym źródłem odpowiedzi na ontologiczne problemy współczesnej technologii, a w szczególności na jego krytykę rachunku instrumentalnego. Rachunek instrumentalny technologii jest niewystarczający, ponieważ skupia się jedynie na korzyściach materialnych, nie pozwalając na rozpoznanie złożonej struktury operacyjnej technologii i jej głębokich implikacji dla nas. Technologia przeszła od bycia instrumentem służącym do osiągania określonych celów instrumentalnych do zjawiska ludzkiej rekonstrukcji, podważając naszą autentyczną ludzką podmiotowość i samorozumienie.

Jak już wskazano powyżej, w pracy tej termin "podmiotowość" jest używany synonimicznie z *tożsamością* i *poczuciem "ja"*. Pojęcia te odzwierciedlają świadomą ludzką egzystencję, która jest w stałym kontakcie z nowoczesną nauką i techniką. Analiza *subiektywności* w tej pracy wyjaśnia, w jaki sposób istotne ludzkie fakty i zasady są odtwarzane i przekształcane przez intensywnie technologiczne otoczenie lub nowoczesną kulturę hi-tech. Zasadniczo chodzi tu o nowe zjawisko nowoczesnej technologii odtwarzającej *tożsamość* ludzką i *poczucie siebie*, kwestionującej nasz stopień wolnej myśli i samoświadomości: nasz zmysł działania, refleksję nad własnym życiem i rozumienie naszego miejsca w rosnącym, technologicznie zdeterminowanym świecie. Wszystkie te podstawowe ludzkie elementy są kwestionowane przez technologię. Papież Paweł VI obserwuje wyzwanie technologii dla ludzkiej podmiotowości, kiedy się spiera:

> "Dzisiaj, rasa ludzka jest zaangażowana w nowy etap historii. Głębokie i gwałtowne zmiany rozprzestrzeniają się pod wpływem stopni naukowych na całym świecie. Zmiany te, wyzwalane przez inteligencję i twórczą energię człowieka, odbijają się na nim, na jego decyzjach i pragnieniach, zarówno indywidualnych jak i zbiorowych, oraz na jego sposobie myślenia i działania w odniesieniu do rzeczy i ludzi. Stąd już teraz możemy mówić o prawdziwej kulturowej i społecznej transformacji, która ma wpływ również na życie religijne człowieka".[18]

W swojej ogólnej formie technologia stanowi wyzwanie dla naszych indywidualnych subiektywnych doświadczeń oraz sposobu, w jaki interpretujemy te doświadczenia

---

[18] Jan Paweł VI, *Gaudium et spes,* Konstytucja duszpasterska o Kościele w świecie współczesnym, 1965, Wprowadzenie.

(postrzegane jako podstawa naszej podmiotowości) i dla nas samych. Czyni to, redukując bezpośrednie doświadczenia ludzkie do swoich ram mediacyjnych, zaciemniając wszelkie inne formy ludzkiej podmiotowości, zwłaszcza nasze indywidualne i wspólnotowe samostanowienie. To przesunięcie centrum ludzkiego doświadczenia oznacza, że technologia inauguruje istotne zmiany w naszych zwyczajowych sposobach życia i poznawania naszej osobowości, a w konsekwencji w naszym samorozumieniu.

Ponownie, wypierając znaczenie ludzkiego doświadczenia, technologia rzuca wyzwanie kolejnemu centralnemu elementowi naszej podmiotowości, a mianowicie całej strukturze *samostanowienia*, która należy tylko do nas, ludzi, i która nie powinna być oddana w ręce żadnej innej agencji. Niestety, wykorzystujemy naukę i technikę jako ramy, dzięki którym rozumiemy i określamy wszystko, łącznie z nami samymi, w świecie przyrody, tak że jesteśmy zredukowani do ich działania i przez nie wyjaśniani. Heidegger, w *QCT* wyjaśnia tę sytuację mówiąc:

> "Wygląda na to, że człowiek wszędzie i zawsze spotyka się tylko z samym sobą... Prawdę mówiąc, *jednak dokładnie nigdzie człowiek nie spotyka się już dzisiaj z samym sobą, czyli ze swoją istotą*."[19]

Martwi Heideggera to, że z powodu nieuchwytnej natury technologii człowiek nie jest już w stanie nadać jej kierunku i orientacji; całkowicie stracił kontrolę nad swoją technologią, która w rezultacie doprowadziła do tego, że zaczęła go kontrolować.[20] Trzymając się tej samej linii myślenia, Langdon Winner twierdzi, że technologia jest nie tylko dyskretnym aspektem współczesnego doświadczenia; zyskała również autonomię nad samostanawiającym się charakterem współczesnego podmiotu[21]. Innymi słowy, technologia sprawia, że podmiot ludzki staje się bezsilny wobec własnego życia, tak że zaczyna się utożsamiać ze swoją technologią. Przykładem, który ilustruje to twierdzenie jest samochód. Posiadanie samochodu to dziś znacznie więcej niż tylko transport: symbolizuje status właściciela w społeczeństwie. W ubogich kontekstach ma ono jeszcze większe znaczenie symboliczne niż w bogatych, oznaczające osiągnięcie nowoczesności i jej wizję bogatego i spełniającego się życia. W takich przypadkach samochód, który ma być środkiem, okazał się kształtować ludzką tożsamość, czyniąc nas niezdolnymi do spotkania się z samym sobą - z własną osobowością.

---

[19] Martin Heidegger, *The Question Concerning Technology and Other Essays,* Op. Cit., 27.
[20] Jacques Ellul, "The Technological Order", w: Carl Mitcham i Robert Mackey, *Filozofia i technologia: Odczyty w "Philosophical Problems of Technology",* Nowy Jork: The Free Press, 1983, 88.
[21] Zwycięzca Langdon, *Autonomiczna Technologia: Techniques-out-of-Control as a Theme in Political Thought,* Cambridge, MA: MIT Press, 1977, 57.

Znajdujemy się teraz w tym, co Albert Borgmann nazywa reżimem *paradygmatu urządzeń,*[22] gdzie technologie, które wykorzystujemy w naszym codziennym życiu, takie jak samochody, iPady, smartfony i komputery, oznaczają teraz takich ludzi, jakimi jesteśmy. Feenberg twierdzi, że dziś "nosimy" nasze technologie tak samo jak ubrania i biżuterię, jako formy autoprezentacji.[23] W naszym zinformatyzowanym świecie nie tylko jesteśmy tym, co robimy, ale bardziej zdecydowanie jesteśmy tym, co *mamy*, *używamy* i *konsumujemy*.

Odnosząc się do tej potężnej, rekonstrukcyjnej natury technologii, Heidegger twierdzi, że istotą nowoczesnej technologii nie jest technologia, ale raczej *enframing*.[24] Jako *enframing*, nasyca on nasz świat życia instrumentalnymi interpretacjami, dusząc go w procesie ustanawiania lub ujawniania zarówno człowieka, jak i natury jako magazynu zasobów,[25] dostępnego do przyszłej optymalizacji dla własnego rozwoju.

Kluczową kwestią Heideggera, która jest przedmiotem tej książki, jest to, że nowoczesne technologie poddają w wątpliwość naszą subiektywność i zrozumienie siebie w taki sposób, że zaczynamy rozumieć siebie tylko w ramach technologicznych. Oczywiście konsekwencją tego jest podważenie nietechnologicznych, zwłaszcza jakościowych, religijnych i unikalnych sposobów rozumienia siebie i świata, w którym żyjemy, oraz naszej odpowiedzialności wobec innych podmiotów, właśnie dlatego, że technologia stała się ramą lub standardową miarą wszystkiego, co jest przed nami. Nowoczesna technologia działa w paradoksie: "to, co najbardziej oczywiste, jest również najbardziej ukryte". W większości przypadków uważamy, że technologia upraszcza nasze życie, ale faktem jest, że pomimo dobrego stanu techniki, komplikuje ona również nasze życie. Technologia, która ma być środkiem do osiągnięcia pożądanej formy życia, stała się decydującą siłą dla naszej egzystencji, dając tym samym ludzkiej podmiotowości niewiele miejsca na *samostanowienie*, jak będę argumentował w trakcie tego badania.

---

[22] Reżim *paradygmatu urządzenia* jest wyrażeniem używanym przez Borgmanna w odniesieniu do naszej epoki, którą rządzą urządzenia technologiczne. *Paradygmat urządzenia* jest zasadą kształtującą społeczeństwo technologiczne, które dąży przede wszystkim do efektywności jako celu wszelkich działań technologicznych. Albert Borgmann, *technika i charakter współczesnego życia: Filozoficzne dochodzenie,* Chicago: University of Chicago Press, 1984, 40ff.

[23] http://www.sfu.ca/~andrewf/paradoksy 2010. *Dziesięć paradoksów* technologii opisanych przez Feenberga zastanawia się nad rzeczywistością naszego technologicznego świata i kondycją podmiotu ludzkiego w tym świecie.

[24] *En-framing* dosłownie oznacza umieszczenie w kadrze pewnego zestawu rzeczy. Heidegger używa go do tego, aby umieścić w ramach nowoczesnej technologii wszystko w przyrodzie, w tym również podmiot ludzki. Ta "rama" nowoczesnej technologii jest siecią pozycjonowania lub ustawiania wszystkiego w *rezerwę stojącą do* maksymalnego dalszego wykorzystania. Martin Heidegger, *The Question Concerning Technology and Other Essays,* Op. Cit., 16-19.

[25] Ibid., 13ff.

Powódź imponujących innowacji technologicznych, z którymi spotykamy się na co dzień, ma konsekwencje dla ludzkiego znaczenia, które nie są od razu oczywiste w jego praktycznym, zdroworozsądkowym rozumieniu. Odpowiednim przykładem, który pomaga wyjaśnić to twierdzenie, jest przykład technologii informacyjnej. Używamy takiej technologii w relacjach międzypodmiotowych: pozwala nam ona na łatwe nawiązywanie kontaktów z ludźmi odległymi od nas. To jest bajeczna rzecz. Jednak nasza zależność od niej wyobcowuje nas również z fizycznego, cielesnego znaczenia relacji międzypodmiotowych.

Dziś technologia nie tylko realizuje cel, do którego jest ukierunkowana, ale kształtuje kontekst, w którym funkcjonuje, zmieniając nie tylko działania ludzi i relacje między nimi a ich światem, ale także odtwarzając jednocześnie ich samą podmiotowość. Wynalazki technologiczne są obecnie niczym innym jak ulepszonymi środkami do nieudokumentowanych i nieokreślonych celów w sposobie ich pozyskiwania. Nowe technologie stały się potężnymi strukturami i formami życia, które w zasadniczy sposób zmieniają całe życie podmiotu ludzkiego.[26] Dlatego też ta paradoksalna natura technologii nie powinna być interpretowana w sposób *naturalny;*[27] wymaga ona ciągłego odnawiania refleksji filozoficznych.

Inną krytyczną kwestią do rozważenia jest to, że większość filozofów technologii wydaje się przedstawiać nowoczesną technologię z perspektywy zewnętrznej (jako relację zewnętrzną), jako siłę, która atakuje podmiot ludzki z zewnątrz, tak że staje się on bezradny wobec tej gigantycznej siły; siły, przed którą musi się bronić. Mam na myśli takich filozofów jak Jacques Ellul, Langdon Winner, Neil Postman, Borgmann, Feenberg, którzy postrzegają technologię jako związek zewnętrzny. Wbrew ich eksternalizującej myśli o technologii, twierdzę, wraz z Heideggerem, że prawda o nowoczesnej technologii jest głębsza. Prawda, tak jak została pomyślana przez Heideggera i zrekonstruowana w tej książce, jest taka, że sama obecność nowoczesnej technologii w każdej sferze życia podmiotu ludzkiego i nowe znaczenia nadawane przez te właśnie technologie zmieniają ją "od środka". To znaczy, że ich alienujące siły pochodzą z jej wnętrza i przekształcają jej świadomość siebie i całą jej podmiotowość. Technologia, z której korzystamy, staje się siłą nie z zewnątrz, ale raczej siłą od wewnątrz (relacja wewnętrzna), która wyobcowuje i odtwarza naszą podmiotowość. Ta wewnętrzna praca technologii sprawia, że jest to problem ucieleśniony, a samo ucieleśnienie i zmiana

---

[26] Ernst Schraube, "Torturing Things Until the Confess": Günther Anders' Critique of Technology, *Science as Culture, Vol 14, No. 1,* (2005), 77-85.

[27] *Naturalną postawą* jest określenie przez Husserla naszej metafizycznej, bezrefleksyjnej (naiwnej) i naturalistycznej relacji lub metafizycznych założeń o rzeczach naszego doświadczenia, przy czym świat doświadczany jest jak zawsze już obecny, dany, jako zbiór faktów empirycznych odrębnych od doświadczającego podmiotu ludzkiego, a więc przed jego refleksją nad nimi. Edmund Husserl, *The Crisis of European Sciences and Transcendental Phenomenology,* Op. Cit., 321.

podmiotu ludzkiego od wewnątrz oznacza to, co Heidegger nazywa *rezerwatem*: przekształcenie podmiotu ludzkiego w rodzaj dostępnego i jednorazowego zasobu. W rzeczywistości, jak opisałby to Heidegger, podmiot ludzki stał się w rzeczywistości celem samym w sobie w głębszym sensie. Wyjaśnia to powiedzenie, że "wszechogarniająca technologia kryje w sobie znaczenie". ”[28]

Podstawowym twierdzeniem całej tej refleksji jest to, że nasza nierefleksyjna relacja z nowoczesnymi technologiami doprowadziła do tendencji do definiowania siebie w ramach technologicznych, oddalając się lub wyobcowując od własnej podmiotowości. Z kuszeniem, jakie niesie ze sobą technologia, nie potrafimy świadomie zrozumieć naszej podmiotowości i naszej aktualnej sytuacji w świecie technologii. Co więcej, nie potrafimy rozpoznać sposobu, w jaki jesteśmy odtworzeni i zdeterminowani z góry przez *enframingową* naturę nowoczesnej technologii i to, w jaki sposób zasadniczo dyktuje nam to sposób, w jaki kompilujemy się z rzeczywistością i nami samymi. Technologia nieustannie ogranicza naszą rolę jako odkrywców ontologicznego znaczenia bytów, ponieważ różne technologie blokują nam tę rolę, tym samym ostatecznie pozbawiając nas możliwości realizowania naszej prawdziwej ludzkiej podmiotowości.

Zgodnie z koncepcją Heideggera, nowoczesna technologia jest zjawiskiem złożonym: nie może być postrzegana jako albo-albo, ale jako *to i to*. Przez to rozumiem, że technologia nie jest ani całkowicie dobra, ani całkowicie zła. Technologia jest paradoksalna; niesie w sobie zarówno ułatwienie, jak i wyłączenie możliwości. Technologia ogranicza nie tylko świat przyrody na zewnątrz, ale również nas poprzez rekonstrukcję i restrukturyzację samych siebie, przez co coraz trudniej jest nam zrozumieć samych siebie. FO technologii Heideggera, który wyjaśniam w tej pracy, jest dla nas zaproszeniem do krytycznej oceny dynamicznych i strukturalnych działań technologii. Zasadniczo wynika to z faktu, że nasze technologiczne praktyki w zakresie uprzedmiotowienia i kontroli nad przyrodą odwracają nas od siebie, z następstwami głębokiej troski filozoficznej.

Chcę w tym miejscu zwrócić uwagę, że Heidegger w swojej wcześniejszej filozofii nigdy nie używał pojęć *"ja"*, *"człowiek"*, *"osoba"* czy *"człowiek"* przy omawianiu tematu ludzkiego. Zamiast tego wołał użyć terminu *Dasein,*[29] aby opisać nasze aktywne

[28] Martin Heidegger, *Discourse On Thinking,* Op. Cit., 55.

[29] *Dasein* to niemieckie słowo, które dosłownie oznacza "być tam" lub "być tam". Heidegger używa tego terminu na określenie kondycji człowieka w świecie. Używa go w kontekście "rzucania", w którym człowiek jest *wrzucany do świata* lub *tam w świecie*. Dla Heideggera, *Dasein* nie jest świadomością lub ego subiektywnością lub racjonalnością, ale tym charakterystycznym rodzajem podmiotu (jesteśmy *Dasein*), którego istota polega na ujawnieniu zarówno siebie, jak i innych podmiotów. Martin Heidegger, *Being and Time,* trans. John Macquarrie,

zaangażowanie w świat i postrzeganie naszej egzystencji jako zadania, które mamy przed sobą. W tej pracy powyższe koncepcje zostaną wykorzystane w miejsce *Daseina.*

1.3 Cele Księgi

Głównym celem tej książki jest wyjaśnienie transcendentnej natury współczesnej technologii, która stała się wyzwaniem dla osiągnięcia naszej autentycznej ludzkiej podmiotowości i zrozumienia siebie w XXI wieku. Zrobię to poprzez rekonstrukcję filozofii technologicznej Heideggera, w szczególności poprzez ukazanie, w nowoczesnym kontekście, jej ontologicznego znaczenia. Heidegger rozumie nowoczesną technologię jako *objawienie*, które wewnętrznie przekształca ludzki podmiot w *rezerwat.* Heidegger mówi wprost:

> "Tylko w takim stopniu, w jakim człowiek ze swojej strony jest już zmuszony do wykorzystania energii natury, może dojść do tego uporządkowania, które ujawnia. Jeśli człowiek jest kwestionowany, nakazany, aby to zrobić, to czy sam człowiek nie należy nawet bardziej oryginalnie niż natura w *rezerwacie*?"[30]

Nowoczesna technologia jest zjawiskiem rekonstrukcyjnym i restrukturyzacyjnym, które ogranicza podmiot ludzki do elastycznego zasobu, dostępnego, jednorazowego i pozbawionego własnej indywidualnej tożsamości lub podmiotowości.

Książka ma również na celu argumentowanie za ontologicznymi, a nie tylko technicznymi rozwiązaniami problemów nowoczesnej technologii we wszystkich jej przejawach. Uważam za nieproduktywne eksponowanie jedynie niebezpieczeństw związanych z technologią i tworzenie psychologicznej samoświadomości problemów współczesnej technologii bez próby zaoferowania jakiejś linii działania naprawczego. Jednak moja odpowiedź na problemy technologiczne nie będzie miała jedynie charakteru instrumentalnego i fizycznego. Wiem, że istnieje wiele dodatkowych, indywidualnych rozwiązań problemu technologii. Feenberg, na przykład, proponuje demokratyczne i polityczne rozwiązanie problemów związanych z technologią. Nie zamierzam[31] unieważniać ani wymigiwać się od innych takich rozwiązań problemu, ale to, co zamierzam zrobić w tej książce, to przedstawić

Nowy Jork: Harper i Row, 1962, 36; Hubert Dreyfus, *Being-in-the-World: Komentarz na temat Heidegger's Being and Time,* Cambridge: MIT Press, 1991, 14, 23-4.

[30] Martin Heidegger, *The Question Concerning Technology and Other Essays,* Op. Cit., 18.

[31] Andrew Feenberg, *Questioning Technology,* Op. Cit., 131-147.

alternatywne ontologiczne sposoby radzenia sobie z problemem nowoczesnej technologii, które zostały zaniedbane w naciskach na techniczne rozwiązania jej wyzwań dla ludzkości.

W naszych codziennych doświadczeniach z technologią nie ma wątpliwości, że kwestie technologiczne rutynowo pojawiają się na pierwszych stronach naszych czasopism, w gazetach, na ekranach telewizorów, w książkach itd. Wiele osób błędnie uważa, że problemy związane z tymi technologiami można pozostawić w gestii autorytetów (jak w przypadku relacji społeczno-politycznej Feenberga) lub samych ekspertów, którzy sami decydują, podczas gdy oni sami pozostają bierni i czasami obojętni na te problemy. Świadomość słabości i granic transcendentalnego działania nowoczesnych technologii nie ogranicza się do specjalistów technicznych. Celem niniejszej książki jest zatem obalenie tego uproszczonego i eksternalizmu w podejściu do rozwiązań problemów tworzonych przez technologię i argumentowanie, że należy wypracować ontologicznie zakorzenione rozwiązania wybitnych problemów i wyzwań współczesnej technologii, przede wszystkim poprzez rozwijanie inteligentnej i swobodnej relacji z technologią[32], która będzie zgodna z ontologicznym znaczeniem bytów ujawnianych i wyjaśnianych przez technologię.

Jestem przekonany, że odpowiednich i merytorycznych rozwiązań problemów, jakie stwarza nowoczesna technologia, należy szukać najpierw u podmiotu ludzkiego, który uporał się z technologicznymi problemami, jakie przed nim stoją, jednocześnie pozostając otwartym na inne zewnętrzne linie myślenia i działania. Zamierzam przyjrzeć się technologii z bliska i od wewnątrz, aby zobaczyć, jak wpływa ona na podmiot ludzki (jako wewnętrzna samorelacja)[33]. Podzielam to kontrowersyjne stanowisko z Ellulem, który twierdzi, że realnego rozwiązania problemu dominacji technologicznej nie można znaleźć u polityków, filozofów, naukowców, ani nawet u samych techników; uważa on, że rozwiązanie znajduje się wewnątrz podmiotu ludzkiego, który stał się przedmiotem jej własnych technik.[34] W związku z tym wszelkie autentyczne próby zmierzenia się z filozoficznymi problemami wynikającymi z nowych technologii, które zalewają nasz świat życia, powinny mieć *na* uwadze takie właśnie podejście[35]. Dzieje się tak właśnie dlatego, że technologia w sposób rekonstrukcyjny wpływa na sam podmiot ludzki, który wchodzi z nim w interakcję w poszukiwaniu znaczenia zawartego

[32] Martin Heidegger, *pismo podstawowe: Od "Bycia i czasu" (1927) do "Zadania myślenia" (1964),* Londyn i Nowy Jork: Routledge, 2011; Ibidem, *The Question Concerning Technology and Other Essays,* Op. Cit., 3.
[33] Arnold Pacey, *Meaning in Technology,* Cambridge, mgr: MIT Press, 1999, 4: "...badania nad konstrukcją społeczną i ekonomią polityczną technologii doprowadziły do ważnych spostrzeżeń, obawiam się, że te podejścia są dość często związane z odmową uznania osobistych lub pomysłowych reakcji na technologię".
[34] Jacques Ellul, "Porządek techniczny", *Filozofia i technika: Odczyty w "Philosophical Problems of Technology",* pod redakcją Carla Mitchama i Roberta Mackeya, Londyn: The Free Press, 1972, 85-87.
[35] Charles Guignon, *On Being Authentic,* Londyn i Nowy Jork: Routledge, 2004, 146-9.

w tych samych technologiach, które wykorzystuje. Dotknięty w ten sposób podmiot ludzki nie może pozostać oderwany lub wyobcowany od swojego kontekstu; jego doświadczenie z technologicznymi przedmiotami powinno sprowokować odnowioną indywidualną filozoficzną refleksję nad ontologią współczesnej technologii.

Podsumowuję różne cele tej książki na dwa podstawowe sposoby: Po pierwsze, istnieje zorientowane *na* świat i instrumentalne podejście do nowoczesnych technologii, które jest postrzegane przez wielu ludzi w naszym nowoczesnym społeczeństwie. Dotyczy to tego, co technologia faktycznie mówi nam o świecie: co możemy zrobić z technologią w tym świecie i jak możemy lepiej umiejscowić i żyć naszym życiem w tym świecie. Innymi słowy, technologia jest tu postrzegana jako instrument eksploatacji światowych zasobów dla naszych własnych potrzeb lub interesów, a przyroda jest uważana za zasoby jednorazowego użytku. Ta perspektywa w większości przypadków sprzyjała bezkrytycznemu podejściu do technologii. W trakcie mojej refleksji stwierdzę, że ten instrumentalny i materialnie zorientowany rachunek technologii jest nieadekwatny i niebezpieczny, jeśli nie jest zrównoważony przez alternatywny, ontologiczny rachunek technologii, który stara się podkreślić i zaproponować.

Po drugie, mamy również podejście *zorientowane wewnętrznie,* które uznaje technologię za wewnętrzną relację międzyludzką. Wiele osób nie jest poinformowanych lub nawet nie przejmuje się tą kwestią w odniesieniu do technologii. Ale zasadnicze znaczenie ma to, że choć korzystamy z technologii jako narzędzia rozumienia świata, ponieważ jesteśmy również częścią świata przyrody, każde działanie, jakie podejmujemy na świecie, ma wpływ również na nas samych; robimy też coś dla siebie w tym procesie. Rozumiem przez to, że problem dotyczący technologii dotyczy nie tylko tego, co robimy, aby poprawić lub wykorzystać świat zewnętrzny, materialny, ale także, jako relacja wewnętrzna, dotyczy tego, co ta konkretna technologia robi z nami i co mówi nam o nas samych. Mówiąc nieco inaczej, nowoczesna technologia jest problemem filozoficznym, który zasługuje na uwagę nie z powodu jej szybkich innowacji i dramatycznych, czasem brutalnych skutków, ale raczej z powodu jej ludzkich skutków odtworzenia. To właśnie to drugie spojrzenie na technologię i jej zubożenie poprzez wyłączne skupienie się na pierwszym, zewnętrznym spojrzeniu, które ta książka przyjmuje za swój główny punkt zainteresowania.

Dlatego też, starając się zrekonstruować i skontekstualizować podstawową ontologię technologii Heideggera, mam nadzieję, że uda mi się opracować relację na temat *ogólnej* i *nostalgicznej* filozofii technologii Heideggera, w celu omówienia wyalienowanej kondycji ludzkiej w rozwijającym się świecie technologii. Nazywam to *ogólną filozofią* technologii nie ze względu na treść jego myślenia, ale dlatego, że jego ogólne i globalizujące podejście do technologii nie ma na celu konkretnych i dyskretnych technologii, ale technologię samą w *sobie*, zapewniając normatywny i subiektywny standard zrozumienia i interpretacji wszystkich poszczególnych technologii. Jest to również *nostalgiczne,* ponieważ Heidegger często kontrastuje obecną sytuację technologiczną z przeszłością, którą zdaje się wywyższać jako inspirację dla swojej myśli filozoficznej. W[36] związku z tym Feenberg w swojej krytyce pracy filozoficznej Heideggera, *QCT,* twierdzi, że filozofia technologii Heideggera jest niekompletna i abstrakcyjna,[37] a krytyka ta zostanie później obalona za niezrozumiałe zrozumienie FO technologii Heideggera.

Zamierzam uziemić bogatą FO technologii Heideggera, odnosząc się do różnych i różnorodnych praktycznych technologii i przykładów, w bezpośrednim kontekście, który uczyniłby ją bardziej adekwatną do i dla podmiotu XXI wieku, w jej próbie zamanifestowania w znaczący sposób swojej podmiotowości w ramach rekonstrukcyjnych sił nowoczesnej technologii. Nie zamierzam odrzucać ani odrzucać nowoczesnej technologii, gdyż jakakolwiek próba dokonania tego będzie równoznaczna z celowym zaprzeczeniem niezbędnego wymiaru *bycia* podmiotu ludzkiego *w świecie,* który wyjaśnia jej podmiotowość, na mój argument. W rzeczywistości, sam Heidegger, ze swoją silną krytyką nowoczesnej technologii, nie demonizował jej, ale raczej uważa, że naszym zadaniem jest wyartykułowanie w sposób kompleksowy właściwego znaczenia, wykorzystania i implikacji nowoczesnej technologii, co ta praca stara się wyjaśnić.

1.4 Struktura książki

Książka ta ma na celu wskazanie drogi do zawłaszczenia filozofii technologii Heideggera jako krytyki i wsparcia dla autentycznej ludzkiej podmiotowości w dzisiejszym świecie opartym na technologiach. Każdy rozdział książki działa w oparciu o taki cel. Praca ma mieć ogólne wprowadzenie i sześć rozdziałów.

Rozdział pierwszy podejmuje się zadania nadania normatywnej, filozoficznej podstawy całej refleksji nad współczesną nauką i techniką w odniesieniu do ludzkiej podmiotowości. Odbywa się to poprzez odniesienie się do projektu Heideggera i jego koncepcji autentycznej ludzkiej podmiotowości. W tym rozdziale przedstawiam relację z analizy strukturalnej

[36] Peter-Paul Verbeek, *What things do,* Pennsylvania: The Pennsylvania State University Press, 2005, 60.
[37] Andrew Feenberg, *Heidegger i Marcuse: The Catastrophe and Redemption of History,* Op. Cit., 25.

podmiotu ludzkiego Heideggera, która zwraca szczególną uwagę na kluczowe obszary jego krytyki technologii oraz na to, w jaki sposób rekonstruuje ona i restrukturyzuje ludzką podmiotowość i samorozumienie. Struktura podmiotu ludzkiego Heideggera, którą przedstawię, stanowi ramy i zasadę ontologicznej interpretacji nowoczesnej technologii na podstawie jej wpływu na podmiot ludzki. Trudno jest mówić o wyzwaniach współczesnej technologii w relacjach człowiek-technologia w Heideggerze bez dokładnego i normatywnego zrozumienia, co ma on na myśli przez sposób bycia podmiotu ludzkiego, który, jak twierdzę, jest rekonstruowany i restrukturyzowany przez nowoczesną technologię.

Rozdział drugi dotyczy przede wszystkim podstawowej ontologii technologii Heideggera (FO). Mój argument w tym rozdziale jest taki, że każda próba przyjęcia instrumentalnego spojrzenia na technologię polega na niedocenianiu jej znaczenia; nowoczesna technologia wykracza poza instrumenty do nowej formy oceny życia i *ujawnia*, że odtwarza i restrukturyzuje ludzką podmiotowość. W tym argumencie skupię się w szczególności na koncepcji *enframingu* Heideggera, która stanowi ramy i fundament dla naszego rozumienia fenomenologii nowoczesnej technologii jako zjawiska odtwarzającego. W tym miejscu zamierzam wyjaśnić relację między przedstawionym w poprzednim rozdziale podmiotem ludzkim a nowoczesną technologią, podkreślając krytyczne problemy sporne w tej relacji. Rozdział ten argumentuje na podstawie dwóch podstawowych pytań: W jaki sposób technologia odnosi się w szczególności do ludzkiej podmiotowości? A jakie to ma głębokie konsekwencje dla ludzkiego podmiotu? Odpowiadając na te pytania, przede wszystkim przedstawiam krytykę instrumentalistycznego podejścia do technologii, które uzasadnia technologię jako środek do osiągnięcia określonych, określonych celów. Wyjaśniam, że to instrumentalne podejście jest w rzeczywistości niewystarczające w próbie rozwiązania filozoficznego problemu nowoczesnej technologii.

Następnie przedstawiam interpretację nowoczesnej technologii w ujęciu Heideggera, argumentując, że filozofia technologii Heideggera wniosła uderzający i fundamentalny wkład w nasze rozumienie ontologicznych problemów współczesnej technologii. Heidegger uważa, że dziś pojmujemy i tworzymy świat i nas samych poprzez ramy technologiczne; to znaczy, że technologia nie odpowiada na to czy tamto pytanie, nie zaspokaja tego czy tamtego zapotrzebowania, nie rozszerza tego czy tamtego potencjału, jak to widzimy w technologiach ulepszania człowieka. Technologia działa raczej na bardziej fundamentalnym i fenomenologicznym poziomie: ujawnia i rekonstruuje świat i nas samych, tak że zmienia się pytanie wraz z odpowiedzią, zmienia się potrzeba wraz z jej zaspokojeniem, zmienia się kierunek wraz z zastosowanym mechanizmem. Dla przykładu, zapłodnienie *in vitro* nie jest tylko sposobem na zaspokojenie pragnienia posiadania dzieci, ale także zmienia ramy kulturowe i emocjonalne, które sytuują ojcostwo, macierzyństwo i rodzinę. Tak więc, technologia jest paradoksalna, gdzie Heidegger rozumie ją jako sposób, w jaki podmiot ludzki odnosi się do świata i angażuje go, jako sposób *bycia w świecie*, który zarówno umożliwia, jak i ogranicza. Technologia działa na wysokości metafizycznej, poza swoją jawną funkcją jako instrument dla określonych końcówek.

Rozdział trzeci dotyczy diagnozy problemów współczesnej techniki w świetle filozofii techniki Heideggera. Rozdział ten wyjaśnia w bardziej praktyczny sposób twierdzenia Heideggera w jego ontologii technologii, w szczególności w odniesieniu do naukowego i technologicznego myślenia obliczeniowego (TK). Twierdzę, że ten rodzaj myślenia, który opiera się na umyślnym pragnieniu uprzedmiotowienia ludzkiej rzeczywistości poprzez reprezentowanie jej jako przedmiotu myśli tylko na *ontologicznym* poziomie bytu, podważając tym samym jej głębsze ontologiczne znaczenie dla podmiotu ludzkiego. Takie myślenie sprowadza wszystkie fakty, relacje i podmioty do biwalentnych, programowalnych "informacji" i danych cyfrowych.

Tomografia komputerowa staje się jedynym sposobem określania naszego życia we współczesnym-nowoczesnym świecie, przesłaniając inne podstawowe wartości lub formy oceny życia, o ile nie ma możliwości poważnej refleksji nad tymi wartościami lub podstawowymi faktami naszej egzystencji (relacje międzyludzkie, ostateczne znaczenie, czyli śmierć, religia itd.) Ten rodzaj myślenia podważa podstawowe myślenie (ET), międzypodmiotowość i śmierć jako podstawowe fakty naszego istnienia. W odniesieniu do technologii praktycznych wyjaśnię zatem wpływ nowoczesnej technologii w odniesieniu do tych istotnych cech naszej podmiotowości.

Rozdział czwarty podejmuje podstawową kwestię FO nowoczesnej technologii w Heidegger i Feenberg. Wybór Feenberga jest przede wszystkim dlatego, że reprezentuje on zewnętrzne i instrumentalne podejście do technologii, całkowicie pomijając jej wewnętrzne, odtwarzające implikacje. Jego społeczno-polityczna relacja z technologii sprawia, że technologia staje się narzędziem samorozpraszania i samozadowolenia, a nie *ingatheredness*, która prowadzi do autorefleksji. Rozumiem przez to, że nowoczesna technologia zaczerpnięta jedynie z zewnętrznej i instrumentalnej troski Feenberga o przeprojektowanie ulepszonych, bardziej odpowiedzialnych technologii oraz o stworzenie socjotechnicznych systemów kontroli, podporządkowuje jego filozofię zwykłej immanencji, czyli walce człowieka o materialne samozadowolenie w technologicznie przeciążonym środowisku. Mój argument w tym rozdziale jest taki, że obsesja człowieka na punkcie nauki i technologii sama w sobie jest przejawem jego autotranscendencji i utrzymuję, że krytyka Feenberga wobec Heideggera wynika z niezrozumienia FO technologii Heideggera. Z drugiej strony twierdzę, że niepokój i poszukiwanie sensu we współczesnej nauce i technice jest samo w sobie ujawnieniem jego ciągłych poszukiwań sensu wykraczających poza zwykłą technologiczną satysfakcję.

Rozdział piąty dotyczy ontologicznej odpowiedzi Heideggera na problemy podkreślone w poprzednich rozdziałach. Po zbadaniu i rozwinięciu tematu *bezrefleksyjnego* wchłaniania ludzkiej podmiotowości w świat nowoczesnej technologii i jej odtworzonej podmiotowości, w tym rozdziale zamierzam zagłębić się w odpowiedzi Heideggera, mając na celu odzyskanie poczucia ludzkiej podmiotowości w nieświadomych ramach i monopolu nowoczesnej technologii. Badam poczucie odpowiedzialności za siebie, aby odzyskać sposób *bycia - z technologią*, która zaangażuje się w naszą podmiotowość, i w ten sposób nawiązać relację z technologią, która jest zorientowana na służbę ludzkości i światu, tak abyśmy wzmocnili nasze poczucie siebie i naszą wspólnotową determinację. Rozumiem przez to, że walka o osiągnięcie autentycznej podmiotowości w świecie technologii jest przede wszystkim zadaniem podmiotu ludzkiego, zakorzenionego w sobie samym, a nie w jakimś innym zewnętrznym czynniku, a jednocześnie zawsze otwartego na inne możliwe relacje zewnętrzne lub rozwiązania problemów współczesnej technologii.

Wreszcie, rozdział szósty jest ogólnym wnioskiem całej dyskusji na temat odtworzenia mocy nowoczesnej technologii. Syntetyzuje on wszystkie spostrzeżenia na temat problemu nowoczesnej technologii w odniesieniu do ludzkiej podmiotowości i zrozumienia siebie. Rozdział ten przejawia swoją oryginalność poprzez skategoryzowanie wszystkich zagadnień omawianych w całej książce w ramach następujących podstawowych podziałów: Ukryty *charakter* nowoczesnej technologii, *nieprzewidziane skutki działania technologicznego*, *problem środków i celów działania technologicznego*, "*popularyzacja*" lub "*socjalizacja*" ludzkiej kondycji, *transcendentna natura technologii* i wreszcie kilka innych takich rozważań. Te fundamentalne podziały nie wprowadzają nic nowego do kwestii już poruszonych i omawianych w całej pracy, lecz raczej przedstawiają systematyczną syntezę tego, co zostało zbadane w tej książce: udowodnić, że technologia jest zjawiskiem transcendentalnym, które zarówno umożliwia, jak i odtwarza naszą autentyczną ludzką podmiotowość i samorozumienie, przesłaniając alternatywne, wartościowe formy naszej podmiotowości. Zapewnia to lepszą koncepcję strukturalnego działania technologii, odpowiednio uwzględniając alternatywne formy oceny człowieka.

ROZDZIAŁ 1

PROJEKT HEIDEGGERA DOTYCZĄCY AUTENTYCZNEJ LUDZKIEJ PODMIOTOWOŚCI: PODSTAWA JEGO FILOZOFII TECHNOLOGII

2.1 Wprowadzenie

W poprzednim wstępie wyznaczyłem ramy dla zrozumienia filozoficznego zadania podjętego przez tę książkę. Ontologia *Daseinu* Heideggera stanowi podstawę jego filozofii technologii. Innymi słowy, kiedy czyta się ontologię Heideggera dotyczącą ludzkiego *Daseina*, uświadamia się sobie, że w sposób dorozumiany zajmuje się on również naukowym i technologicznym sposobem bycia człowieka we współczesnym świecie. Borgmann powiedział, że "Wcześniejsza filozofia Heideggera w *byciu i czasie* (*BT)* antycypuje jego filozofię technologii bez jego uświadamiania",[38] ponieważ implikuje ona wiele z jego nastawienia do nowoczesnej nauki i technologii. Ten ukryty naukowy i technologiczny sposób myślenia staje się wyraźniejszy w jego późniejszej filozofii, w której wskazując na kryzys nowoczesnej nauki w odniesieniu do ludzkiej podmiotowości (omówionej w poprzednim rozdziale), Heidegger wyraźnie argumentuje, że nowoczesna nauka i technologia są najwyższymi etapami błędnego przedstawiania istoty bycia człowiekiem. Heidegger zauważa: "W rzeczywistości jednak, dokładnie nigdzie człowiek nie spotyka się już dzisiaj z samym sobą, czyli w swojej istocie".[39]

To, co Heidegger wskazuje, stanowi podstawę filozoficznego argumentu tego rozdziału, idei, że współczesna nauka i technologia przesłaniają niektóre z podstawowych parametrów ludzkiej podmiotowości, a więc kwestionują to, co oznacza bycie człowiekiem w naszym nowoczesnym wieku. Dziś, dzięki nowoczesnej technologii, mamy zająć się ważnym pytaniem dotyczącym naszej podmiotowości, w którym podstawowe fakty naszego istnienia są odtwarzane przez technologię. Modernizujemy bezkrytycznie technologię i przywiązujemy wagę do naszego technologicznego dobrostanu, nie rezygnując z indywidualnej subiektywnej zdolności do kształtowania naszego doświadczenia. Rutynowo wybieramy technologiczny model egzystencji, który czasami sprawia, że utkniemy w miejscu i nie będziemy mogli

[38] Albert Borgmann, "Technology," w *The Cambridge Companion to Heidegger, pod redakcją* Dreyfusa Huberta i Wrathall Marka, Oxford: Blackwell, 2007, 421ff.
[39] Martin Heidegger, *The Question Concerning Technology and Other Essays,* Op. Cit., 27.

odwołać się do tego, co rzeczywiście czyni nas uczestnikami naszej własnej egzystencji. Przykład technologii usprawniających może pomóc w opracowaniu tego twierdzenia. Gdy stosowane są technologie ulepszające, pociągają one za sobą istotne zmiany w sposobie rozumienia całej naszej podmiotowości. Problemem nie jest jednak to, że technologie ulepszeń są z natury złe, ale raczej to, że ludzkie ulepszenia mogą uczynić iluzoryczną świadomość naszej własnej natury.

Poprzez coraz częstsze zastępowanie naszej podmiotowości środkami racjonalnymi i naukowymi, czynimy ją mniej zrozumiałą. Technologie ulepszeń czynią ludzką naturę mniej zrozumiałą dla każdego człowieka, ponieważ te nowe środki ulepszeń działają przed i niezależnie od ulepszanej natury. To jednak stwarza nam kolejny poważny problem. Jeśli nasza ludzka natura ma być wyjaśniona w odniesieniu do czynników ją wzmacniających, czy nie powoduje to utraty zdolności do rozumienia siebie i otaczającego nas świata, łącznie z naszym duchowym fundamentem? W przypadku technologii *ulepszeń* zakładamy inne ujęcie podmiotu ludzkiego, które byłoby bardziej skomplikowane do zrozumienia (np. sposób postrzegania ludzkiego ciała) niż tylko postrzegane ulepszenia części ciała. Poważny problem polega na tym, że rekonstruując ludzkie aspekty za pomocą technologii, ludzie nie potrafią odpowiedzieć na pytanie, co tak naprawdę składa się na ich naturę jako ludzi. Dlatego, gdy Heidegger twierdzi, że *nigdzie człowiek nie spotyka się już dzisiaj z samym sobą, to znaczy, że w swojej* istocie, możemy zrozumieć, że przewiduje on sytuację, w której współczesny podmiot stanie wobec głębokiego problemu swojej podmiotowości.

W *BT* Heidegger, w swojej fenomenologii *Dasein*, poszukuje alternatywnego podkładu startowego dla pojęcia podmiotu ludzkiego, zasadniczo różniącego się od modelu technologicznego/redukcyjnego. Heidegger opiera swoją filozofię na hermeneutyce istnienia lub nauce o istnieniu. Tak więc, dla Heideggera, dopóki nie ustalimy, co to znaczy być podmiotem ludzkim w rozwijającym się technologicznie świecie, nie możemy naprawdę zrozumieć, czy technologie, które stosujemy, umożliwiają nam udoskonalanie naszego bytu, czy też nie. Na tej właśnie podstawie twierdzę, że fenomenologia ludzkiej podmiotowości Heideggera (*Dasein*) stanowi normatywną podstawę i alternatywę dla naukowego i technologicznego monopolu na interpretację natury, w tym nas samych. Koncepcja podmiotowości ludzkiej Heideggera angażuje nas do aktywnego uczestniczenia w kształtowaniu własnej egzystencji, gdyż jego zdaniem nie należy pozostawiać jej pod nadmiernym wpływem automatycznego określania znaczenia nowoczesnej technologii. Podejmę się tego zadania poprzez opracowanie egzegezy jego ontologicznej relacji z podmiotem ludzkim, zwracając szczególną uwagę na jego kluczową, wczesną krytykę technologii. Zasadnicze znaczenie ma jednak fakt, że ontologiczna struktura ludzkiego istnienia *Daseina* jest charakterystycznym sposobem rozumienia przez Heideggera jego twierdzenia o autentycznej ludzkiej podmiotowości w technologicznie przeciążonym świecie.

Rozdział ten rozwijam najpierw poprzez wyjaśnienie dwóch podstawowych pojęć ludzkich: *autentyczności* i *wyobcowania* oraz ich związku z nowoczesną technologią. Koncepcje te będą przez cały czas informować o rzeczywistym stanie ludzkiej podmiotowości w odniesieniu do technologii. Następnie rozwinę relację Heideggera o ludzkiej subiektywności w dwóch fazach: jako *wrzuconej do świata* i koncepcji ludzkiej egzystencji jako *bycia w świecie,* poprzez różne elementy, które ją wyrażają, w szczególności element *bycia w świecie* (*in-ness*), który ujawnia aspekt *opieki* poprzez wszystkie inne struktury, strukturę *egzystencjalności*[40] lub *zrozumienia, facticity, falling* or *distantiality*. Chciałbym również zauważyć, że większość komentarzy na temat Heideggera nie zawiera języka jako struktury *bycia w świecie*, ale sam Heidegger podkreśla język jako podstawową strukturę *bycia w świecie.* Z tego powodu włączę język jako charakterystyczną cechę bycia człowiekiem i będę twierdził, że język jest jednym z mediów wykorzystywanych przez Heideggera do opisania *ujawniającej się* natury ludzkiego podmiotu i że dziś to medium jest stale odtwarzane przez nowoczesną naukę i technologię.

Wystarczy wspomnieć, że śmierć, dla Heideggera, jest istotną strukturą podmiotu ludzkiego, która zapewnia zrozumiałość i jedność wszystkich innych aspektów i sposobów naszego ludzkiego istnienia. Nie będę omawiał śmierci w tym rozdziale, ponieważ zostanie ona wyjaśniona w rozdziale trzecim, w którym będę twierdził, że współczesna nauka i technologia nie pozwalają nam zrozumieć i doświadczyć znaczenia tego podstawowego zjawiska. Dlatego niniejszy rozdział wyjaśni podstawową strukturę ontologiczną ludzkiej podmiotowości, argumentując, że nowoczesna technologia manipuluje i zaciemnia podstawowe aspekty naszej podmiotowości.

2.2 Dwa podstawowe pojęcia: Autentyczność i alienacja

Pojęcia *autentyczności* i *nieautentyczności/alienacji* Heideggera są fundamentalne dla jego rozumienia symbiotycznej relacji między człowiekiem a technologią. Uważa on te dwa zasadnicze pojęcia za sposób bycia podmiotem ludzkim we współczesnym świecie

[40] Heidegger używa terminu *egzystencjalności,* aby wyjaśnić nasz sposób bycia, w którym rozumiemy siebie w relacji ze światem jako część naszej struktury egzystencjalnej. Martin Heidegger, *Being and Time,* Op. Cit., 33.

nieustannego postępu technologicznego. W rzeczywistości jego diagnoza problemów współczesnej techniki, jak to będzie się rozwijać w trakcie mojej analizy, odzwierciedla sytuację nieautentycznego lub wyalienowanego sposobu życia podmiotu ludzkiego w ramach technologii oraz jego niezdolność do rozpoznania wartości własnej podmiotowości.

2.2.1 Autentyczność

Kwestia *autentyczności rzuca* wiele światła na szerszą skalę na znaczenie ludzkiej podmiotowości i jej wyzwania w odniesieniu do rzeczy, które nas interesują. Konwencjonalne znaczenie *autentyczności* to bycie wiernym sobie, swoim zasadom, nawet jeśli mogłyby się one mylić. Jednak Heidegger nie podziela takiego rozumienia *autentyczności*. Rozumie on natomiast *autentyczność* jako indywidualny projekt życia dla samostanowienia, który w każdym momencie swojego istnienia ma być wykorzystany, aby nie popaść w z góry ustalony i z góry przemyślany rodzaj istnienia, szczególnie w dzisiejszym technologicznie determinującym świecie. Dlatego też jako projekt znaczenie *autentyczności* i *nieautentyczności* polega przede wszystkim na tym, jakie są dostępne możliwości i wybory życiowe, jak są one cenione i wykorzystywane przez jednostkę.[41] Jest to stawianie fundamentalnych pytań o naszą własną egzystencję, rodzaj indywidualizmu, w którym człowiek w sposób odpowiedzialny kształtuje własne życie, dokonując wyborów, które stanowią podstawę do obecnej i przyszłej egzystencji, nadając sens całemu swojemu życiu.[42]

Ponieważ żyjemy w świecie zdeterminowanym technologicznie, poprzez *autentyczność*, bierzemy na siebie pełną odpowiedzialność za nasze życie nie tylko w odniesieniu do technologii, ale także, w odniesieniu do innych, ponieważ nasze życie jest dla nas problemem.[43] Wiąże się to z zajmowaniem stanowiska w życiu i dokonywaniem świadomych wyborów egzystencjalnych dotyczących naszego istnienia. Celem brania odpowiedzialności za siebie i dokonywania wyborów nie jest tylko rozważanie zwykłej przyszłej egzystencji; jest to raczej kwestia *samostanowienia,* aby nie dać się ponieść i zdeterminować przez przepływ świata[44], który może prowadzić do *nieautentycznego* stylu

[41] Charles Guignon, *Heidegger and the Problem of Knowledge,* Indianapolis: Hackett Publishing Company, 1983, 140.
[42] Ibid., 134; George Vensus, *The Experience of Being as a Goal of Human Existence: The Heideggerian Approach,* Washington: The Council for Research in Values and Philosophy, 1998, 72.
[43] Charles Guignon, *Heidegger and the Problem of Knowledge,* Op. Cit., 135.
[44] William Large, *Heidegger's Being and Time,* Op. Cit., 113.

życia. *Autentyczność* pozwala nam troszczyć się o rzeczy i o nasze życie w ich całokształcie, w którym współczujemy[45] rzeczom w sposób, który ujawnia ich ontologiczne znaczenie.

W tym kontekście troski i projekcji naszego życia w kierunku przyszłości, nawet jeśli sens naszego życia czerpiemy z zasobów, jakie zapewnia współczesna nauka i technologia (role, styl życia, presja społeczna konsumpcyjna itp.), być może *dlatego, że* znajdujemy się w tym kontekście, od każdego z nas zależy, czy uda mu się coś z siebie zrobić w opcjach, których dokonuje. Dlatego też powiedziałem wcześniej, że *autentyczność* jest zadaniem wobec "*ja*", ponieważ "*ja*" nie jest czymś, co jest nadawane przez kontekst, w którym się znajdujemy, jak świat rzeczy czy nauka i technologia, w którym nieuchronnie znajdujemy się dzisiaj. Życie w takim świecie wymaga rozważenia *autentyczności* jako wewnętrznej relacji, gdzie mamy odpowiedzialność lub obowiązek wobec rzeczy w świecie przyrody i wobec siebie samych, jako istniejące istoty w procesie *tworzenia się* lub kształtowania *siebie*[46], nie jako wolne duchy w sensie robienia tego, co chcemy z naszymi różnymi egzystencjami, ale jako istoty zaangażowane i odpowiedzialne, z obowiązkiem wobec siebie i wobec rzeczy w świecie przyrody.

Podsumowując, *autentyzm* jest zatem projektem naszej własnej egzystencji, który sprawia, że skupiamy się w centrum naszego życia w naszych wewnętrznych jaźniach; pomaga nam on *zebrać* lub wspominać się w naszym naukowym i technologicznie ukierunkowanym świecie: nawiązać kontakt z naszymi projektami, uczuciami, pragnieniami, wartościami i przekonaniami, wyrazić je w sposób, który sprawia, że jesteśmy zainteresowani i odpowiedzialni za nasze własne istnienie, nie poddając go determinacji nauki i technologii. Chodzi o zadawanie podstawowych pytań na temat naszego istnienia. *Autentyczność* w tym sensie może być interpretowana jako rodzaj ontologicznego związku, jaki mamy z rzeczami na świecie, zwłaszcza z produktami technologicznymi, w których nie pozwalamy się determinować przez te rzeczy, które są dla nas zewnętrzne. *Autentyczność* stanowi zatem centrum ludzkiej *tożsamości* lub poczucia *siebie* w relacji ze światem. Z tą ideą *autentyczności* Heidegger dokonuje charakterystycznego zerwania z wyalienowaną ideą Kanta dotyczącą indywidualnego, abstrakcyjnego podmiotu, oderwanego od projektu kształtowania własnej egzystencji w świecie, w którym żyje.

---

[45] Aby zrozumieć, w jaki sposób ujawnia się autentyczność, zapoznaj się z "Kompozycją" w części poświęconej *Byciu w świecie*.
[46] Charles Guignon, *On Being Authentic,* Op. Cit., 127.

2.2.2 Alienacja, nieautentyczność lub *odległość*

2.2.2.1 Koncepcja alienacji

Przeciwieństwem *autentyczności* jest *alienacja/inautentyczność* lub samookreślenie. Heidegger nie używa jednak słowa *alienacja* w swoim opisie konfrontacji podmiotu ludzkiego z nowoczesną technologią, choć mówi o tym zagadnieniu używając pokrewnych pojęć. Używa on pojęć *nieautentyczności* i *dystansu,* aby oznaczać *alienację*, która jest jednym z problemów, jakie Heidegger ma ze współczesnym światem technologicznym lub społeczeństwem. Uważa on, że współczesny świat technologiczny *wyobcowuje* ludzki podmiot. Zanim przejdę do tego, co Heidegger w rzeczywistości rozumie przez *odległość* lub *alienację w odniesieniu do* technologii, uważam za stosowne wyjaśnienie ogólnego znaczenia pojęcia *alienacji.*

Ogólnie rzecz biorąc, termin *alienacja odnosi się* do podstawowego podziału w obrębie lub oderwania od *całości.*[47] *Całość* ta może dotyczyć integralnej przeszłości, jaźni lub "przynależności do siebie". W kontekście społecznym termin ten oznacza rozdźwięk między jednostkami a prawnymi, społecznymi, religijnymi, kulturowymi, gospodarczymi, a nawet politycznymi instytucjami danego społeczeństwa; rodzaj dysfunkcji lub *pęknięcia* w strukturze społeczeństwa. Nie będę rozwodził się nad społecznym znaczeniem czy teorią alienacji, ponieważ nie jest to istotny kontekst tej pracy. Zamiast tego, dla moich celów w tej eksploracji, zdecydowałem się skupić na wyobcowaniu wpływu technologii na ludzki podmiot.

Jak wskazano we wstępie ogólnym i jak argumentowano w poprzedniej części, autentyczna ludzka podmiotowość oznacza, że należy mieć pewien stopień *samostanowienia,* aby prowadzić sensowne życie. Rewolucyjna filozofia polityczno-ekonomiczna i materializm historyczny Karola Marksa mogą pomóc nam lepiej zrozumieć pojęcie *wyobcowania w* tym zakresie. Ponownie, nie będę zagłębiał się w szczegóły ekonomicznej i politycznej filozofii Marksa, ale wybiorę aspekt, który służy w tych poszukiwaniach. Dla Marksa władza polityczna może być wykorzystywana na różne sposoby i ze swej natury w społeczeństwie kapitalistycznym, dzieli ludzi albo na *burżuazyjnego* właściciela zasobów produkcyjnych, albo członka proletariatu/klasy pracującej. Co więcej, władza polityczna udaje, że wyartykułowuje stanowisko proletariatu, czyli dobra wspólnego, podczas gdy w rzeczywistości służy potrzebom *burżuazji*[48]. Z punktu widzenia Marksa podstawowa aktywność życiowa lub źródło

---

[47] Nathan Rotenstreich, *Alienacja: The Concept and its Reception,* Nowy Jork: E. J. Brill, 1989, 78ff.

[48] Ibidem, 65.

utrzymania proletariatu: jego sama siła robocza, potencjał wolnej samooceny i samorealizacji twórczej aktywności i rozwoju[49] zostaje mu odebrana i oddana kapitalistom, gdy dla niego pracuje. Oczywiście prowadzi to do tego, że proletariat traci swój potencjał do swobodnej i twórczej działalności, a w zamian otrzymuje jedynie *pensję na utrzymanie*: wystarczającą na zakup talerza jedzenia, aby mieć wystarczająco dużo energii na powrót do pracy następnego dnia i na odtworzenie kolejnego pokolenia pracowników dla *burżuazji*. Proletariat nie produkuje już rzeczy, których potrzebuje, ale wymienia wartość swojej pracy z *wynagrodzeniem na utrzymanie na* korzyść *burżuazji*. Głębszą konsekwencją tego wszystkiego jest to, że praca, podstawowy środek ludzki do samorealizacji proletariatu, jest podporządkowana zewnętrznej władzy i eksploatowana, co prowadzi do jego *samowystarczalności*.

Polityczno-ekonomiczny rachunek Marksa dotyczący *wyobcowania* w kapitalizmie jest dobrze reprezentowany w naszym technologicznym świecie. Dzisiaj, maszyna zastępuje człowieka jako koniec technologii. Produkuje dla niego wszystko, do tego stopnia, że człowiek nie może się już realizować we własnej pracy, która jest podstawą jego istnienia. Głęboką konsekwencją tej sytuacji jest to, że kondycja ludzka jest zagrożona we współczesnym rozwoju technologicznym, w związku z czym następuje całkowita dewaluacja jej znaczenia[50]. Inżynierowie i naukowcy mówią nam, że w niedalekiej przyszłości zautomatyzowane fabryki bez ludzkiej pomocy staną się rzeczywistością, a ludzka praca i sam człowiek staną się prawie niepotrzebne do produkcji. Zasadnicze pytanie brzmi jednak: Jak człowiek może realizować swoją podmiotowość, gdy staje się najbardziej zastępowalną częścią swojego świata? W społeczeństwie, w którym maszyna przejmuje całkowicie kontrolę, podstawowe klasyczne, tradycyjne wartości ludzkie są podważane, tak że pozwalając technologii stać w miejscu człowieka, człowiek zaczyna myśleć, że jego życie jest technicznym i chemicznym procesem myślowym, który ma niewielkie szanse i odpowiedzialność, aby go określić.

Dlatego też, w głębokim sensie, *samouwielbienie* lub *dystans do siebie* oznacza, że coś, co należy do mnie jako moja subiektywność, jak moje podstawowe potrzeby, moja zdolność do rozeznania moich zainteresowań życiowych, mojej pracy, komfortu i wartości, jest dzisiaj odbierane mi przez naukę i technikę, używane jako siła przeciwstawiania się lub walki ze mną w sposób pozbawiający mnie umiejętności lub uniemożliwiający.[51] Odbiera to wewnętrzną siłę niezbędną do kierowania i determinowania mojego życia. Poddaję się technologicznej

[49] Andrew Feenberg, *Transforming Technology: A Critical Theory Revised,* Op. Cit., 40-44.
[50] Nathan Rotenstreich, *Alienacja: The Concept and its Reception,* Op. Cit., 46.
[51] Andrew Feenberg, *Transforming Technology: A Critical Theory Revised,* Op. Cit., 42.

determinacji i *przeznaczeniu*[52]. Kiedy to samostanowienie jest podważane, dzięki moim własnym wysiłkom współpracy, jestem *wyalienowany*, *zdystansowany* lub *nieautentyczny*. W takiej sytuacji pojęcie *alienacji* wiąże się z utratą czegoś fundamentalnego i ważnego dla siebie. Kiedy podstawowe ludzkie wartości są naruszane, *samouwielbienie* staje się utratą ludzkiej tożsamości i podmiotowości.[53]

2.2.2.2 Heidegger's Concept of Alienation

Po wyjaśnieniu ogólnego rozumienia *alienacji* i rozumienia jej przez Marksa w odniesieniu do *samoalienacji* w poprzednim rozdziale, zwracam się teraz do Heideggera. W sensie heideggerowskim *alienacja* może być użyta jako krytyczny podział egzystencjalny, rodzaj wypaczenia tego, co znaczy być człowiekiem. W kontekście tej pracy technologia, gdy jest właściwie rozumiana i powiązana z nią, ma być czymś, co należy do ludzkiej konstytucji (jako relacja wewnętrzna), ale problem polega na tym, że ta sama technologia nabywa obecnie materialną władzę nad podmiotem ludzkim; nad jego podstawowymi wartościami, interesami, potrzebami, zdolnościami do *samostanowienia,* i tak dalej (aspekty jego podmiotowości). Technologia, która ma służyć moim celom życiowym, przejmuje teraz podstawowe aspekty mojej podmiotowości, a ze względu na jej *enframing* lub odtworzenie i restrukturyzację natury, przekształciła te ludzkie aspekty w siłę do walki ze mną, tworząc szerszą przepaść ontologiczną lub pęknięcie w moim sposobie *bycia w świecie*. Uczyniło mnie to niezdolnym do określenia własnego losu poprzez zaciemnienie innych, ważniejszych aspektów mojej podmiotowości do tego stopnia, że zacząłem postrzegać i rozumieć siebie całkowicie z ramy technologicznej, z zewnątrz siebie.

Weźmy praktyczny przykład: w dziedzinie inteligencji naukowcy wymyślają mikrourządzenia, które można wszczepić do mózgu w celu zwiększenia inteligencji, tak aby mózg człowieka został przeniesiony na zewnątrz i nie musiał już służyć lub rozwijać swojego procesu myślenia, ponieważ maszyny takie jak komputery, telefony komórkowe, ipady, i tak dalej, robią za niego myślenie. Siła twórczego umysłu podmiotu ludzkiego ukryta jest za utopijnymi marzeniami o maszynach myślących i mechanice świata, umieszczając nasze autoekspresje w zakresie takich urządzeń technologicznych, które z kolei narzucają nam swoją autonomię do tego stopnia, że nie możemy bez nich działać.[54] W tym sensie technologia,

---

[52] Nathan Rotenstreich, *Alienacja: The Concept and its Reception,* Op. Cit., 78.
[53] Ibidem.
[54] Nathan Rotenstreich, *Alienacja: The Concept and its Reception,* Op. Cit., 13.

zamiast nam umożliwiać, staje się narzędziem samorozpraszania, które uniemożliwia lub ogranicza nasze ludzkie zdolności do samorealizacji.

Ten rodzaj *samouwielbienia* staje się wypaczeniem fundamentalnej pozycji ludzkiej podmiotowości. Praktyczne zastosowanie narzędzi naukowych i technologicznych, które pierwotnie miały dać nam większe bezpieczeństwo przed zewnętrznymi siłami fizycznymi i chronić nasze wewnętrzne światy, stało się dziś wewnętrznymi, zakorzenionymi siłami, które walczą z nami, wyrywając nas z naszego egzystencjalnego gruntu. Lee Ilchi lepiej to wyjaśnia, kiedy mówi:

> "Chodzi o technologię, która przybliża nas do osobistego opanowania poprzez odwrócenie naszego życia 'na drugą stronę'. Chodzi o uświadomienie sobie, że mamy narzędzia, których potrzebujemy do komfortowego życia".[55]

Ilchi sugeruje, że kiedy technologia jest stosowana we wszystkich obszarach naszej egzystencji, stajemy się niewykwalifikowani i zależni od niej, tracąc w ten sposób wiele z naszego potencjału autentycznego samokierowania. Stajemy się zamknięci w jednej monolitycznej, naukowej iluzji i sposobie odnoszenia się do rzeczywistości, tak że nasza subiektywna zdolność do sensownego życia zostaje podważona. Znajdujemy się w pewnym stopniu ontologicznym dystansie w stosunku do nas samych i naszej najbliższej rzeczywistości, która jest w sposób zakazany interpretowana dla celów nieludzkich. Heidegger posługuje się pojęciem *nieautentyczności*, czyli *zanikania* wszelkiego dystansu wywołanego przez naukę i technikę, aby odnieść się do[56] ontologicznego pęknięcia, którego doświadcza współczesny podmiot. Ten technologiczny sposób ujawniania naszego istnienia w świecie oznacza dla Heideggera, że my, ludzie, tracimy nasz "dom" na świecie i stajemy się *odlegli od siebie do* tego stopnia, że nie jesteśmy już z sobą w domu. Wyjaśnię[57] ten punkt w dalszej części tego rozdziału, w podrozdziale o *upadku*.

Na zakończenie tej relacji o *alienującej* sile techniki Karol Wojtyła stwierdza, że "alienacja jest odwodnieniem lub przesunięciem człowieka od jego własnej człowieczeństwa, które pozbawia go wartości określanej jako personalistyczna".[58] Zasadniczo alienacja polega na nieodpowiednim technologicznym spojrzeniu na podmiot ludzki i na błędnym postrzeganiu sensu ludzkiej egzystencji, ponieważ jego wartość nie jest już nadawana przez sam podmiot

---

[55] Lee Ilchi, *Human Technology: A Tool for Authentic Living,* Sedona-USA: Healing Society, 2005, 30.
[56] Martin Heidegger, *Poezja, język, myśl,* trans. Alberta Hofstadtera, Nowy Jork: Harper and Row, 1971, 165.
[57] Martin Heidegger, *Discourse on Thinking*, Op. Cit., 48.
[58] Karol Wojtyła, *The Acting Person*, Holandia: D. Reidel Publishing, 1979, 297.

ludzki, lecz przez naukę i technikę. Sytuacja ta jest niepokojąca dla wczesnego Heideggera w *BT,* ponieważ czuje on, że podmiot ludzki jest wyobcowany i wyobcowany z jego świata, uprzedmiotowiony i postrzegany przez współczesną naukę i technikę jako podmiot wśród innych podmiotów studiów i eksperymentów badawczych, które przesłaniają jego prawdziwe egzystencjalne znaczenie. W odpowiedzi na ten nowy emanujący problem współczesnego podmiotu, Heidegger rozwija swoją fenomenologię ludzkiej podmiotowości, aby skorygować to, co jego zdaniem poszło nie tak z zachodnim naukowym i technologicznym światem alienującym. To do tego zwracam się w następnym rozdziale.

2.3 Koncepcja Podmiotowości Ludzkiej Heideggera

2.3.1 Podmiot ludzki jako "wrzucony do świata"

Pojęcie podmiotowości ludzkiej Heideggera ma na celu prześcignięcie wszelkich obiektywizujących opisów podmiotu ludzkiego jako substancji, czy to psychicznej, fizycznej czy osobistej, w jej codziennych egzystencjalnych i praktycznych troskach o świat. W poprzednim rozdziale widzieliśmy, że Heidegger określa ludzki podmiot jako *Dasein, wrzucony do świata* i *otwarty na świat*[59]. To wyrażenie oznacza: Po pierwsze, należy zauważyć, że kiedy Heidegger używa wyrażenia *rzucony -ness*, zamierza on zwrócić uwagę na fakt, że człowiek nie może być brany pod uwagę, chyba że istnieje w środku świata, między innymi, że nasza istota (nasz *Dasein*) "ma być tam" na świecie i że mamy specyficzny stosunek do świata. Po drugie, każdy z nas jest *wrzucany do świata* bez żadnego wyboru własnego, ograniczonego przez przypadek naszego urodzenia, nieprzewidywalność świata i konfrontowanego czasami przez siły pozostające poza naszą kontrolą. W kontekście heideggerowskim bycie człowiekiem oznacza bycie wprowadzonym nie z własnego wyboru w stan istnienia i zanurzonym w fizycznym, kulturowym, naukowym, technologicznym, historycznym, dosłownym, namacalnym świecie dnia codziennego. My, którzy jesteśmy *wrzucani do świata* pośród rzeczy i z innymi, jesteśmy wrzucani w nasze możliwości, włączając w to nieuchronność naszej własnej śmiertelności.

Aby powiązać tę koncepcję bycia *wrzuconym do świata* z rzeczywistością naukową i technologiczną, której dziś doświadczamy, przypuszczam, że Heidegger w swoim dawnym podejściu zdał sobie sprawę, że większość, jeśli nie wszyscy, znajduje się w świecie naukowym

[59] Michael Zimmerman, *Heidegger's Confrontation with Modernity: Technologia, Polityka, Sztuka,* Op. Cit., 140.

i technologicznym, którego nie wybraliśmy. Wykorzystujemy technologie, których pochodzenia i makijażu nawet nie rozumiemy: smartfony, iPady, ipody, komputery, samochody, itp. Używane przez nas technologie są usuwane z miejsca ich powstawania, z kontekstu ich pochodzenia i przenoszone do obcego kontekstu, a ich siłą napędową jest ekonomiczna filozofia konsumpcji rynkowej. Jednak mimo to chodzi o to, że jest to nasz świat, którego dokonaliśmy, ale nie jest to nasz celowy wybór, nikt z nas nie znajduje się poza tym technologicznym światem i nikt nie jest na niego odporny. Naprawdę jesteśmy *wrzuceni do niego* jako nasz świat doświadczeń i samorealizacji. Jak mówi Feenberg, technologie, których używamy, nie są już środkami do osiągnięcia pewnych celów; stały się one raczej naszym środowiskiem operacyjnym.[60]

Ponieważ technologie są naszym światem i wydają się być dobre, proste i czasami łatwe do zrozumienia i obsługi, u ich podstaw leży radykalne uproszczenie naszego życia, tak radykalne, że przekształcają nasze życie w gotowy projekt do tego stopnia, że nie musimy robić nic więcej, aby go rozwijać, ponieważ technologia robi dla nas wszystko. W ramach takiej organizacji technologicznej jedyne, co musimy zrobić, to usiąść i patrzeć, jak nasze życie jest napędzane przez technologię. Aby wykorzystać przykład ryby Feenberga do wyjaśnienia punktu *wrzucenia jej* do świata techniki, ryby w stawie nie wiedzą, że są mokre. Teraz mogę się mylić co do ryb, ale podejrzewam, że ostatnią rzeczą, jaką myślą, jeśli myślą, jest medium ich istnienia, woda, miejsce, do którego są tak doskonale przystosowane. Ryba z wody szybko umiera, ale trudno wyobrazić sobie rybę kąpiącą się w wannie. Woda jest tym, co ryby uważają za rzecz oczywistą, tak jak my, ludzie, uważamy technologię za rzecz oczywistą. Wiemy, kiedy jesteśmy mokrzy, że tak powiem, ponieważ woda nie jest dla nas normalnym medium. Wyróżnia się on dla nas, na przykład, w przeciwieństwie do technologii. Jednakże, podobnie jak ryby, które nie wiedzą, że są mokre, nie myślimy o technologiach, których używamy - o tym, jak ich potrzebujemy i jak determinują one naszą subiektywną egzystencję i cele.[61]

To uproszczenie i przyjęte za pewnik stanowisko wobec technologii ma ciemną stronę: nie tylko upraszcza, ale i komplikuje nasze życie. W założeniu, że technologia upraszcza nasze życie, nie znamy kontekstu, charakteru i działania strukturalnego samych technologii, które stosujemy, ani ich wpływu na nas. Ta nieznajomość kontekstu i charakteru technologii jest szczególnie powszechna u osób uzależnionych od technologii do tego stopnia, że nieświadomie

[60] Andrew Feenberg, *Transforming Technology: A Critical Theory Revised,* Op. Cit., 8.
[61] http://www.sfu.ca/~andrewf/paradoxes.pdf, 2010.

uwodzi ich wybór konkretnych technologii, nie wiedząc, jak głęboko te same technologie odtwarzają i restrukturyzują ich istnienie.

Z podanym przeze mnie przykładem, dla Heideggera, koncepcja *rzucania* oznacza nie tylko, że jesteśmy po prostu *wrzucani do świata* technologii i nie możemy nic z tym zrobić. Heidegger przyznaje, że nasza egzystencja nie jest dla nas całkowicie zdeterminowana. Jednak, jak wskazałem w odniesieniu do *autentyczności*, dla Heideggera ważne jest nie tylko to, że jesteśmy *wrzucani do świata* technologii jak każdy inny podmiot na świecie i tak żyjemy *nieautentycznie* lub jak wyalienowani sami, ale raczej to, że interesuje go sposób, w jaki decydujemy się zająć tym z góry przesądzającym o naszej autentycznej podmiotowości *wrzuceniem*. To prawda, że jesteśmy całkowicie niewinni naszego *rzucania*, jesteśmy niewinni znalezienia się w szybko zmieniającym się świecie technologicznym jako naszym kontekście, ale jesteśmy również całkowicie odpowiedzialni za to, jak odnosimy się do różnych technologii, które tworzą nasz świat życia. Jeśli jesteśmy odpowiedzialni, to istnieje wolność osobista jako zadanie nierozerwalnie związane z tym *rzucaniem*, które w efekcie określa naszą podmiotowość. W tym zadaniu możemy zdecydować się odnieść się do stanu bycia *rzuconym* w taki sposób, że samo *rzucenie* pozwala nam na ujawnienie własnej istoty. W ten sposób możemy zrozumieć nasze możliwości ujawnienia siebie samych, albo możemy pójść inną drogą i polegać na "oni sami" nauki i technologii, aby dostarczyć z góry ustalone definicje tego "ja" i świata. W tym wcześniej ustalonym stanie, który Heidegger nazywa *nieautentycznością, odchodzimy* od siebie i przestajemy zadawać sobie egzystencjalne pytania. To jest test i niebezpieczeństwo technologii, z którym mamy do czynienia w naszym współczesnym świecie.

To, co Heidegger chce ujawnić poprzez pojęcie *rzucania* - to, że w przeciwieństwie do atomów, skał i większości żywych rzeczy, nasze istnienie jest samo w sobie projektem, a nasz świat technologiczny również [62]jest projektem. Znajdujemy się w kontekście nauki i technologii, w którym musimy potwierdzić nasze istnienie, a nie tylko poddać się technologicznemu *przeznaczeniu*. Nie jesteśmy abstrakcyjnym podmiotem *podsumowania cogito ergo* Kartezjusza, zamkniętym wewnątrz umysłu, gdzie musimy zadać sobie pytanie, jak umysł zna świat na zewnątrz.[63] Nie jesteśmy tacy; w naszym nowoczesnym stylu życia jesteśmy *wrzucani do świata* technologii od początku naszej egzystencji jako moderniści, podobnie jak inne podmioty, a jednak inaczej niż oni, w sensie posiadania doświadczeń,

---

[62] Tom Greaves, *Począwszy od Heideggera*, Nowy Jork: Continuum International Publishing Group, 2010, 37-8.
[63] Charles Guignon, *Heidegger and the Problem of Knowledge,* Op. Cit., 86; Hubert Dreyfus, *Being-in-the-World: Komentarz na temat Heidegger's Being and Time, Wydział I,* Op. Cit., 3.

otwartości na naszą egzystencję i naszą sytuację technologiczną, która nas wzywa, ze zdolnością do zajmowania stanowiska w życiu i przekraczania naszej rzeczywistej sytuacji, nie przyznając się do panowania nowoczesnej technologii.

W następnej części omówię, jak reagujemy na naszą *rzuconą-ność,* opracowując niektóre z podstawowych struktur ludzkiego *przebywania Daseina w świecie*: *egzystencjalność* lub *zrozumienie*, *faktywność*, *upadek* lub *oddalenie*, język, *troska* i wreszcie śmierć. Cechy te, według Heideggera, są charakterystycznymi sposobami definiowania naszej subiektywności, którą manipuluje nauka i technologia.

2.3.2 Podmiot ludzki jako *bycie w świecie*

Pojęcie *rzucenia* przez Heideggera bierze nasze *bycie - w świecie -* za podstawową strukturę naszej ludzkiej egzystencji i za najbardziej podstawową charakterystykę *istoty* ludzkiej egzystencji, w przeciwieństwie do *wewnątrz-światowych* form bycia, które dzielą między sobą istoty nie-ludzkie. We wprowadzeniu ogólnym wyjaśniłem, że znajdujemy się w świecie technologicznym i nie możemy od niego uciec; jest to świat, przez który jesteśmy wezwani do manifestowania naszej podmiotowości. Ale co to dokładnie oznacza? Ponieważ termin "świat" zajmuje tak ważne miejsce w filozofii Heideggera, ważne jest, abym krótko wyjaśnił ten termin, zanim zajmę się nim filozoficznie Heidegger. Dla Heideggera, *świat* oznacza dwie podstawowe rzeczy:[64]

Po pierwsze, świat jest "całością wyposażenia: *obecnością* i *gotowością do pracy*". Mark Wrathall, filozof i pisarz Heideggerian nazywa świat rozszerzonym, fizycznym i wymiernym - *miejscem, w którym* człowiek żyje swoimi zainteresowaniami i celami, podczas[65] gdy sam Heidegger określa go jako świat *ontyczny.*[66]

Po drugie, istnieje świat ontologiczny, który jest wspólnotowym światem relacji dzielonym z innymi, innymi bytami i skąd rzeczy biorą swoje znaczenie. W "*Podstawowych problemach fenomenologii*" Heidegger wyjaśnia to pojęcie ontologicznego świata, kiedy mówi:

[64] Cristina Lafont, "Hermeneutyka", w *A Companion to Heidegger,* Op. Cit., 271.
[65] Mark Wrathall i Jeff Malpas, *Heidegger, Autentyczność i Nowoczesność: Eseje na cześć Huberta L. Dreyfusa, Vol. I,* Op. Cit., 211-15.
[66] Martin Heidegger, *Being and Time, Op.* Cit., 123; Ibidem, *The Metaphysical Foundations of Logic,* Op. Cit., 172.

"Świat jest rozumiany wcześniej, gdy spotykają się z nami obiekty... Sposób bycia świata nie jest rozległością obiektów; zamiast tego, świat *istnieje.*"[67]

Z tekstu jasno wynika, że Heidegger nie używa tego terminu w sensie fizycznym, aby oznaczać całość tych bytów, które zamieszkują świat; nie jest to suma rzeczywistych lub istniejących bytów lub rzeczy, które są *obecne w ręku.* Nie jest to też coś zupełnie zewnętrznego, obserwowalnego lub wnioskowanego, do czego mam dostęp moim umysłem z jego treścią, tak jak jest ona rozumiana poznawczo.[68] Heidegger postrzega świat raczej jako determinację naszej ludzkiej egzystencji.[69] Wyjaśnia to, gdy mówi:

"W samym *Daseinie*, a więc w jego własnym rozumieniu Bycia, sposób rozumienia świata jest, jak pokażemy, odzwierciedlony ontologicznie na drodze interpretacji samego Daseina".[70]

Najbardziej podstawową interpretacją tego, co Heidegger mówi w tekście, jest po prostu to, że źródłem sensu i znaczenia *bycia w świecie* jest w zasadzie my, istoty ludzkie. Nie musimy odnosić się do niczego poza sobą w kategoriach obiektywnej rzeczywistości, takiej jak współczesna nauka, ani w kategoriach nowoczesnych artefaktów technologicznych. Poświęcony swojej fenomenologii *Dasein*, Heidegger uważa, że nasze rozumienie własnej egzystencji odzwierciedla się w tym sensie, że świat jest ostatecznie częścią nas, naszej egzystencjalnej, relacyjnej struktury; jesteśmy z nią praktycznie zaangażowani. Nie[71] oznacza to, że nie istnieje żaden zewnętrzny *obiektywny* i *ontyczny* świat, z którym musimy utrzymywać stosunki zewnętrzne. Heidegger jest świadomy, że kartezjańska koncepcja świata przyjęta dziś przez naukę doprowadziła do jej manipulacji jako przedmiotu badań, tak że nie jest już częścią naszej struktury egzystencjalnej. Z tego powodu Heidegger dąży do ustanowienia ontologicznego świata naszego subiektywnego zaangażowania, poprzez który moglibyśmy wydobyć nasze subiektywne znaczenie jako istot tworzących świat.

Jak podkreśliłem, Heidegger tym pojęciem *bycia w świecie* pośrednio atakuje alienujący współczesny stosunek naukowy i *ontologiczny* do świata odziedziczony po

---

[67] Martin Heidegger, *The Basic Problems of Phenomenology,* 2nd edition by Albert Hofstadter, op. cit., 299; Ibidem, *The Metaphysical Foundations of Logic, op.* cit., 172; Cristina Lafont, "Hermeneutics", in Hubert Dreyfus and Mark Wrathall, *A Companion to Heidegger, op.* cit., 272.

[68] David F. Krell, "The Factical Life of Dasein. Od kursu wczesnego Fryburga do Bycia i Czasu", w *Czytaniu Heideggera od początku: Eseje w swojej pierwszej myśli, op.* cit., 371; David Kolb, *The Critique of Pure Modernity: Hegel, Heidegger i After,* Chicago: The University of Chicago Press, 1986, 132.

[69] George Vensus, *Autentyczne Ludzkie Przeznaczenie: The Paths of Shankara and Heidegger,* Washington: Biblioteka Kongresu Wydawnictwo Katalogowe, 1998, 138.

[70] Martin Heidegger, *Being and Time,* Op. Cit., 36.

[71] David Kolb, *The Critique of Pure Modernity: Hegel, Heidegger i After,* Op. Cit., 132-6.

oderwaniu podmiotu od świata przez Kartezjusza, gdzie świat w ramach nauki staje się obiektem badań naukowych oderwanym od ontologicznych obaw swoich badaczy. W takim naukowym i *ontologicznym* dociekaniach podejście poznawcze staje się podstawowym sposobem interakcji z rzeczami, tak że pyta się o właściwości lub fizyczne relacje i struktury charakterystyczne dla jakiegoś podmiotu. Wykorzystuję przykład pióra do wyjaśnienia mojej argumentacji. O piórze możemy poczynić następujące obserwacje *ontologiczne*: że jest ono czarne, pełne niebieskiego atramentu i siedzi na moim biurku. Heidegger jest przeciwny temu ekskluzywnemu celowi referencyjnemu. Jego krytyka tradycji wynika z prostej obserwacji, że ontologicznego sposobu bycia nie da się sprowadzić do tego, co odkrywamy w dociekaniach *ontologicznych, bez względu na to*, jak wyczerpująco opisujemy byt z jego właściwościami. Dzieje się tak dlatego, że żadna lista na przykład właściwości pióra nie może mi powiedzieć, co jest użyteczne, a nie wystąpić (*obecne na dłoni*). Chodzi mi o to, że dla Heideggera znaczenie tego, co istnieje, jest *ontologiczne*; zależy ono od naszego sposobu odnoszenia się do niego - od naszego zaangażowania się z nim (*gotowego*[72]) w kontekście jego znaczenia.

Miguel de Beistegui opisuje fenomenologiczną interpretację świata przez Heideggera, kiedy mówi:

> "Koncepcja Heideggera dotycząca świata i nas samych polega na tym, że istniejemy tylko w i poprzez nasz stosunek do świata, że jako istoty ludzkie nie jesteśmy niczym niezależnym od i w dodatku do naszego bycia w świecie... Otwartość na świat jest tym, co definiuje naszą istotę, a nie myślą".[73]

Heidegger nadaje światu znaczenie *ontologiczne* i fenomenologiczne, jeśli chodzi o sposoby *bycia w świecie.* To, co Heidegger mówi o świecie, można odtworzyć jako..: *Tak długo jak my jesteśmy, świat istnieje, a jeśli nie jesteśmy, to świat nie istnieje, ponieważ jest on określony przez nasz stosunek do niego.* W przeciwieństwie do racjonalnego zwierzęcia Arystotelesa i psychicznej substancji Kartezjusza, dla Heideggera jesteśmy z definicji *w świecie*. Jednak pytanie brzmi: Jaka jest treść lub główne zjawisko tego *bycia w świecie*?

---

[72] *Gotowość do działania odnosi się* do podmiotów, które mają związek z usługą, znaczeniem lub wykorzystaniem do/ przez podmiot ludzki. Heidegger opisuje "użytkowalność" jako potencjał, który musi być uwzględniony w praktykach, które ustanawiają określone aspekty odpowiedniości. Coś, co można tak uchwycić, to *zaangażowanie lub zaangażowanie się w wykonywanie swojej praktycznej działalności lub celu*: "Istota podmiotu w świecie jest jego zaangażowaniem" (Martin Heidegger, "Istota *i czas", op.* cit., 116). Takie zaangażowanie z kolei obejmuje system referencji lub przydział zadań: "Powiedzieć, że Bycie *gotowym* ma strukturę odniesienia lub przypisania oznacza, że ma ono samo w sobie charakter *przypisania lub przypisania*" (tamże, 115). Wszystko, co jest *gotowe,* jest tak tylko z racji roli, jaką odgrywa w "referencyjnej całości znaczenia lub zaangażowania" (tamże, 118).
[73] Miguel de Beistegui, *The New Heidegger,* Op. Cit., 12.

Dla Heideggera głównym fenomenem *bycia w świecie* jest *bycie -in* lub dosłownie - *in-ness*. Brzmi to dość dziwnie, ale Heidegger w swoim FO of *Dasein*, jak już wspomniałem, chce opisać nasz tryb istnienia. *In-ness,* według Heideggera, to przede wszystkim kwestia zaangażowania lub zaangażowania; rodzaj aktywnego pobytu lub *mieszkania.*[74] Tylko ludzkie podmioty są *w świecie w* sensie *otwartości* i poprzez swoją obecność ujawniają się - w[75] istocie mają subiektywne doświadczenia. Co to ma znaczyć? Jak argumentowałem, *bycie w świecie* jest specyficzne dla ludzi; skała dla Heideggera jest *w świecie*, a nie *w świecie*, ale ja jako podmiot ludzki, *jestem w świecie*[76]. To po prostu oznacza, że sposób w jaki *jestem w świecie* jest zasadniczo innym trybem istnienia niż sposób w jaki skała jest *w świecie*. Dlaczego? Bo ja doświadczam świata; skała niczego nie doświadcza i nie zadaje fundamentalnych i ontologicznych pytań o swój sposób *bycia w świecie*. W tym sensie skała i wszystkie inne *nie-Daseinowe* jednostki reprezentowane są *w obrębie świata*[77] dla Heideggera.

Podstawową cechą *in-ness*, czyli *światowości,* którą nieustannie projektujemy w naszym doświadczeniu, jest więc "całokształt znaczenia", pod względem[78] tego, jakie przedmioty *w świecie* mają dla nas *znaczenie.*[79] Nasze istnienie *w świecie* jako ludzi przypisuje rzeczyom znaczenie. Jako podmioty ludzkie, nasze *bycie w świecie* jest zasadniczo kwestią posiadania doświadczeń, a świat w tym sensie jest o horyzonty znaczeń i trosk[80], które składają się na nasze doświadczenia życiowe.

Innym sposobem na wytłumaczenie naszej *in-ness* w odniesieniu do świata jest to, co Heidegger nazywa *lumen naturale,*[81] co oznacza zarówno *światło* jak i *polana* w lesie. Na polanie w lesie znajduje się miejsce, gdzie nie ma drzew, a światło słoneczne może dotrzeć do ziemi, dzięki czemu rzeczy są nam objawione lub pokazane jako ważne, atrakcyjne, użyteczne, a czasami jako groźne, co jest równie ważne. Na polanie w lesie można zobaczyć trawę,

---

[74] Mark Wrathall i Jeff Malpas, *Heidegger, Autentyczność i Nowoczesność: Eseje na cześć Huberta L. Dreyfusa, Vol. I,* Op. Cit., 209-10.
[75] Johnson J. Puthenpurackal, *Heidegger Through Authentic Totality to Total Authenticity,* Leuven: Leuven University Press, 1987, 31; Tom Greaves, *Począwszy od Heidegger,* Op. Cit., 83-4.
[76] Martin Heidegger, *The Fundamental Concepts of Metaphysics: World, Finitude and Solitude,* trans. William McNeil and Walker, Bloomington and Indianapolis: Indiana University Press, 1995, 196-200.
[77] Martin Heidegger, *Being and Time,* Op. Cit., 95.
[78] *Totalizm znaczenia* jest relacją przypisywania znaczenia przedmiotom, które stanowią to, co nazywamy światem i jest ugruntowane w ludzkim podmiocie. Podmioty mają dla nas sens jedynie w ramach całego systemu ludzkiego znaczenia lub celów. Podczas gdy inne zaangażowane w świat podmioty są funkcjonalne i instrumentalne, podmiotem ludzkim jest sam podmiot, dla którego działa całość referencyjna. Harman Graham, *Heidegger wyjaśniony: Od Fenomenu do Rzeczy,* Op. Cit., 64.
[79] Zaine Ridling, *A Comprehensive Study of Heidegger's Thought,* Op. Cit., 28.
[80] Martin Heidegger, *Being and Time,* Op. Cit., 95, 188-90; Martin Heidegger, *The Fundamental Concepts of Metaphysics: World, Finitude and Solitude,* Op. Cit., 282-7; Mark Wrathall, *How to Read Heidegger,* London: Granta Books, 2005, 38ff; Hubert Dreyfus, *Being-in-the-World: Komentarz na temat Heidegger's Being and Time, Wydział I,* Op. Cit., 16ff.
[81] Martin Heidegger, *Being and Time,* Op. Cit., 171.

okoliczne drzewa, krzewy, śpiew ptaków, zwierzęta krążące wokół, itp. Heidegger opisuje to pojęcie *rozliczania* jako:

> Poza tym, co jest, nie z dala od tego, ale przed tym, jest jeszcze coś, co się dzieje. Wśród istot jako całości pojawia się miejsce otwarte. Jest polana, oświetlenie.... To otwarte centrum nie jest ... nie jest otoczone tym, co jest; raczej samo centrum oświetlenia otacza wszystko, co jest.... Tylko ta polana daje i gwarantuje ludziom przejście do tych bytów, którymi my sami nie jesteśmy, i dostęp do istoty, którą my sami jesteśmy".[82]

Analogia, której Heidegger używa, oznacza, że podmioty *wewnątrz świata* nie ujawniają mnie jako podmiotu ludzkiego. Zamiast tego ja, podmiot ludzki, jestem jak *polana* w lesie, to znaczy moja istota jako podmiot ludzki ma ujawniać podmioty mojego indywidualnego subiektywnego doświadczenia. Jako *lumen naturale,* Heidegger mówi, że "*Dasein* jest jego jawnością",[83] więc bez ludzkiej *Dasein* będzie tylko las. Na przykład, kiedy wchodzę do pokoju lub dowolnego środowiska, niosę ze sobą tę zdolność do doświadczania wszystkiego, co jest wokół mnie, i rzeczy ujawniają się wokół mnie; ujawniam je w ich ontologicznym znaczeniu. O to właśnie chodzi w naszej subiektywności. Tylko w tej ontologicznej relacji, jaką mamy ze światem, podmioty stają się dla nas rzeczywistością znaczeniową; wyłaniają się z ukrycia w nieskrycie. To jest to, co Heidegger ma na myśli mówiąc o *ujawnieniu.* Oznacza to wejście w szczególną relację z rzeczywistością, w której rzeczywistość przejawia się w określony sposób jako znacząca[84]. To właśnie w niej i poprzez jej *wyjaśnianie/ujawnianie* rzeczywistość staje się dla nas, ludzi, obecna; świat jest zdeterminowany przez specyficzną relację, jaką z nim mamy. Przemawia za tym to, co zostało już powiedziane na temat naszej ludzkiej egzystencji, jako wyróżniającej się z tła, "wyłaniać się, powstawać i wyróżniać" oraz uobecniać jednostki w ich ontologicznym znaczeniu.

Ta koncepcja człowieka jako nieskrępowanej relacji do rzeczywistości zostanie dokładniej wyjaśniona w następnym rozdziale, kiedy będę szczegółowo analizował twierdzenie Heideggera, że nowoczesna technologia zastąpiła ludzką nieskrywaną naturę rzeczywistości jedynie technologicznym ujawnieniem, które stało się jedynym sposobem ujawniania rzeczywistości we współczesnym świecie. Jak zaznaczono w poprzednim podrozdziale, prawdą jest, że świat technologii wydaje się być nam dany, ponieważ w nim się

---

[82] Martin Heidegger, *Discourse On Thinking,* Op. Cit., 39-40.

[83] Ibid., 171; Walter A. Brogan, *Heidegger i Arystoteles: The Two-foldness of Being,* New York: State University Press, 2005, 156; Mark Wrathall, "Un-concealment", w *A Companion to Heidegger,* Op. Cit., 345-7; George Vensus, *Authentic Human Destiny: The Paths of Shankara and Heidegger,* Op. Cit., 106-112.

[84] Peter-Paul Verbeek, *What things do,* Op. Cit., 50.

znajdujemy, a także prawdą jest, że kupujemy produkowane technologie o określonych, obiektywnych rolach, które mają nam pomóc w realizacji naszych własnych, indywidualnie określonych celów, jednak nie wszystko jest ujawnione przez to konto. Stosując omówioną wcześniej koncepcję *wyrębu* lasów, Heidegger twierdziłby, że jako ludzie jesteśmy w równym stopniu wezwani do ujawniania nie tylko bytów, ale także faktycznego ontologicznego znaczenia i znaczenia tych technologii, które stosujemy. To jest nasz obowiązek jako ludzi. W efekcie, dla Heideggera istnienie oznacza nie tylko bycie obecnym w mojej własnej świadomości w rozumieniu Husserla z jego pojęciem *transcendentalnego ego*[85] jako bieguna interpretującego przedstawioną mu rzeczywistość, ale raczej bycie zawsze wchłanianym w praktyczne zadania, "dostrojonym" do danego zbioru trosk; ma być istotą oczywistą.[86]

Interpretacja przez Heideggera świata jako tego, który istnieje, tworzymy i ujawniamy, wymaga przemyślenia naszego nowoczesnego i technologicznego sposobu, w jaki możemy się do niego dostosować. Szkoda, że obowiązek *nieukrywania/ujawniania* został przejęty wyłącznie przez współczesne technologiczne *odsłanianie, przez* co nasz ontologiczny stosunek do świata został podważony, czyniąc nas jedynie widzami technologicznego odsłaniania. Dzisiaj nasza koncepcja świata jest nam przekazywana lub przekazywana drogą elektroniczną: przez radio, internet, telewizję, prasę, telefony komórkowe, itp. Te nowe formy przekazywania i rozumienia świata wykraczają poza zakres bezpośrednich doświadczeń. Naukowy i technologiczny styl życia tworzy sens świata, do którego się odwołujemy lub który jest dla nas gotowy do opanowania. Między nami a obiektywnym światem funkcjonują elektroniczne procesy magnetyczne, których nawet nie rozumiemy. Te magnetyczne procesy przekształcają lub mechanizują nasze doświadczenie świata, zbaczając nas z naszej roli i naszego wewnętrznego stosunku do niego, a w konsekwencji *alienując* nas z naszego własnego podstawowego upodobania do rzeczywistości i do nas samych, jak to wcześniej wyjaśniono. Jesteśmy wyobcowani z naszej jawnej natury, w której tworzymy i ujawniamy lub ujawniamy świat (w przeciwieństwie do naukowego poglądu, w którym postrzegamy świat jako zobiektywizowany, dany i określony zewnętrznie). Tak więc, technologia zagraża naszej ludzkiej egzystencji poprzez zniszczenie lub wyeliminowanie koniecznego bezpośredniego związku pomiędzy nami a światem (wyjaśnię ten punkt w następnym rozdziale).

To zniszczenie niezamierzonego połączenia człowieka z jego światem, z Heideggeryjskiego rozumienia, ma ogromny wpływ na sposób, w jaki człowiek pojmuje siebie

[85] Edmund Husserl, *The Paris Lectures,* Op. Cit., 8, 32; William Barret, *The Illusion of Technique: A Search for Meaning in a Technological Civilization,* Op. Cit., 126-7.
[86] Martin Heidegger, *Being and Time,* Op. Cit., 171.

i nadaje formę własnej egzystencji i bytu innych bytów. W technologicznie nowoczesnym społeczeństwie my, ludzie, okazaliśmy się być jedynie widzami własnego życia, w którym życie może być postrzegane jako seria zdarzeń, które zachodzą poza samym sobą, zdarzeń wpływających lub determinujących przebieg osobistego doświadczenia. Philip Hefner potwierdza ten wpływ technologii, gdy mówi, że technologia zmienia zarówno nasz świat, jak i nasze poglądy na temat naszej własnej ludzkiej natury[87] w odniesieniu do świata; a Charles Guignon wyjaśnia to dalej, mówiąc:

> "Wraz z nadejściem odczarowanej perspektywy nowoczesności, pierwotna jedność i całość życia została utracona."[88]

Chodzi o to, że nasze naukowe i technologiczne spojrzenie na świat sprawia, że świat nie jest już kwestią ludzkich determinacji. Jednak pozbycie się świata lub uczynienie go czymś w rodzaju rzeczywistości zapośredniczonej, a więc przedstawienie umysłu jest równoznaczne z pozbyciem się ludzkiego "ja", z heideggerowskiego punktu widzenia. Dlaczego? Ponieważ każdy z nas w swojej relacji ze światem komponuje swoją indywidualną tożsamość, a gdy relacja ta zostaje zniszczona, jednostka jest równie zniszczona w swoim doświadczeniu życiowym, jak sensowny proces samouwielbienia.

Dlatego też, zdaniem Heideggera, absurdem jest utrata naszej jawnej natury na rzecz technologii lub czegokolwiek innego lub też definiowanie jej *przez obecne* podmioty, takie jak produkty technologiczne. Utrata lub oddanie naszej ujawniającej się natury technologii i przedmiotom naturalnym oznaczałoby, że nie jesteśmy już podmiotami, których rolą jest uczynienie bytów w świecie znanym,[89] ale raczej staliśmy się podobni do innych bytów *w świecie*, które nie są świadome swojego istnienia jako bytów. Heidegger zaprasza nas do przyjęcia nowego sposobu myślenia i odnoszenia się do świata fizycznego, innego niż naukowy i technologiczny monopol, który ma tendencję do eksploatowania świata przyrody. Jego ontologiczna relacja ze świata relacyjnego jest nam potrzebna do realizacji naszej podmiotowości jako troskliwych i odpowiedzialnych czynników kształtujących świat. W kolejnych rozdziałach wyjaśnię, w jaki sposób ta subiektywność jest realizowana przez Heideggerowskie pojęcie *egzystencjalności*, *faktyczne*, *oddalenia*, *języka, lęku* i *troski*, jako podstawowe struktury *bycia w świecie*.

[87] Philip Hefner, *Technology and Human Becoming*, Op. Cit., 12.
[88] Charles Guignon, *On Being Authentic,* Op. Cit., 50.
[89] Johnson J. Puthenpurackal, *Heidegger Through Authentic Totality to Total Authenticity,* Op. Cit. , 24-7.

2.3.2.1 Istnienie lub zrozumienie

Z koncepcją *in-ness*, którą wyjaśniłem powyżej, Heidegger argumentuje, że my, ludzie, uważamy, że nasze *bycie w świecie charakteryzuje się szeregiem* struktur. Pierwszą częścią tej struktury jest to, co on nazywa *egzystencjalnością*[90]. Egzystencjalność, dla Heideggera, jest projekcją możliwości ujawniania rzeczy; jest kontekstem analizy naszego istnienia, które jest konstytutywne dla naszego bytu. To po prostu oznacza *zrozumienie*, jak wyjaśnia:

> "Zrozumienie jest egzystencjalną Istotą *Daseina, która* jest zdolna do bycia; i to w taki sposób, że ta Istota ujawnia w sobie, do czego jest zdolna".[91]

Ogólnie rzecz biorąc, Heidegger sugeruje, że *egzystencjalność/zrozumienie* nie jest kwestią zrozumienia poprzez abstrakcje, w sensie poznawczym, epistemologicznym i psychologicznym, czy też zadawania filozoficznych pytań o istnienie rzeczywistości zewnętrznej,[92] ale raczej jest aktem doświadczenia obejmującym relacje z przedmiotami. Innymi słowy, zrozumienie wiąże się z ideą możliwości. Na[93] przykład, kiedy rozumiem, czym jest stół, to nie dlatego, że kiedy wchodzę do pokoju i widzę przedmiot z okrągłym blatem i metalowymi lub drewnianymi nogami, ozdobami na całej powierzchni, a z sensownych danych wnioskuję, że jest to stół. Pytanie brzmi raczej: Co mogę zrobić ze stołami? Tablice z definicji są tym, co mogę wykorzystać do nauki, jedzenia, pisania, umieszczania kosztowności, itp. Fakt, że mogę coś zrobić z przedmiotem (do jedzenia, do umieszczania kosztowności itp.) wynika z tego, że znam już stoły pod względem ich ontologicznego znaczenia; rozumiem stół pod względem tego, co można z nim zrobić.[94] Mówi Heidegger:

> "Dzieło, z którym spotykamy się przede wszystkim w naszych wspólnych działaniach - dzieło, które można znaleźć, gdy jest się "w pracy" nad czymś, ma swoją użyteczność, która zasadniczo

---

[90] Ibid., 31; Martin Heidegger, *Being and Time,* Op. Cit., 171-2.
[91] Martin Heidegger, *Being and Time,* Op. Cit., 184.
[92] Mark Wrathall, *How to Read Heidegger,* Op. Cit., 43.
[93] Martin Heidegger, *Being and Time,* Op. Cit., 120; Hubert L. Dreyfus, *Being-in-the-World: Komentarz na temat Heidegger's Being and Time Division I,* Op. Cit. , 186-213; Mark Wrathall, *How to Read Heidegger, Op.* Cit., 41-44; Johnson J. Puthenpurackal, *Heidegger Through Authentic Totality to Total Authenticity,* Op. Cit., 15-18, 28-33.
[94] Martin Heidegger, *Being and Time,* Op. Cit., 197; Michael Zimmerman, *Heidegger's Confrontation with Modernity: Technology, Politics, Art,* Op. Cit., 138-9.

do niego należy; w tej użyteczności pozwala nam spotkać się już z tym, "ku czemu", dla którego jest ono użyteczne.[95]

Heidegger opisuje ten rodzaj relacji z bytami, opierając się na swojej koncepcji rozumienia jako *gotowej* relacji z rzeczami. Wyjaśnia on, że "każda interpretacja, która ma się przyczynić do *zrozumienia,* musi już rozumieć, co ma być interpretowane".[96] Heidegger ma na myśli to, że kiedy mam *gotową* relację z przedmiotami, stają się one moim praktycznym światem,[97] tak że nie mogę odnosić się do nich z oderwanej i uprzedmiotowionej perspektywy. Wrathall potwierdza to, gdy mówi, że "nasze doświadczenie świata jest przeniknięte rozumieniem tego, czym są rzeczy lub jak są one używane",[98] a Feenberg stwierdza, że "Heidegger jest najbardziej przekonujący w argumentacji, że wiedza jest ostatecznie zakorzeniona w inscenizowaniu znaczeń w codziennej praktyce".[99] Zarówno Wrathall, jak i Feenberg sugerują, że dla Heideggera moje rozumienie świata opiera się na możliwych sposobach, w jaki różne przedmioty, narzędzia i inni ludzie (tworzący świat) wokół mnie są powiązane lub odnoszą się do siebie nawzajem i do mnie, a ja stale projektuję konteksty możliwości, w których różne przedmioty doświadczeń są mi ujawniane. Podążając za fenomenologicznym hermeneutycznym wezwaniem do powrotu do *samych rzeczy,*[100] nie jako danych w ludzkiej świadomości, jak to ma miejsce w przypadku Husserla, ale raczej do rzeczy, w których ludzie są pośrednikami w doświadczeniu, Heidegger postanowił oprzeć swoją analizę na opisach tego, co ludzie rzeczywiście *robią* z przedmiotami w swoim codziennym życiu.

Centralnym punktem w przypadku przedmiotów *gotowych do użycia* jest to, że ujawniają one zależność kontekstu od przedmiotów, które napotykamy i używamy w naszym codziennym życiu, ich celów. Przedmioty w naszym codziennym świecie, czy to produkty naukowe, czy też technologiczne, są tym, czym są ze względu na sposób, w jaki wpisują się w konkretny kontekst tego, co można z nimi zrobić w przyszłości; pod względem znaczenia dla ich użytkowników.[101] Tworzą one wewnętrzną relację z podmiotem, który je angażuje, i nigdy nie są obiektywizowane ani postrzegane jako mające zewnętrzny związek z ich

[95] Martin Heidegger, *Being and Time,* Op. Cit., 99, 114.
[96] Ibidem. 194.
[97] Michael Zimmerman, *Heidegger's Confrontation with Modernity: Technology, Politics, Art,* Op. Cit., 138.
[98] Mark Wrathall, *How to Read Heidegger,* Op. Cit., 41; Michael Zimmerman, *Heidegger's Confrontation with Modernity: Technology, Politics, Art,* Op. Cit., 138-42.
[99] Andrew Feenberg, *Między rozumem a doświadczeniem: Essays in Technology and Modernity,* Londyn: The MIT Press Cambridge, 2010, 193.
[100] Edmund Husserl, *The Paris Lectures,* The Hague: Martinus Nijhoff, 1967, xix.
[101] Thomas Sheehan, "Dasein", w *A Companion to Heidegger,* Op. Cit., 197-204.

użytkownikami. Michael Zimmerman w swoim komentarzu na temat analizy narzędzi Heideggera wyjaśnia to powiedzenie:

> "Wszystkie elementy w świecie pracy są ze sobą powiązane wewnętrznie. Nie ma czegoś takiego jak pojedyncze narzędzie; narzędzia występują w kontekście sprzętowo-referencyjnym, w którym konkretna rzecz może się ujawnić jako narzędzie. Bez tego znaczącego kontekstu referencyjnego, tej znanej nam dziedziny, w której żyjemy od początku, tego "świata," narzędzi nie byłoby możliwe".[102]

Podążając za myślą Heideggera o tym, *do jakich* relacji z przedmiotami, Zimmerman mówi, że rozumiemy rzeczy, narzędzia lub przedmioty poprzez możliwości ich użycia, i że możliwości te mają związek z przyszłością.[103] Innymi słowy, zrozumienie jest zawsze zorientowane na kontekst przyszłych możliwości, wskazując na możliwe działania i możliwe doświadczenia, które można mieć z przedmiotem w przyszłości. Tylko w kontekście ludzkich potrzeb i pragnień, sprzęt i inni mają dla mnie sens i są obecni. Ponadto, gdy rozumiem przedmiot jako *gotowy do użycia*, wykazuję nie tylko jego zrozumienie, ale przede wszystkim kontekst lub "świat", który nadaje mu znaczenie (lub jego brak). Mam tu na myśli to, że zrozumienie zależy od tego, czy świat już mi się objawił lub doświadczył w całym tle użytkowania. Dlatego, aby poznać swój świat, muszę się z nim praktycznie zaangażować.[104]

Uważam, że Heidegger w swojej analizie narzędzi dokonuje fundamentalnej krytyki alienującego charakteru współczesnej nauki i technologii, a zwłaszcza ich poznawczego stosunku do rzeczy, który wprowadza aspekt bycia obok rzeczy w kategoriach uprzedmiotawiających dychotomii, poprzez które artykułowany jest świat, jako składający się z dyskretnych, odizolowanych komponentów, które podlegają badaniu, obserwacji i ludzkiej manipulacji. Dla Heideggera, współczesne relacje naukowe i poznawcze z bytami i z nimi nie są w stanie ujawnić bytów w ich ontologicznym znaczeniu ze względu na ich *enframingową* naturę. Technologia wprowadziła maszyny do całej relacji, gdzie maszyny zastępują narzędzia i zaangażowanie człowieka w jego świat, tak że teraz ludzie pracują według mechanicznego rytmu i są wyalienowani, zamiast tworzyć produkty końcowe i stabilny świat z narzędziami. Technologia w jeszcze większym stopniu zastąpiła ludzki rytm maszynami do wydajnej i szybkiej produkcji, podważając tym samym ludzką kondycję, ponieważ maszyny nie pasują do rytmu ludzkiej pracy, jak to określił Heidegger. Chociaż nauka i technika ułatwiają nasze

---

[102] Michael Zimmerman, *Heidegger's Confrontation with Modernity: Technology, Politics, Art,* Op. Cit., 139.
[103] Martin Heidegger, *Being and Time,* Op. Cit., 182.
[104] William Large, *Heidegger's Being and Time,* Op. Cit., 57.

ludzkie zaangażowanie w rzeczywistość, to jednak wyobcowują nas one również z naszej niezamierzonej relacji z rzeczywistością w jej ontologicznym znaczeniu.

Odchodząc od analizy narzędzi, Heidegger wprowadza jeszcze jeden ważny element nastrojów jako konstytutywny stan wewnętrzny naszej podmiotowości, który odnosi nas do świata. Twierdzi on, że nasze *rozumienie istoty* bytów *wewnątrz-świata opiera się* na naszym stanie umysłu lub nastroju[105]. Nastroje są związane z naszymi specyficznymi celami, a tym samym zasadniczo pogłębiają nasze doświadczenie rzeczy, tak aby ich znaczenie było ukierunkowane afektywnie i instrumentalnie w naszym doświadczeniu.[106] Heidegger potwierdza:

> "Nastrój już ujawnił, w każdym przypadku, *bycie w świecie* jako całości, i umożliwia przede wszystkim skierowanie się w stronę czegoś."[107]

Heidegger sugeruje, że nastroje pośredniczą w naszym *zrozumieniu* i relacji z innymi i ze światem; angażują, ujawniają i dostrajają nas do doświadczania świata.[108] Podkreślając ontologiczne znaczenie nastrojów, William Large uważa, że w przeciwieństwie do wiedzy intelektualnej, która kieruje się do konkretnych przedmiotów i osób na świecie, dzięki nastrojom możemy wiedzieć, co jest dla nas ważne, jak kierują nami nasze uczucia, namiętności, zainteresowania, miłość itp. [109] W ten sposób poznajemy, jak wygląda świat, jak jest dla nas. Nastroje określają sposób, w jaki świat wpływa na nas i jak się dla nas liczy, w sposób, który nie mógłby się zdarzyć przy zwykłym teoretycznym zrozumieniu.[110] Ponieważ świat ma dla nas znaczenie, z pasją troszczymy się o niego, rozwijając zainteresowanie doświadczaniem tego świata za pośrednictwem naszych nastrojów.[111] Posługując się słowami Huberta Dreyfusa, nastroje nie dotyczą tylko tego, jak rozumiemy świat na zewnątrz, ale raczej pokazują, jak sprawy mają się z nami i wewnątrz nas.[112]

---

[105] Martin Heidegger, *Being and Time,* Op. Cit., 172.

[106] Ibid., 172-182; Hubert Dreyfus, *Being-in-the-World: Komentarz do Heidegger's Being and Time, Wydział I,* Op. Cit., 170-8.

[107] Martin Heidegger, *Being and Time,* Op. Cit., 176.

[108] Taylor Carman, Przedmowa do "Czym jest metafizyka?" w Martin Heidegger, *Podstawowe pisma: Od Bytu i Czasu (1927) do Zadania Myślenia (1964),* Op. cit., 43-44.

[109] Martin Heidegger, *Being and Time, Op.* Cit., 175-178; William Large, *Heidegger's Being and Time,* Op. Cit. , 57.

[110] Tom Greaves, *Począwszy od Heideggera,* Op. Cit., 66-8.

[111] Michael Zimmerman, *Heidegger's Confrontation with Modernity: Technology, Politics, Art, Op.* Cit., 141; William Large, *Heidegger's Being and Time,* Op. Cit. , 58-9.

[112] Hubert Dreyfus, *Being-in-the-World: A Commentary on Heidegger's Being and Time,* Op. Cit., 174.

Chcę zaznaczyć, że myślenie Heideggera o nastrojach jako ukierunkowywaniu naszego rozumienia świata nie jest jedynie tęsknotą za nostalgicznym i przedontologicznym poziomem świadomości, niezakłóconym przez mechaniczne rytmy technologii, ale raczej ontologicznym przemyśleniem fundamentalnej roli nastrojów dla naszej podmiotowości. Uważa on, że dzisiaj, z głęboką ingerencją naukowego i technologicznego myślenia kalkulacyjnego, staramy się kontrolować nasze nastroje, traktując je jako zewnętrzne, podważając tym samym ich wartość ontologiczną. Prowadzi to w konsekwencji do obecnej przewrotności ludzkiej kondycji. Dzięki mediacji technologicznej angażujemy nasze nastroje bezrefleksyjnie, tak aby nastroje jako podstawowe i wewnętrzne aspekty twórczego, subiektywnego doświadczenia były manipulowane i podważane. Tak więc również nasze indywidualne, nienadzorowane i afektywne zaangażowanie w to, co jest przedmiotem doświadczenia. Doprowadziło to do nowoczesnego, mechanicznego doświadczenia rzeczywistości, gdzie jesteśmy wyobcowani z własnego, wewnętrznego i dziewiczego, fenomenalnego doświadczenia świata.

Dzisiaj technologia nas fascynuje, urzeka naszymi nastrojami, a my jesteśmy zachęcani do używania jej jako zewnętrznego medium do wyrażania naszej relacji z rzeczywistością, do tego stopnia, że nie jesteśmy w stanie mieć głębszego ontologicznego i subiektywnego doświadczenia rzeczy w świecie przyrody. McLuhan Marshall twierdził kiedyś, że technologia nie tylko rozszerza nasze ciała i działania w przestrzeni, ale także pozwala nam w sposób zmanipulowany rozszerzyć nasze wewnętrzne pragnienia lub "wyobraźnię" na konkretne i uniwersalne przejawy. Innymi[113] słowy, technologia manipulacyjnie rozszerza nasze nastroje jako wewnętrzne relacje na zewnętrzne realia, tak że trudno jest ustalić różnicę między nimi. Aby zilustrować tę globalną wymianę wrażeń, posłużę się przykładem iPoda/iPhona, którego popularność i wpływ zrewolucjonizowały nie tylko przemysł osobistych urządzeń przenośnych, ale także samą przestrzeń naszych zmysłów. Na przykład, gdy słucham iPoda, muzyka, której pragnę, podąża za mną wszędzie tam, gdzie idę. W ten sposób uwodzenie iPoda wynika z faktu, że pozwala mi on wykonać wszystko, co słuchowe: Mogę przechowywać więcej danych i łatwo przenosić, nawigować i wybierać dźwięki dzięki wizualnemu wyświetlaczowi i jego miniaturowej wielkości. Za pośrednictwem iPoda natychmiast wymieniam szum i chaos ulicy na wybraną przez siebie przestrzeń akustyczną.

Kontrowersyjnym argumentem jest tu fakt, że technologia ma zdolność do manipulowania nastrojami poprzez zwiększanie przemijających doznań i kierowanie ich na pożądane efekty/efekty, dzięki czemu nie czujemy już ani nie wyobrażamy sobie *od wewnątrz*,

---

[113] McLuhan Marshall, *Understanding Media: The Extensions of Man*, Cambridge: MIT Press, 1994, 3.

ani nie widzimy rzeczywistości takiej, jaka jest dzięki naszemu doświadczeniu. Dziś rzeczywistość może zostać dotknięta i zmieniona przez przekręcenie zewnętrznego pokrętła, naciśnięcie przycisku, przekręcenie gałki itd., tak aby subiektywna rola nastrojów w doświadczaniu tej rzeczywistości została przesunięta. Takie technologiczne mediacje, ze względu na swój zewnętrzny wpływ, ontologicznie, nie pozwalają nam angażować się w świat, jak wcześniej twierdził Heidegger, ponieważ przekształciły również nasze nastroje zaangażowania w świat w coś zewnętrznego, podlegającego technologicznej manipulacji i decyzji. Jednak nastroje, jako wewnętrzne i fundamentalne aspekty przeżywania świata, angażują nas w zadania, które określają naszą subiektywną egzystencję w świecie. Nie należy ich interpretować tak, jak my je zwykle interpretujemy, to znaczy jako rodzaj przemijającej pogody wewnętrznej, gdzie czujemy to teraz i za około godzinę czujemy się inaczej, albo że jestem smutny teraz i prędzej czy później będę szczęśliwy, ale raczej, że nastroje mają znaczenie ontologiczne w naszym subiektywnym i znaczącym doświadczeniu świata.[114]

Podsumowując, relacja Heideggera dotycząca *rozumienia* jako egzystencjalnej struktury naszego *bycia w świecie* odrzuca odziedziczony po nowoczesnej nauce i technologii wyobcowujący kartezjański dualizm, który dokonuje ostrego i pozornie nie do pogodzenia rozróżnienia między nami, ludźmi, a przedmiotami naszego doświadczenia. To prowadzi nas do tego, że nie rozumiemy siebie jako osoby, która ma do odegrania szczególną rolę w nieskrywaniu świata, a zamiast tego postrzegamy świat jako zwykły przedmiot badań, a nie jako ludzkie *siedlisko* znaczącego subiektywnego doświadczenia i samouwielbienia. Według Heideggera takie sposoby *rozumienia* lub *poznawania* są w zasadzie teoretyczne i uważa on, że musimy wyjść poza takie abstrakcyjne pojęcia istnienia, aby zbadać i zrozumieć wcześniejsze, pierwotne sposoby bycia człowiekiem. Nie myślimy tylko o substancjach, kontemplujemy przedmioty lub przedmioty obok siebie; jesteśmy *istotami w świecie*, ponieważ codzienna interpretacja jaźni ma tendencję do rozumienia i ujawniania się w świecie, którego dotyczy.[115] To zaangażowanie w świat naszej *rzeczywistości* określa naszą podmiotowość jako istoty tworzące świat.

2.3.2.2 Faktyczność

[114] Martin Heidegger, *Being and Time,* Op. Cit., 172-181.
[115] Ibid., 368.

Drugim egzystencjalnym elementem struktury ludzkiej podmiotowości jest to, co Heidegger nazywa *faktowością*. Obejmuje to warunki, w jakich znajduje się podmiot ludzki, które wpływają na jego możliwości. W swoim bardzo dramatycznym wyrazie, który wyjaśniłem już wcześniej, Heidegger mówi, że jesteśmy *wrzuceni do świata*, otwarci na niego i podatni. Oznacza to, że jesteśmy przypisani do świata i do siebie samych i że jesteśmy odpowiedzialni przed obydwoma. Kiedy jednak zostajemy wrzuceni *do świata, zostajemy* wrzuceni w określony czas, miejsce, język, kulturę, historię, rodzinę, warunki społeczno-ekonomiczne i w określoną filozofię istnienia, którą musimy zaakceptować. Innymi słowy, nasze *rzucanie się rodzi* naszą historyczność: rodzimy się w konkretnej sytuacji historycznej i konkretnej tradycji czy kulturze, poprzez którą mamy nadać sens naszemu życiu.[116] Są to niezbędne warunki lub "fakty" dotyczące nas i wpływają na możliwości, które są dla nas otwarte na wyrażanie naszej istoty. Heidegger mówi zwięźle: "Istnienie jest zasadniczo zdeterminowane przez *faktoryczność*".[117] Jako fakt naszego istnienia, musimy zrozumieć siebie samych w naszym zaangażowaniu w podmioty lub kwestie w naszym kontekście *faktograficznym. Z* drugiej strony, nasza egzystencja również pojawia się tylko wtedy, gdy *przekraczamy* nasz obecny kontekst. Nie możemy od tego uciec, ale musimy również wystartować w przyszłość, określając i angażując się w przyszłe możliwości. Dreyfus komentuje to, mówiąc:

> "Każdy *Dasein* musi zrozumieć siebie w jakiejś kulturze, która już zdecydowała się na konkretne możliwe sposoby bycia człowiekiem."[118]

W przeciwieństwie do Kierkegaarda i Nietzschego, którzy radykalnie postrzegają społeczeństwo jako ograniczające indywidualną autentyczność, Heidegger uważa, że poprzez *faktoryczność ponownie* wprowadzamy się w naszą historyczność, nasze tradycje i nasze konteksty. Nie będę tego dalej wyjaśniał, ponieważ pod każdym względem pojęcie *faktyczne jest* zgodne z pojęciem *rzucania*, które zostało wyjaśnione powyżej, w szczególności z faktem, że znajdujemy się w tym skomplikowanym technologicznie świecie nie z własnego wyboru i nie możemy od niego uciec. Ważne jest jednak to, w jaki sposób zajmujemy się naszym *rzucaniem*, traktujemy je jako nasze subiektywne zadanie, a nie jako zwykłych widzów, którzy automatycznie reagują na z góry określone technologiczne *przeznaczenie*.

---

[116] Michael Zimmerman, *Heidegger's Confrontation with Modernity,* Op. Cit., 140.
[117] Martin Heidegger, *Being and Time,* Op. Cit., 236.
[118] Hubert Dreyfus, *Being-in-the-World: Komentarz na temat Heidegger's Being and Time, Wydział I,* Op. Cit., 24.

2.3.2.3 *Spadek lub Odległość*

Trzecią kluczową strukturą ludzkiej podmiotowości w naszej codziennej egzystencji jest to, co Heidegger nazywa *upadkiem* lub *dystansualnością.*[119] Upadek należy do naszej ludzkiej kondycji, czyli *Bycia - z* tym, że nasze codzienne *Bycie - z tym, że* stoi w podległości wobec *innych,*[120] a także wobec czegoś zewnętrznego wobec nas samych w świecie materialnym. Upadek jest tym, co Heidegger nazywa *nieautentyczną* identyfikacją z bytami *wewnątrz świata* i wchłanianiem lub zanurzaniem się w rzeczy w *sobie*[121] i w świecie naszych trosk. Odnosi się to[122] do faktu, że wycofujemy się z pewnego rodzaju refleksyjnego i autentycznego sposobu życia, który Heidegger określa jako przedontologiczny poziom istnienia. *Upadek -ness* mówi o naszej próbie nadania sensu i celu naszemu życiu, z zewnątrz nas samych, poprzez nasze wchłanianie się w rzeczy *wewnątrz świata,* szczególnie w rzeczy, którymi jesteśmy zainteresowani. Jest to sposób na podążanie z tłumem, życie tylko w oczach innych, robienie tego, czego oczekują od ciebie inni, bez głębokiej refleksji nad znaczeniem i determinacją własnego istnienia.

W *upadku* przestajemy zadawać sobie pytania, które Heidegger nazwie później *podstawowymi pytaniami* na temat naszej własnej egzystencji i tego, jakimi jesteśmy ludźmi. Dotyczy to naszej bezkrytycznej, naiwnej i *nieautentycznej* identyfikacji z rzeczami *w świecie, w* którym mamy tendencję do rozumienia siebie poprzez obecne przedmioty i podmioty (innych ludzi) w świecie, a także poprzez dawane nam z góry modele przedstawiane w społecznych i materialnych kontekstach, w których się znajdujemy. Dla Heideggera ten rodzaj bezrefleksyjnego życia przejawia się szczególnie we współczesnym technologicznym i przemysłowym społeczeństwie konsumpcyjnym. Jest to sytuacja, w której odnajdujemy się w utożsamianiu z obecnymi bytami, które nas otaczają w "oni", w szczególności przedmiotami pożądania: pieniędzmi, produktami technologicznymi, takimi jak samochód, smartfon, ipad itp. Tymczasem jesteśmy przytłoczeni tymi obiektami i utożsamiamy się z tym co publiczność nam myśli i prezentuje, z normami publicznymi, z tym co mówią gazety, z tym co twierdzą prezenterzy telewizyjni, pozbawiając się własnego autentycznego trybu istnienia. Technologie te wyobcowują nas z tego, co naprawdę ma znaczenie, z naszej własnej indywidualnej

[119] Johnson J. Puthenpurackal, *Heidegger Through Authentic Totality to Total Authenticity,* Op. Cit. , 32-4; Zaine Ridling, *A Comprehensive Study of Heidegger's Thought,* Op. Cit., 29.
[120] Martin Heidegger, *Being and Time,* Op. Cit., 164.
[121] Ibid., 219ff.
[122] George Vensus, *Autentyczne Ludzkie Przeznaczenie: The Paths of Shankara and Heidegger,* Op. Cit., 143.

działalności twórczej, a my stajemy się zależni od tego, co jest dla nas zewnętrzne w sensie naszego doświadczenia. W ten sposób tracimy kontrolę nad tym, co społeczeństwo nam przedstawia, a my poddajemy się jego siłom, tracąc coś fundamentalnego dla nas: własną podmiotowość.

We współczesnym świecie nauki i technologii myślimy o sobie po prostu jako o indywidualnych konsumentach, którzy zdają się istnieć tylko po to, by realizować swoje własne interesy. To prowadzi nas do upadłego życia. Dziś przyjmuje się niemalże normalne utożsamianie się z tym, co *mamy* i z tym, co *robimy,* a nie z tym, czym faktycznie *jesteśmy*, czyli z naszą istotą lub bytem. Nasz technologiczny świat jest raczej *ilościowym sposobem* bycia (ile samochodów, domów, ziemi, ile władzy, czy to ekonomicznej, czy partyjnej) jako jego sposobem autoprezentacji. W tym procesie przestajemy zadawać fundamentalne pytania o własną egzystencję, zaczynamy się zastanawiać, kim jesteśmy, wracamy do swoich zadań, do wpływu innych, do rzeczy, które w większości są nam przyklejone. Konsekwencją tego jest to, że *dystansujemy* się do punktu, w którym nie mamy już z sobą kontaktu, a okazujemy się być *Innymi*. Tak więc, jesteśmy wyobcowani z siebie. Aby opisać tę sytuację, Heidegger zauważa, że "każdy jest *inny* i nikt nie jest sobą".[123] To właśnie w tej niepozorności i niepewności rozwija się prawdziwa dyktatura "*oni*", prowadząc do całkowitego niezrozumienia naszej podmiotowości jako samostanowienia lub jako twórców naszego własnego losu.

W odniesieniu do pojęcia "oni sami", widzimy wielki wpływ Kierkegaarda i Nietzschego na Heideggera, w odniesieniu do pojęcia tłumu, który pochłania jednostkę, a w konsekwencji uniemożliwia mu decydowanie o własnym *losie*. Czerpiemy przyjemność i cieszymy się jako "*oni"* (*das Man*); czytamy, widzimy i oceniamy literaturę i sztukę tak, jak *oni widzą* [124]i oceniają; podobnie kurczymy się z "wielkiej masy", gdy się kurczą; szokuje nas to, co *oni* uważają za szokujące, i tak dalej. Jesteśmy zaabsorbowani "*oni*", tą nieautentyczną anonimowością, i nigdy nie jesteśmy w stanie sami decydować jak rozumiemy rzeczy, z tła naszego własnego istnienia, ani też nie jesteśmy wolni do wymyślania własnego sposobu *bycia - w świecie,* niezależnie od jakichkolwiek technologicznie zapośredniczonych relacji z innymi ludźmi lub sposobów bycia prezentowanych nam przez wynalazki naukowe. Faktycznie, jesteśmy zepchnięci w ten wyalienowany tryb istnienia bez żadnego wyboru własnego. Harman Graham, ironicznie komentując *upadek,* twierdzi, że "'*oni*" zawsze mają rację,

[123] Martin Heidegger, *Being and Time,* Op. Cit., 165.
[124] George Vensus, *Autentyczne Ludzkie Przeznaczenie: The Paths of Shankara and Heidegger,* Op. Cit., 142.

ponieważ nigdy nie dociera to do sedna sprawy i dlatego nigdy nie ryzykuje, że się myli. Cokolwiek się stanie, "*oni*" wiedzieli to wszystko z góry."[125] Graham twierdzi dalej, że "*oni*" zwodzą myślenie, że prowadzimy właściwe życie, podczas gdy tak naprawdę żyjemy po prostu tak, jak "oni" żyją, a nie z naszej własnej możliwości bycia.[126]

Aby lepiej zrozumieć związane z tym pojęcie *dystancjalności*, wystarczy odwołać się do nowoczesnych środków komunikacji społecznej. Kiedy biorę gazetę, włączam telewizor, wysyłam sms-y, lub wysyłam komuś e-mail, poznaję sposób, w jaki ktoś inny myśli, programy, sukienki, rozmowy, zachowania, itp. I te innowacje technologiczne wpływają na mnie w sposobie kształtowania mojego rozumienia siebie i sposobów działania w świecie.[127] Czasami wpływ ten jest tak silny, że zmuszony jestem do dostosowania się i zaakceptowania tego, co jest mi przedstawiane jako najbardziej idealna forma autoprezentacji. W tym sensie znaczenie prawie wszystkiego, co napotykam lub robię, jest w znacznym stopniu uzależnione od tego, że zawsze mieszkam w technologicznie podzielonym i technicznie przedstawionym świecie z innymi. Sposób, w jaki istnieję w tym świecie, jest w zasadzie zorganizowany przez innych i przez ich technologię. Heidegger wyjaśnia, mówiąc:

> "Przede wszystkim, to nie "ja", w sensie własnego "ja", to "jestem", ale raczej inni, których droga jest taka jak "jednego". W kategoriach "jeden", a jako "jeden", jestem przede wszystkim "dany" "sobie". Przede wszystkim "świat *Daseina* jest światem z-światem". "[128]

Kluczową kwestią jest to, że przekształcenie społeczeństwa w masową egzystencję za pomocą technologii zagraża wszelkim innym możliwościom istnienia człowieka. *Upadek* jest dla Heideggera nieautentycznym trybem istnienia. Guignon w swoim komentarzu na temat *nieautentyczności* mówi:

> "Jako nieautentyczne ja, mamy tendencję do dryfowania w społecznie akceptowane sloty i akceptowania wszystkiego w wartości nominalnej, bez poczucia głębszego pochodzenia naszych możliwości."[129]

---

[125] Harman Graham, *Heidegger wyjaśniony: Od Fenomenu do Rzeczy,* Op. Cit., 67.
[126] Ibidem, 69.
[127] Mark Wrathall, *How to Read Heidegger,* Op. Cit., 53-55.
[128] Martin Heidegger, *Being and Time, Op.* Cit., 155; Robert Brandom, "Heidegger's Categories in *Being and Time*", w: *A Companion to Heidegger*, Op. Cit., 221ff.
[129] Charles Guignon, *Heidegger and the Problem of Knowledge,* Op. Cit., 138.

W ten sposób, za pomocą koncepcji *upadku lub oddalenia,* Heidegger przedstawia bardzo podstawową krytykę współczesnej kultury masowej. Większość z nas we współczesnym świecie żyje zgodnie z *'oni'*, a nie zgodnie z własnym autentycznym trybem istnienia. Anonimowa technologiczna praktyka publiczna lub kultura decyduje o naszych rolach, standardach i normach, w tym o tym, jak powinniśmy angażować się w nasze codzienne działania zgodnie z publicznymi standardami technologicznymi i technicznymi. Dzisiaj nasze przeciętne codzienne życie składa się z technologicznej kultury konsumpcjonizmu, pozorów, mody i ideałów luksusu jako formy autoprezentacji. Nawet nasze nawyki żywieniowe stały się towarem i luksusem: pozwalając na lepsze życie tym, którzy mogą sobie na nie pozwolić. Nie jemy już ani nie żyjemy zgodnie z tym, czego naprawdę potrzebujemy. Uciekamy w "oni" nauki i technologii i wchłaniamy się w reklamowane nam produkty technologiczne lub podmioty, co w konsekwencji uniemożliwia nam dokonanie refleksyjnego wyboru, czego naprawdę potrzebujemy. W całym procesie technicznym daje się nam wmówić, że gromadzenie rzeczy materialnych jest równoznaczne z prowadzeniem dobrego życia. Heidegger mówi, że "rozgłos proksymalnie kontroluje każdy sposób, w jaki świat i *Dasein* są interpretowane."[130]

Bezspornym faktem lub argumentem w tym wszystkim jest to, że my, moderny, istniejemy w systemie publicznym. Jesteśmy zmuszeni myśleć i żyć w taki sposób, że nasze autoprezentacje i samorealizacja polega na tym, że nie jesteśmy sobą; to znaczy, że trzymamy się tego, co jest inne niż my sami, przyjmując pewnego rodzaju zewnętrzną perspektywę życia, identyfikując się z tym, co nas interesuje, a zwłaszcza z nowoczesnymi technologicznymi artefaktami. Te rzeczy uziemiają i determinują nasze zrozumienie i naszą interpretację nas samych i świata, podyktowane przez sposób, w jaki rzeczy i inni ludzie określają zrozumienie i interpretację tego, kim jesteśmy. Miguel de Beistegui argumentuje, że nasza egzystencja ma tendencję do bycia rozumianym i interpretowanym w oparciu o własne upadłe państwo, to znaczy w oparciu o własną praktyczną i zainteresowaną absorpcję w świecie podmiotów.[131] Głębokim skutkiem tego stanu jest wyobcowanie, człowiek staje się wyobcowany z siebie i staje się niezdolny do decydowania o znaczeniu i kierunku swojego życia dla siebie.

Podsumowując, Heidegger uważa, że *upadek* wynika z nadmiernego przywiązania do naszej codziennej egzystencji i *wchłaniania*[132] się w nią, poddawania się *faktom* życia i zajmowania się sobą w życiu w sposób bezrefleksyjny. Głębszym skutkiem tego jest ukrycie

---

[130] Martin Heidegger, *Being and Time,* Op. Cit., 165.
[131] Miguel de Beistegui, *The New Heidegger,* Op. Cit., 18.
[132] Martin Heidegger, *Being and Time,* Op. Cit., 163.

naszej odpowiedniej otwartości i pokrewieństwa ze światem i z samym sobą; ograniczenie naszych możliwości i wypaczenie naszego zrozumienia własnej podmiotowości i odpowiedzialności wobec świata. *Upadek* jest więc negatywnym sposobem rozumienia, co to znaczy być człowiekiem, gorszym trybem istnienia i rodzajem ucieczki od siebie, z którym współczesny człowiek ma do czynienia, według Heideggera. Niestety, w owym nowoczesnym, wysoce technologicznie zapośredniczonym świecie, większość naszego życia żyjemy w tym stanie *upadku*; bez przerwy odwracamy się od prawdy o sobie i swoim istnieniu do tego co nauka i technika nam przedstawiają.

2.3.2.4 Język

Jak zaznaczyłem we wstępie do tego rozdziału, większość komentarzy na temat Heideggera nie uważa języka za podstawową strukturę naszego *bycia w świecie*. Jednak z punktu widzenia Heideggera nie możemy myśleć o ludzkim temacie i jej istnieniu bez zajęcia się kwestią języka. Język jest językową formą *bycia w świecie* i wyraża się jako *dyskurs*[133]. Heidegger twierdzi, że język odróżnia nas jako ludzi, ponieważ tylko ludzie mają język:

> "Zdolność do mówienia wyróżnia człowieka jako istotę ludzką. Taki znak wyróżniający nosi w sobie sam w sobie wzór ludzkiej istoty. Człowiek nie byłby człowiekiem, gdyby odmówiono mu mówienia... Istota człowieka polega na języku."[134]

W *BT*, Heidegger mówi, że "język jest konstytutywny dla naszego *bycia w świecie*[135]". Ma on na myśli to, że język jest czymś, co jest w nas wbudowane, a bycie człowiekiem to posiadanie języka, który nas definiuje. Z jego ogólnej interpretacji wynika, że jest to dość suchy opis, ale zobaczmy, co on oznacza. Heidegger uważa, że to poprzez *dyskurs,* jako język, podmioty ludzkie ujawniają się i komplikują wobec bytów i w ten sposób definiują się w świecie; dyskurs jest zawsze o czymś. Opracowuje to, gdy mówi:

---

[133] *Dyskurs*, to interpretacyjna moc języka, uważana przez Heideggera za właściwe użycie języka, która ujawnia ontologiczne znaczenie wyjaśnianych przez niego bytów, jest formą samoujawniania się i ukrywania innych bytów. *Dyskurs różni* się od mowy, która jest *ontyczna,* której używamy do komunikowania zwykłych wydarzeń życiowych i podstawowych prawd o naszej ludzkiej egzystencji i o nas samych. Martin Heidegger, *Being and Time,* Op. Cit., 203-4; George Vensus, *Authentic Human Destiny: The Paths of Shankara and Heidegger,* Op. Cit., 112-3.

[134] Martin Heidegger, "The Way to Language", w "*Basic Writings": Od "Bycia i czasu" (1927) do "Zadania myślenia" (1964)*, Op. cit., 285-6.

[135] Martin Heidegger, *Being and Time,* Op. Cit., 204.

"Do jawności *Daseina* należy jednak dyskurs w zasadzie". *Dasein* wyraża siebie: wyraża się jako istota-toward, istota-toward, która odkrywa."[136]

Heidegger nie uważa, aby język składał się tylko z wypowiadanych słów lub był zbiorem logicznie skonstruowanych propozycji. Te przejawy języka są dla niego o wiele mniej ważne. Co ważniejsze, kiedy rozmawiamy z innymi (a nawet z samym sobą), dla Heideggera liczy się to, o czym faktycznie mówimy lub rozmawiamy. Nasza rozmowa powinna ujawniać coś na temat naszego świata[137] i powinna wyjaśniać "znacząco" zrozumiałość naszego *bycia w świecie*[138]. To znaczy, że prawdziwy język jest ontologiczny; odnosi nas do rzeczywistości, wzywa do myślenia, daje wyraz lub wyraża to, co ukryte. To, według Heideggera, jest funkcją języka, a w swojej późniejszej filozofii określa on język jako dom Bycia[139], gdzie podmioty są nieskrywane i ujawniane.

Ta relacja o roli języka dla ludzkiej podmiotowości pozostawia nam krytyczne pytanie: Dlaczego Heidegger miałby rozumieć język w taki techniczny sposób? Heidegger ma odpowiedź na to pytanie. Uważa on (aby posłużyć się znacznie bliższym przykładem), że to dzięki naszym nowoczesnym środkom komunikacji: predykcyjne wiadomości tekstowe, e-mail, itp. Przy tak wszechobecnych środkach komunikacji, wiele innych możliwości ujawniania i artykułowania świata jest podważanych, do tego stopnia, że nie myślimy już zbyt głęboko o słowach, których używamy. Dlaczego? Prozaiczna natura współczesnego języka nie wymaga głębokiego myślenia ani żadnej formy nieukrywania tego, co jest na świecie. Rzeczy są takie, bo tak mówią *inni,* albo telewizja, radio, internet, gazeta, itp.[140] Dalej, w swoich *podstawowych pismach,* Heidegger dobitnie wyjaśnia to, kiedy mówi:

"En-framing, istota nowoczesnej technologii, która wszędzie panuje, wyświęca sobie sformalizowany język - ten rodzaj informowania, dzięki któremu człowiek jest formowany i dostosowywany do techniczno-kalkulacyjnej istoty, proces, dzięki któremu krok po kroku rezygnuje ze swojego "naturalnego języka".[141]

---

[136] Ibid., 266.
[137] Ibid., 204; Johnson J. Puthenpurackal, *Heidegger Through Authentic Totality to Total Authenticity,* Op. Cit. , 217.
[138] Martin Heidegger, *Being and Time,* Op. Cit., 204.
[139] Martin Heidegger, "The Way to Language", w "*Basic Writings": Od "Bycia i czasu" (1927) do "Zadania myślenia" (1964),* Op. cit., 305.
[140] Martin Heidegger, *Being and Time, Op.* Cit., 212; Johnson J. Puthenpurackal, *Heidegger Through Authentic Totality to Total Authenticity,* Op. Cit., 33.
[141] Martin Heidegger, "The Way to Language", w "*Basic Writings": Od "Bycia i czasu" (1927) do "Zadania myślenia" (1964),* Op. cit., 303.

Heidegger sugeruje tutaj, że nowoczesny naukowy i technologiczny sposób komunikacji doprowadził nas do utraty kontaktu z rzeczywistością, a nasza komunikacja stała się tym, co dziś nazywamy opinią publiczną. Uważa on, że nie przekazujemy już istotnych prawd o naszej ludzkiej egzystencji. Nadużywanie lub bezrefleksyjne używanie przez nas codziennych środków masowego przekazu, programów telewizyjnych, e-maili, itp. blokować nasze poczucie tego, co może być naprawdę ważne do przekazania. Pomimo zalewu nowych technologii informacyjnych i posiadania większej ilości informacji w naszym rozwijającym się świecie technologicznym, w rzeczywistości wiemy coraz mniej, ponieważ przedstawiają one jedynie *ontologiczne* fakty naszego świata, podważając ontologiczne znaczenie tego, co jest przekazywane. Technologie te mają tendencję do dostarczania nadmiaru informacji do tego stopnia, że to, co jest przekazywane, nie angażuje już nas i nie musi nas angażować, ponieważ gdy tylko zmęczymy się jedną wiadomością, dwie inne domagają się naszej uwagi. Tworzą one ciekawość i chęć doświadczenia nowych pomysłów i doznań bez naszej próby zrozumienia i zintegrowania ich z naszą własną rzeczywistą sytuacją. Czasami logika środków masowego przekazu polega na tym, by wzbudzić w społeczeństwie ciekawość tego, co jest na rynku. Heidegger wyjaśnia ciekawość jako tę, która "zajmuje się widzeniem, nie po to, by zrozumieć to, co się widzi... ale po to, by zobaczyć". Szuka nowości tylko po to, by przeskoczyć z niej na nowo do innej nowości."[142] Ta ciekawość przejawia się bardziej w sferze publicznej, gdzie ludzie spieszą się z nabyciem lub wykorzystaniem nowych technologii komunikacyjnych, które pojawiają się na rynku".[143]

Do zilustrowania problemu chciałbym wykorzystać przykład portali społecznościowych, Facebooka i Twittera. Z perspektywy Heideggera, nasze zaangażowanie w te technologie byłoby tym, co on nazywa "jałową gadką": kiedy siedzimy, spotykamy się na ulicach i kiedy mówimy o rzeczach dnia, sms-y do siebie, śmiejemy się, itp. Heidegger pomyślałby, że w tym wszystkim faktycznie nie prowadzimy prawdziwych rozmów. Mógłby pomyśleć, że to tylko plotka lub "jałowa gadka", która ma swoje własne negatywne reperkusje dla naszego ontologicznego komplementu. Heidegger wyjaśnia:

> "...kiedy *Dasein* utrzymuje się w bezczynności, jest odcięta od swoich pierwotnych i pierwotnych prawdziwych relacji bycia wobec świata, wobec *Dasein,* wobec i wobec samego bycia."[144]

---

[142] Martin Heidegger, *Being and Time,* Op. Cit., 216.
[143] Ibid., 217-18.
[144] Ibid., 213-16.

Heidegger ma na myśli to, że tak jak ciekawość, jałowe gadanie prowadzi do tego, że to, o czym się mówi lub komunikuje, nie ma żadnego istotnego znaczenia; jałowe gadanie nie wyjaśnia naszego związku ze światem, ani nie pozwala nam go przekształcić i przekroczyć, co dla niego jest niezbędne w posługiwaniu się językiem. Innymi słowy, bezczynne mówienie nie odpowiada prawdziwemu ontologicznemu celowi języka, którym jest nieukrywanie lub wydobywanie na światło dzienne tego, co jest niezbędne dla ludzkiej egzystencji.[145] Za portalami społecznościowymi takimi jak Twitter, Facebook i reszta, to co wydaje się być zasadą rządzącą, to już nie tyle komunikacja, co raczej cele komercyjne i dominacja danych osobowych do masowej analizy. Cała osobista interakcja jest utowarowiona i skomercjalizowana, a zatem nie służy swojemu rzeczywistemu celowi, którym jest wyjaśnianie rzeczywistości. Zgodnie z komercyjną zasadą, głęboki efekt jest taki, że dziś, na takich stronach internetowych, podmiot ludzki został przekształcony w zestaw metadanych online; została ona zredukowana, a wszystko, kim jest, kurczy się do cech statystycznych: jej indywidualny charakter, jej przyjaźnie, jej uczucia i wrażliwość, jej pragnienia i obawy. Wszystkie te cechy zostały zastąpione przez wymianę tych wrażeń, które są uznawane przez sieci społeczne za istotne. Dzięki takim sieciom, nasze zadenuncjowane, połączone w sieć osoby nie są już wolne; są one własnością, monitorowane i manipulowane przez zewnętrzne, instrumentalne obawy. Cokolwiek jest w nas niezwykłego, zostaje spłaszczone. Dlatego też, tendencją nowoczesnych technologii informacyjnych jest wykorzystywanie mowy, dyskursu lub języka do manipulowania doznaniami, uczuciami, itp. w celu osiągnięcia zysku.

Ponadto, według Heideggera, język we współczesnym świecie stracił swoją nieskrywaną moc, ponieważ został przekształcony w czystą *informację*, która jedynie "informuje" nas o tym, co się wokół nas dzieje. Komputery, maszyny językowe, satelity, różne techniki reklamy, są stałym dowodem na rosnące zjawisko języka jako "informacji" pozbawionej prawdziwego ontologicznego znaczenia. Jak już wyjaśniłem, Heidegger twierdzi, że mówienie jest charakterystyczne dla człowieka; człowiek mówi zawsze, nawet jeśli nie wypowiada ani słowa. Mowa należy do samej natury człowieka, wyróżniając go spośród innych bytów. Jednak dzięki nowoczesnym środkom komunikacji i gadżetom elektronicznym prawdziwa mowa przepada. Współczesny człowiek zdaje się pracować na zasadzie, *najpierw pisać i raportować, potem myśleć później*. Zasada ta jest spowodowana presją czasu, w której każdy lokalny ośrodek medialny chce coś powiedzieć; istnieje konkurencja, aby zobaczyć, kto

[145] William Large, *Heidegger's Being and Time,* Op. Cit., 69; Hubert Dreyfus, *Being-in-the-World: Komentarz o byciu i czasie Heideggera, Wydział I,* Op. Cit. , 229-33.

zgłasza najwięcej i obejmuje najszerszy zakres informacji. W całej tej rywalizacji ludzki rozum zostaje uspokojony, a język nie wymaga dalszego myślenia. Oznacza to poważną utratę autentycznej ludzkiej podmiotowości w sposobie, w jaki znajdujemy się w świecie, co prowadzi do naszej niezdolności do przyjęcia odpowiedzialności za nasze poglądy, o ile stanowimy opinię publiczną.[146]

Chcę się odnieść do krytycznej kwestii omawianych wcześniej nastrojów, które mogą łatwo popaść w błąd w interpretacji. Heidegger nie twierdzi, że nastrój ciekawości, który napędza tę nową technologiczną formę języka, jest absolutnie zły. W rzeczywistości nastrój ciekawości w zastosowaniu do nowoczesnych środków komunikacji pomaga nam zaangażować się w relacje z podmiotami, z tym, co dzieje się na całym świecie i z innymi, co jest rzeczą dobrą. Nasza wiedza opiera się przede wszystkim na tym nastroju ciekawości.[147] Jednak Heidegger uważa również, że ciekawość jest nieautentycznym sposobem odnoszenia się do świata wyrażonym przez technologiczne poczucie zdziwienia. Nie możemy jednak pozostać na tym poziomie powierzchowności; musimy zagłębić się w jego ontologię, aby nabrał on znaczenia w ujawnianiu znaczenia nowoczesnych technologii komunikacyjnych. *Ontically*, our everyday use of language remains important in our modern technological existence, but *ontologically*, on a more fundamental and important level, our daily use of language is not taken seriously as a way of revealing both the communicating subject and what is revealed. Wystarczy spojrzeć na różne ataki przeprowadzane przez terrorystyczne i radykalne grupy, takie jak Al-Shababab, których doświadczyło na całym świecie i które bardziej ucierpiały wielu Kenijczyków w różnych atakach tutaj w kraju. Media rozpowszechniają wizerunki ofiar, wywołując ciekawość, a czasem strach wśród ludności, bez kompleksowego relacjonowania tych zdarzeń. Nie powinniśmy jednak pozostawać jedynie na *ontologicznym poziomie* stosowania języka; należy go uznać za poziom początkowy, który powinien prowadzić nas do głębszego poziomu ontologicznego, niekiedy podważanego przez nowoczesne technologiczne sposoby prezentacji.

Heideggerowska analiza języka ujawnia krytyczne luki we współczesnej kulturze masowej, nauce i technice. Współczesna nauka i technologiczne środki komunikacji wyobcowują nas z ujawniania rzeczy z punktu widzenia wewnętrznego doświadczenia ludzkiego; rzeczy są opisywane z zewnętrznego i *ontycznego punktu* widzenia ich występowania. Nowoczesne środki komunikacji pozbyły się pojedynczych doświadczeń, a to,

146 Martin Heidegger, *Being and Time*, Op. Cit., 170-5.
147 Ibid., 215; William Large, *Heidegger's Being and Time,* Op. Cit., 70.

co ma być przekazywane, jest zawsze pośredniczone: tekst drukowany, radio, telewizja, sygnał elektroniczny, rozwój nowoczesnych instytucji, internet, telefony komórkowe, Facebook, WhatsApp, Twitter, itp. ...wszystko to pośredniczy w naszych podstawowych doświadczeniach. Preferowane obrazy wizualne, które telewizja, filmy i wideo prezentują, i które przykuwają naszą uwagę, bez wątpienia tworzą tekstury zapośredniczonych doświadczeń. W całej tej lawinie informacji, język i to, co jest przekazywane, zostało sprowadzone do *logistyki*, lub do idei, które nie odpowiadają "ontologicznej strukturze" samego języka, co prowadzi do jego dewaluacji i niewidzialności. Heidegger przypomina nam jednak, że celem języka jest artykułowanie świata, "niech będą rzeczy", abyśmy mogli nie ukrywać tego, co jest niezbędne do naszego istnienia.

2.4 Wniosek

W tym rozdziale starałem się rozwinąć fenomenologię ludzkiej podmiotowości Heideggera, podkreślając szereg struktur egzystencjalnych, które są dzisiaj konfrontowane z rzeczywistością współczesnej nauki i techniki, które zdają się przesłaniać ważne struktury ludzkiej egzystencji, które nie mieszczą się w ich ramach. Heidegger dał nam nienaukowy opis podmiotu ludzkiego, który bardzo różni się od zachodniej tradycyjnej koncepcji, być może w reakcji na nowe, rozwijające się naukowe, racjonalistyczne i technologiczne rozumienie świata i nasze kurczące się w nim miejsce; jest to także krytyczny wskaźnik dla jego późniejszej filozofii, a zwłaszcza dla jego wyraźnej filozofii nauki i techniki.

Heidegger dał nam nowy obraz podmiotu ludzkiego, którego istotą jest nie mniej niż jej otwartość na ontologiczne znaczenie swego bytu w stosunku do świata swoich trosk. Fakt posiadania relacji zaangażowania ze światem oznacza, że nasza egzystencja jest działaniem, zadaniem i przeznaczeniem, które musimy nieustannie kultywować. Nie można pozostawić anonimowym agencjom zewnętrznym w celu określenia lub ustalenia, kim jesteśmy. Nie oznacza to, że tradycyjne arystotelesowskie, kartezjańskie i kantyjskie cechy metafizyczne czy też interpretacje człowieka jako *racji zwierzęcej* oraz tomistyczna definicja osoby jako istoty duchowo zamkniętej w ciele są uznawane za fałszywe i odsuwane na bok. Heidegger po prostu uważa, że takie opisy traktują podmiot ludzki jedynie za pomocą abstrakcyjnych i uniwersalnych koncepcji, które podważają jej konkretne, podstawowe doświadczenie jako sposób bycia. To, co jest dla niego ważne, to nasze codzienne doświadczenie świata. My, ludzie, mamy możliwość posiadania egzystencjalnego transcendentnego stosunku do nas samych, co wyjaśnię bardziej szczegółowo w kolejnych rozdziałach. Nie tylko spotykamy się z samym sobą, ale raczej wyróżniamy się wśród bytów jako cecha charakterystyczna naszego istnienia.

Próbowałem też wyjaśnić, że "*oni sami*", żyjący przez moderny, dla Heideggera ujawniają niespokojną kondycję ludzką jako pełną słabości i braków w rządzeniu kulturą masową. To, co dziś jest reprezentowane w kulturze nauki i techniki: materializm i konsumpcjonizm; reprezentuje kulturę obsesji na punkcie zewnętrznych pozorów siebie i zjawisk, przeżywania prawdziwej istoty tego, kim *jesteśmy* i o co chodzi w rzeczywistości. Wszystkie te rzeczy wyobcowują nas z naszej podmiotowości, ponieważ mamy tendencję do definiowania siebie w ich ramach. Dlatego też wezwanie Heideggera do zwrócenia się ku naszej podmiotowości nie powinno być traktowane jako forma solipsyzmu,[148] ale raczej jako prawdziwa podstawa do bycia człowiekiem we współczesnym świecie nauki i techniki. Zaleca on pewien rodzaj relacji z innymi podmiotami, której nie można sprowadzić do relacji manipulacji, wywodzącej się z obiektywizujących struktur współczesnej nauki i techniki. Próbowałem argumentować, że nauka i technika, na swój sposób, stały się substytutem podstawowego doświadczenia człowieka w jego świecie i jego stosunku do niego. Technologia pośredniczy w doświadczaniu świata przez jednostkę, podważając w ten sposób jej rolę i odpowiedzialność w świecie. Zasadnicze znaczenie ma uwzględnienie pojęcia autentycznej ludzkiej podmiotowości, które nakreśliłem tutaj jako autentyczną krytykę współczesnego podmiotu technologicznego, który pozostawia za sobą samodzielność i ludzką troskę. Wreszcie, umieściłem tę krytykę w kontekście współczesnych wyzwań technologicznych.

Projekt Heideggera w jego wcześniejszej filozofii omówionej w tym rozdziale jest projektem ontologii lub "metafizyki" podmiotu ludzkiego. Chodzi przede wszystkim o istnienie "ja": z możliwymi nienaukowymi i nietechnicznymi sposobami rozumienia tego "ja" w epoce nowożytnej. Uważa on, że "ja" jest oblężone we współczesnej epoce technologicznej i pokazuje nam, jak wiele z tego, co o sobie wiemy, jest motywowane zewnętrznymi, często gospodarczymi obawami: motywami pożądania, konsumpcjonizmu itp. Są to czynniki, które są zewnętrzne w stosunku do tego, czym naprawdę jesteśmy. Zaproszenie Heideggera jest więc dla nas zaproszeniem do zagłębienia się w naszą ludzką kondycję, do refleksji nad tym, czym jest bycie prawdziwie ludzkim w ramach rekonstrukcyjnej siły współczesnej nauki i techniki.

[148] *Solipsyzm* jest teorią, która głosi, że wszystko, cała rzeczywistość jest w umyśle jaźni lub podmiotu, rzeczywistość tworzy jego mentalne treści, i nie ma czegoś takiego jak rzeczywistość poza umysłem lub niezależna od umysłu; umysł jaźni jest centrum i miarą tego, co jest.

Innymi słowy, kwestia istnienia człowieka we współczesnym świecie nauki i techniki ma dla niego ogromne znaczenie.

Należy zauważyć, że badanie ukrytej analizy Heideggera dotyczącej wyzwań technologii, przedstawione w tym rozdziale, jest nieadekwatne do jakiegokolwiek głębokiego stwierdzenia dotyczącego ontologicznego wpływu technologii na podmiot ludzki. Z tego właśnie powodu w kolejnym rozdziale I podejdziemy do filozofii techniki Heideggera w sposób bardziej klarowny, zwracając szczególną uwagę i akcentując jego pracę na temat fenomenologii techniki jako *ujawnienia*, które podważa wszystkie inne formy ludzkiego ujawniania, które zostały omówione w tym rozdziale, a w szczególności komplementarną naturę podmiotu ludzkiego wobec bytów i samej siebie. To postawi mnie w odpowiedniej pozycji później, w rozdziale piątym, aby zająć się transcendentną *odpowiedzią* Heideggera na rekonstrukcyjny i restrukturyzacyjny charakter współczesnej nauki i techniki, którą naraża on na wyraźną krytykę w relacji, którą przedstawiam w następnym rozdziale.

ROZDZIAŁ II

FILOZOFIA TECHNOLOGII HEIDEGGERA

3.1 Wprowadzenie

Wcześniej pokazałem, że technologia jest rzeczywistością, która jest obecna w nas i w naszym świecie. W poprzednim rozdziale wyjaśniłem i potwierdziłem powrót Heideggera do ludzkiego podmiotu w naszym coraz bardziej naukowym i technologicznym świecie, który nieustannie stawia pytania naszej podmiotowości. Wywołując argument tego rozdziału, należy wziąć pod uwagę, że filozofia nauki i techniki może być badana z różnych perspektyw filozoficznych: ontologicznej, fenomenologicznej, hermeneutycznej, historycznej, społeczno-konstruktywistycznej, analitycznej, krytycznej i pragmatycznej.[149] Wszystkie te podejścia próbują zastanowić się zarówno nad teoretycznymi, jak i praktycznymi implikacjami nauki i techniki, wyjaśniając ich strukturalną organizację, a także ich wpływ na odtworzenie i restrukturyzację zarówno natury, jak i doświadczeń życiowych ich użytkowników.[150] W tym rozdziale twierdzę, że nowoczesna technologia przeszła od traktowania jej jako zwykłego instrumentu osiągania określonych celów do nowej ontologicznej formy *ujawniania*, która w sposób bezpośredni i wyraźny odtwarza i restrukturalizuje naszą podmiotowość i samorozumienie, tak że dochodzimy do interpretacji i zrozumienia siebie z ram technologii, redukując znaczenie naszej podmiotowości, w sposób wyjaśniony w poprzednim rozdziale. Każda próba spojrzenia na technologię z czysto instrumentalnego punktu widzenia polega na niedocenianiu jej prawdziwej rzeczywistości. W tym rozdziale skupiam się na koncepcji *enframing*,[151] którą Heidegger stosuje, aby odnieść się do decydującej istoty nowoczesnej technologii. *Enframing* zmienia człowieka w zwykłego *organizatora* technologicznego ujawniania, gdzie staje się *zasobem, podlegającym* technologicznej manipulacji, a co za tym idzie, jest *wyobcowany* z jego ujawniającej istoty. Pojęcia te (organizator, zasób, alienacja, itp.) wyjaśniają nowoczesną technologię jako potężne zjawisko rekonstrukcyjne, które

[149] Val Dusek, "Wprowadzenie: Philosophy and Technology", w *A Companion to the Philosophy of Technology*, Op. Cit., 139.

[150] Martin Heidegger, *Being and Time*, Op. Cit., 58; Dermot Moran, *An Introduction to Phenomenology*, London: Routledge, 2000, 6.

[151] Przesłanie ogólne Wprowadzenie do wyjaśnienia *Enframing*.

przekształca naszą podmiotowość i samorozumienie, co zostanie wyraźnie wyjaśnione w kolejnych rozdziałach.

Moja dyskusja w tym rozdziale będzie zatem następująca: Zaczynam od odwołania się do powszechnego, codziennego rozumienia i doświadczenia technologii, ponieważ właśnie stąd zrozumiemy nowość radykalnych idei Heideggera w tej kwestii. Twierdzę, że wspólne społeczeństwo rozumie technologię jako działanie i instrument wykorzystywany do osiągnięcia określonych celów. Następnie zaczynam krytykować to instrumentalne ujęcie technologii, pokazując reakcję Heideggera na nią, radykalnie odchodząc od niej.

Po drugie, przedstawiam FO technologii Heideggera, argumentując, że technologia przeszła od bycia instrumentem, używanym przez ludzi do realizacji ich celów, do zjawiska, które odtwarza i restrukturyzuje ich byt. Argument ten zostanie rozwinięty w dwóch podstawowych fazach:

Pierwsza faza odnosi się do kwestii technologii we wczesnej pracy *(BT)* Heideggera, szczególnie z perspektywy jego analizy narzędzi. W tej pracy Heidegger domyślnie pojmuje technologię jako sposób *bycia w świecie*, co stanowi początek jego ogólnego podejścia do technologii jako bardziej *wewnętrznej* relacji podmiotu ludzkiego niż zewnętrznej relacji pomiędzy dwoma ontologicznie odrębnymi bytami. Heidegger opowiada się za tą koncepcją technologii w reakcji na dominujący (i obezwładniający) pogląd na związek człowieka z technologią, jako ściśle instrumentalny i zewnętrzny. Podstawową intencją Heideggera jest wyjaśnienie, że funkcja sprzętu w odniesieniu do ludzkich celów opiera się na wcześniejszej, wewnętrznej relacji z technologią, którą uważa on za centralny wymiar relacji człowieka z technologią, co postaram się wykazać. Aby nie odchodzić od tematu badań, powinienem krytycznie ocenić pewien aspekt tej relacji, który uważam za niedoceniany przez samego Heideggera. Twierdzę, że narzędzia technologiczne, choć angażują nas w świat, zmieniają nas również w jego podmioty zależne, podważając nasze własne krytyczne stanowisko.

Druga faza argumentacji dotyczącej FO technologii interpretuje późniejszą filozofię technologii Heideggera z punktu widzenia technologii jako *odkrywczą,* która rzuca wyzwania - po raz pierwszy lub odtwarza podmioty, gdzie nie tylko rzeczy, ale i sam podmiot ludzki, stają się uważane za *rezerwę* dla funkcji i rozwoju technologii. Aby zdać relację z tej koncepcji *ujawniania* jako istoty nowoczesnej technologii, najpierw wyjaśnię starożytne greckie rozumienie technologii, które uważam za punkt wyjścia Heideggera do problemu nowoczesnej technologii. Oznacza to, że Heidegger w swoim dramatycznym wyrazie rozwija koncepcję *enframing* jako istotę nowoczesnej technologii z filozofii pre-sokratycznej. Będę twierdził, że *enframing,* jako pozycjonowanie człowieka w *rezerwacie stanowiska*, w równym stopniu kwestionuje jego istnienie w sposób, który jednocześnie je odtwarza. Heidegger określa tę odbudowującą siłę nowoczesnej technologii jako *największe zagrożenie*[152]. Jest to *największe niebezpieczeństwo* w tym sensie, że technologia sprawia, iż człowiek nie jest w stanie interpretować rzeczywistości w sposób inny niż ten, który tworzy i determinuje sama technologia, tak że ludzkość i przyroda jako całość są postrzegane jako zbiór surowców, które stoją w rezerwie do dalszej optymalizacji.

3.2 Podstawowe twierdzenia o filozofii technologii Heideggera

Od samego początku mojej dyskusji w tym rozdziale chciałbym przedstawić kilka podstawowych stwierdzeń. Po pierwsze, Heidegger nie jest przeciwny technologii. Niektórzy myśliciele, zwłaszcza Feenberg, uważają Heideggera za *esencjonalistę* i pesymistę w dziedzinie technologii. Jednak Heidegger, w swojej krytyce nowoczesnej technologii, nie sugeruje regresywnej[153] filozofii luddyckiej, przez którą powinniśmy odrzucić naszą naukową wiedzę i doświadczenie na rzecz prostszego stylu życia, który ignoruje możliwości, jakie daje nasza inteligencja i wyobraźnia. W rzeczywistości Heidegger stara się stworzyć fundamentalną ontologię ludzkiej *Dasein* jako *bycia w świecie*, która różni się od kartezjańskiego pojęcia *cogito* jako odrębnej substancji, odciętej od świata, jak omówiono w poprzednim rozdziale. Heidegger, w centrum swojej działalności jako FO człowieka *Dasein*, rzuca nowoczesną technologię jako ontologiczną podstawę do zrozumienia *Dasein* - to znaczy dla człowieka i dla jego współczucia dla rzeczywistości we współczesnym świecie. Dla Heideggera "*być*" oznacza być technologicznym; technologia jest czymś, co jest w nas wbudowane i co ma z nami wewnętrzny związek.

Podczas gdy większość ludzi nie uważa, że technologia jest w jakikolwiek sposób metafizyczna, Heidegger podkreśla, że jest, reprezentując charakterystyczny sposób bycia, w którym moderny znajdują się w świecie. Ten nowy sposób bycia jest nieunikniony i nie leży w

---

[152] Heidegger używa wyrażenia "najwyższe niebezpieczeństwo" w odniesieniu do potęgi technologii, która utrudnia wszelkie inne, wcześniejsze, orientacyjne tryby ujawniania [które widzieliśmy w poprzednim rozdziale], prowadząc ludzki podmiot do utraty swojej ujawniającej istoty, do przyjęcia za pewnik technologicznego trybu ujawniania prawdy.

[153] *Luddycka* filozofia techniki jest pesymistyczną postawą, która neguje technologię w jej całości, tak że można ją usprawiedliwić zniszczeniem konkretnej maszyny lub wyburzeniem fabryki z zamiarem "powrotu" do przedtechnologicznego świata istnienia. Jednakże, jak argumentowałem, technologia nie może być dłużej rozumiana w kategoriach jej artefaktów, np. maszyn; technologia jest systemem, w którym żyjemy i poruszamy się oraz mamy swoje istnienie, bez jakiejkolwiek kwestii "cofania się" lub bez możliwości zakończenia badań naukowych i technologicznych, gdzie wszystko zostałoby odkryte i wyprodukowane.

naszym indywidualnym wyborze, choć traktujemy go jako naszą decydującą rzeczywistość. To właśnie na tej podstawie Heidegger uznaje obecność technologii, jak zauważa:

> "Dla nas wszystkich, ustalenia, urządzenia i maszyny technologiczne są w mniejszym lub większym stopniu niezbędne. Głupotą byłoby ślepo atakować technologię. Krótkowzrocznym byłoby potępienie go jako dzieła diabła. Jesteśmy zależni od urządzeń technicznych, a nawet stawiają przed nami coraz większe wyzwania."[154]

W rzeczywistości, dla Heideggera, traktowanie technologii jako naszego wroga jest niekorzystne, ponieważ potrzebujemy technologii, jak wskazuje cytowany powyżej tekst; nie możemy obejść się bez technologii. Heidegger uznaje pozytywną rolę technologii; niemniej jednak uważa, że jakikolwiek postęp w rozwoju nowoczesnych technologii niekoniecznie przekłada się na poprawę kondycji ludzkiej. Ostrzega nas, że wszelkie technologie i obiekty technologiczne, które pierwotnie miałyby być z natury dobre, również osadzają w sobie pewne niebezpieczeństwa i nie chce, abyśmy podążali ścieżką postępu technologicznego bez krytycznej relacji do niego. W sumie, Heidegger nie demonizuje technologii, ale ostrzega nas przed jej nieodłącznymi zagrożeniami.

Drugim podstawowym twierdzeniem, które należy wziąć pod uwagę, jest to, że filozofię technologiczną Heideggera należy odczytywać na podstawie przyjęcia ogólnego stanowiska w sprawie technologii. Chodzi mi o to, że Heidegger nie zajmuje się konkretnymi technologiami, takimi jak środki masowego przekazu, transport, technologia komputerowa i tak dalej. Powodem tego jest fakt, że Heidegger zajmuje się przede wszystkim FO technologii, a nie kwestią *ontyczną* technologii. Widzi we współczesnej nauce i technice, w ich rekonstrukcyjnej istocie, bardziej podstawowy i ontologiczny poziom życia człowieka, rekonstruujący jego poczucie siebie. Jest to uzasadnione tym, co powiedziałem wcześniej, a mianowicie tym, że postęp technologiczny niekoniecznie oznacza poprawę kondycji ludzkiej, nawet te technologie, które uważamy za dobre, osadzają w sobie zarówno pozytywne, jak i negatywne skutki, a niewłaściwe byłoby twierdzenie, że technologia jest z natury dobra lub zła.

Moje zainteresowanie całą dyskusją nie dotyczy pozytywnego, instrumentalnego aspektu technologii, ale raczej jej rekonstrukcji i ograniczającego wpływu na ludzką podmiotowość w odniesieniu do niej i jej wykorzystywania.

---

[154] Martin Heidegger, *Discourse On Thinking*, Op. Cit., 53.

3.3 Konwencjonalny pogląd na technologię

Konwencjonalne podejście do technologii polega na postrzeganiu jej zarówno jako działalności, którą ludzie wykonują w celu wprowadzenia zmian lub rozwoju materialnego, jak i jako środka lub narzędzia do produkcji. Jako *działalność*, która zasadniczo przekształca ludzkie życie, niezależnie od tego, czy jest to rozwój materialny czy niematerialny, technologia jest postrzegana jako oznaka postępu i nowoczesności. Dla Heideggera ta koncepcja technologii jako działalności przejawia się w "wytwarzaniu i wykorzystywaniu urządzeń, narzędzi i maszyn". Same wyprodukowane i używane rzeczy, potrzeby i cele, którym służą, należą do tego, czym jest technologia".[155] Technologia, w powszechnej koncepcji, jest nie tylko narzędziami, których używamy, ale także działaniem, które my, ludzie, robimy, aby dokonać zmian w świecie w jego materialnym składzie. Odpowiednim przykładem, który wyjaśnia technologię jako działanie, które powoduje zmiany, jest to, czego doświadczamy dzisiaj w technologiach ulepszania człowieka lub technologii długowieczności. Technologia jako działalność jest wykorzystywana do realizacji pożądanych zmian w obiektywizowanym świecie zewnętrznym lub w danym podmiocie.

Z drugiej strony, konwencjonalnie, technologia jest traktowana nie tylko jako rzeczy materialne same w sobie, ponieważ stanowią one świat materialny, ale raczej jako *środki lub instrumenty* pośredniczące w relacjach między podmiotami ludzkimi a światem natury. Oznaczają one umiejętności, techniki oraz sieć narzędzi i sprzętu[156] wykorzystywanych jako środki do osiągnięcia wcześniej określonych celów. Jako środki lub instrumenty, technologia nie jest celem samym w sobie, ale działa jako pomost, aby dotrzeć lub odnieść się do pozornych celów. Narzędzia technologiczne są wykorzystywane jako środki przyspieszające lub prowadzące do osiągnięcia tych przedrefleksyjnych celów. Technologia, rozumiana jako środki lub instrumenty, pomaga nam wchodzić w interakcję z zewnętrznym obiektywnym światem, tak aby zarówno świat obiektywny, jak i środki lub instrumenty były postrzegane jako odrębne podmioty wpływające na siebie nawzajem, ale utrzymujące się niezależnie, niekoniecznie wpływające na siebie nawzajem.

[155] Martin Heidegger, *The Question Concerning Technology and Other Essays,* Op. Cit., 4; Don Ihde, *Heidegger's Technologies: Perspektywy postfenomenologiczne,* Op. Cit., 30.
[156] Stephen Butler Murray, "Reimaging Humanity. The Transforming Influence of Augmenting Technologies on Doctrines of Humanity", w "The Transforming *Influence* of Augmenting Technologies on Doctrines of Humanity", pod redakcją Michael Breen, Eamonn Conway i Barry McMillan, Dublin: The Columba Press, 2003, 197; Andrew Feenberg, *Transforming Technology: A Critical Theory Revised,* Op. Cit., 5.

3.4 Dlaczego konwencjonalne spojrzenie na technologię jest nie do utrzymania.

Heidegger zgadza się przede wszystkim z konwencjonalną definicją technologii i uważa, że oba podejścia (jako działanie i jako środek lub narzędzie do osiągnięcia celu) do technologii są prawidłowe i należą do siebie. Heidegger obserwuje to, mówiąc: "Bo pozyskać cele, pozyskać i wykorzystać środki dla nich jest działalnością ludzką."[157] Jednakże, chociaż zgadza się on z instrumentalną definicją technologii, Heidegger jest również przeciwny ograniczeniu naszego rozumienia technologii do tego konwencjonalnego i drugorzędnego jej aspektu. Uważa on, że to nieformalne rozumienie technologii jest jedynie instrumentalną i antropologiczną definicją technologii, która w związku z tym jest nieadekwatna do jakiejkolwiek głębszej refleksji lub filozoficznego twierdzenia o technologii. Heidegger twierdzi to wprost:

> "Odpowiednio, właściwa instrumentalna definicja technologii nadal nie pokazuje nam istoty technologii."[158]

Jego zdaniem instrumentalne ujęcie technologii opiera się na jej korzyściach oraz na celu, w jakim dana technologia jest stosowana. Nie mówi nam to wiele o jej wewnętrznej dynamice; ignoruje fakt, że technologia ma nieodłączny wpływ na odtwarzanie ludzkiej podmiotowości. Heidegger uważa, że poleganie wyłącznie na funkcjonalności technologii daje mylne wrażenie, że istnieje esencja technologii o jednej wartości, zasadniczo związana wyłącznie z jej korzyściami i ignorująca jej skutki uboczne. Dzieje się tak zwłaszcza wtedy, gdy dostosowujemy technologię, tylko po to, aby uzyskać jej instrumentalne cele, warunkujące każdą próbę doprowadzenia człowieka do właściwej relacji z nią. Pod[159] tym względem technologia może okazać się fetyszem, gdy sprowadzimy jej obiekty lub narzędzia do konceptualnej ramy ich pozytywnych funkcji, zapominając o tym, że te same funkcje wynikają z ludzkich obaw. Ze względu na te możliwe wady instrumentalnego spojrzenia na technologię, Heidegger uważa, że uznanie technologii za środek lub instrument oznacza, że wszystko będzie zależało od tego, na ile jesteśmy w stanie nią manipulować, aby dopasować ją do naszych pożądanych celów.[160]

Konwencjonalne ujęcie technologii oznacza ponadto, że jeśli uzna się ją za instrumentalną, wszelkie relacje między podmiotem ludzkim a różnymi stosowanymi

---

[157] Martin Heidegger, *The Question Concerning Technology and Other Essays,* Op. Cit., 4.
[158] Ibid., 6.
[159] Ibid., 5.
[160] Ibidem.

technologiami należy postrzegać jako relację zewnętrzną: relację między dwoma uprzednio wytworzonymi podmiotami, które mogą mieć wpływ na siebie nawzajem, ale które nie odtwarzają się wzajemnie. Pomija to zasadniczy punkt, ujawniony przez odbicia Heideggera, czyli odtworzenie mocy technologii, którą wykorzystujemy. Rola technologii nie jest brana pod uwagę bardziej niż stopień, w jakim jest ona uważana za pomocną i instrumentalną dla ludzkich celów, jednak świadomość wpływu, jaki nasza relacja z technologią ma na samego człowieka, pozostaje zaniedbana. Heidegger natomiast cierpi z powodu konieczności podkreślenia i wyjaśnienia, jak na ludzką podmiotowość wpływa jej związek z technologią i światem.

Dla Heideggera nie możemy utrzymać dyskretnego i abstrakcyjnego rozumienia technologii, ale raczej musimy uznać ją za potencjalny problem, który się ukrywa; ma ona również ukrytą ciemną stronę, która negatywnie wpływa na ludzi. Feenberg rozwija krytykę Heideggera dotyczącą technologii jako zwykłego środka do celu, kiedy mówi, że konwencjonalny rachunek oferuje najbardziej akceptowane spojrzenie na technologię, ponieważ przynosi ona zmiany. Ale ta zmiana, pisze Feenberg, jest narzucona niejako przez tych, którzy pragną samej zmiany bez zastanowienia.[161] Feenberg argumentuje dalej:

> "...gdzie środki i cele, konteksty i towary są ściśle oddzielone, życie jest pozbawione znaczenia. Indywidualne zaangażowanie w naturę i innych ludzi jest zredukowane do absolutnego minimum, a posiadanie środków i kontroli staje się najwyższą wartością".[162]

Obserwacje Feenberga opierają się na fakcie, że technologia jako środek pośredniczy w naszym doświadczeniu życia do tego stopnia, że stajemy się widzami naszej własnej egzystencji, ponieważ technologia zastępuje naszą rolę w niej.

Ostatnim argumentem Heideggera przeciwko konwencjonalnemu spojrzeniu na technologię jest to, że oba wyjaśnienia technologii (jako działalności i jako instrumentu) wyznaczają ostrą granicę między "człowiekiem" a "światem" i mówią nam, że realizacja technologiczna ma miejsce tylko w interakcji między tymi dwoma, zwłaszcza gdy technologia jest wykorzystywana przez ludzi do przekształcania świata. Dla Heideggera jest to absurdalne, ponieważ tworzy egzystencjalny paradoks w relacjach między podmiotem ludzkim a światem, w którym świat, w którym odbywa się ludzkie działanie, przypisuje się podłodze bez własnej wartości ontologicznej. Jako podłoże ma za zadanie czekać, aby technologia nadała mu

---

[161] Andrew Feenberg, *Transforming Technology: A Critical Theory Revised,* Op. Cit., 5.
[162] Andrew Feenberg, *Technologia przesłuchań,* Op. Cit., 188.

wartość: dla produkcji żywności, infrastruktury, wydobycia energii mechanicznej i surowców; wszystko to jako środek i narzędzie poprawy warunków życia.[163] W całym tym procesie priorytetowo traktuje się myślenie technologiczne ukierunkowane na świat, a świat po drugiej stronie jest po prostu postrzegany jako rzecz lub materia, która bez zaangażowanej technologii, jak powiedziałem, nie ma żadnej wartości. Tak więc, świat jako materia musi być nadany przez naszą technologię. Co więcej, znaczna część zmian, jakie dokonujemy w świecie za pomocą technologii, jest traktowana jako naturalna i dana, a nie zapośredniczona przez ludzką pracę i znaczenie. Uznanie technologii za instrument skutecznego działania doprowadziło do materialnej ekspansji świata, bez żadnej refleksji na temat eksploatacji przyrody i ludzi.

Można stwierdzić, że rachunek instrumentalny jest niewystarczający, ponieważ podkreśla jedynie zewnętrzne korzyści technologii i ignoruje jej wewnętrzną i odtwórczą strukturę na obiektach, z którymi się ona wiąże. Uważa ona, że relacje między ludźmi a technologią są zewnętrzne, a nie wewnętrzne. Obiektywizuje również ludzkie relacje ze światem, uznając świat za dyskretny obiekt, nad którym technologia ma pracować, ignorując tym samym jego ontologiczne znaczenie i nasze bezpośrednie zaangażowanie w niego jako część naszej struktury egzystencjalnej i subiektywnej odpowiedzialności. Ponadto w tym instrumentalnym rachunku pominięto krytyczne kwestie, takie jak FO technologii, która dla Heideggera jest najbardziej podstawowym aspektem technologii. Te niedoskonałości skłoniły go do uznania, że instrumentalne rozliczenie technologii jest ograniczone i nie do utrzymania,[164] i uważa on, że ten sposób patrzenia na technologię pozostawia nam tylko problem, kiedy (i jak) będziemy kontrolować technologię jako nasz instrument.[165]

W kolejnej części omówię FO technologii Heideggera, przedstawiając bardziej szczegółową, niż podałem tutaj, relację o rekonstrukcyjnym charakterze nowoczesnej technologii. W związku z tym najpierw przeanalizuję istotne elementy ontologii narzędzi Heideggera, a następnie pokażę, w jaki sposób jego analiza narzędzi może zapewnić skuteczniejsze ramy dla zrozumienia roli narzędzi w praktykach i doświadczeniu podmiotu ludzkiego, niż pozwala na to instrumentalne spojrzenie. Dla Heideggera, narzędzia generują określone formy dostępu do świata dla ludzi.

---

[163] Nielson Keld, "Western Technology", w: *A Companion to the Philosophy of Technology*, Op. Cit., 23.
[164] Don Ihde, *Heidegger's Technologies: Perspektywy postfenomenologiczne,* Op. Cit., 30.
[165] Martin Heidegger, *The Question Concerning Technology and Other Essays,* Op. Cit., 5.

3.5 Heidegger's Fundamental Ontology of Technology

Jak już wspomniałem, dla Heideggera instrumentalizm technologiczny nie ujawnia faktu, że technologie, których używamy, mają ontologiczne implikacje i bardzo poważne uprawnienia odtwórcze. Obalając instrumentalizm technologiczny, twierdzę, że Heidegger w swoim FO technologii chce pokazać, że technologia wykracza daleko poza maszyny, procesy i wynalazki (iPady, smartfony, komputery, inżynieria genetyczna, koleje magnetyczne, robotyka, itp.), które są wykorzystywane jako instrumenty służące do realizacji konkretnych celów w sposób umożliwiający zaistnienie *w świecie,* który zakłada istniejące stosunki, cele i praktyki. W swojej wcześniejszej pracy Heidegger twierdzi, że technologia daje nam dostęp do świata w sposób, który nie mógłby istnieć bez tych technologicznych narzędzi. Ten punkt widzenia jest najbardziej wyczerpująco omówiony w jego *analizie narzędzi*, do której teraz się odniosę.

3.5.1 Technologiczne znaczenie narzędzi we wczesnym Heideggerze

W poprzednim rozdziale twierdziłem, że Heidegger bardziej zajmował się relacją między ludzką egzystencją a światem. On opisuje tę relację jako *bycie w świecie*. Jednakże, aby uświadomić sobie tę relację ze światem, podmiot ludzki potrzebuje medium, a technologia oferuje jedną z możliwych form tej mediacji dla interakcji ze światem. Heidegger argumentuje, że urządzenie, poprzez swoją *gotowość do pracy*, stanowi specyficzną relację pomiędzy konkretnym przedmiotem, jego otoczeniem i wykorzystującym go podmiotem ludzkim, przy czym narzędzie tworzy wewnętrzną relację z tym, który go wykorzystuje. Relacja ta ma strukturę tego, co on nazywa *porządkiem*, aby być rozumianym w kategoriach konkretnych relacji ze światem znaczeń dla podmiotu ludzkiego. Mówi Heidegger:

> "Zgodnie z naszą interpretacją, *bycie w świecie* oznacza niehematyczną, ostrożną absorpcję w odniesieniach konstytuujących poręczność [*gotowość do ręki*] całości rzeczy użytecznych".[166]

Jak zaznaczyłem w poprzednim rozdziale, dla Heideggera, gdy spotykam przedmioty w jakimkolwiek fizycznym miejscu, czy to w pokoju, czy gdziekolwiek indziej, widzę je w kategoriach możliwości ich użycia; co można z nimi zrobić w przyszłości. Na przykład, kiedy

[166] Martin Heidegger, *Being and Time,* Op. Cit., 71.

widzę krzesło, widzę je jako przedmiot, na którym mogę siedzieć. Cel i praktyka krzesła są już wcielone w życie zanim moje działanie na nim zostanie zrealizowane. W tym kontekście użycie narzędzia jest instrumentalne, ale nie jest ono tylko instrumentalne jako środek do wprowadzania zmian w świecie zewnętrznym, ani też technologia nie jest tylko ulepszeniem naszych potencjalnych wydziałów czy organów. Jest to raczej sposób angażowania się w świat, w[167] którym świat jest nam ujawniany jako część naszej struktury egzystencjalnej.[168] Narzędzia tworzą byt agentów, którzy ich używają, pośrednicząc w interaktywnych i interpretacyjnych relacjach człowieka ze światem. Oznacza to, że korzystając z narzędzi, użytkownicy angażują się również poprzez otwartość na nowe perspektywy, interpretacje i dalsze działania na rzecz ujawnienia ontologicznego znaczenia bytów tworzących świat.

Dlatego też, gdy narzędzie widziane jest pod kątem możliwości jego wykorzystania, nie tylko spełnia swoją funkcję, ale również stanowi punkt wyjścia dla nowych relacji pomiędzy jego użytkownikami a ich światem. Zamiast tylko pomagać ludziom, narzędzie to pomaga dalej kształtować ludzką podmiotowość poprzez otwieranie nowych dróg *bycia w świecie*, w którym zarówno ludzie, jak i świat są ukonstytuowani w określony sposób. Według Heideggera nie możemy zrozumieć, czym jest młotek, telefon komórkowy czy jakikolwiek inny instrument jedynie poprzez opisanie jego właściwości, ale musimy również odpowiedzieć na pytanie, w jaki sposób jest on obecny, kiedy go używamy i jak stanowi część naszej wewnętrznej relacji z nami samymi i naszym środowiskiem. Co więcej, w sytuacjach użycia jako sprzęt gotowy do użycia, narzędzia w swojej wewnętrznej relacji z nami naturalnie wycofują się z naszej uwagi i wykonują swoją pracę w tle; nie myślę już o telefonie komórkowym, kiedy go używam. Telefon komórkowy - wszystko znika, a to, co pozostaje, to moje zaręczyny z telefonowaniem. W ten sposób przyjmuje się narzędzie nie tylko dlatego, że umożliwia ono nam zrobienie czegoś, czego sami nie jesteśmy w stanie zrobić, ale raczej jest relacją wewnętrzną, która umożliwia nam odniesienie się do naszego świata trosk.

Chociaż Heidegger jest świadomy, że narzędzia, których używamy, mogą działać wadliwie i nie spełniać swojego zadania, a także być może zostać przywrócone do celów, którym początkowo miały służyć, to jednak[169] w tej analizie pojawia się ważny, prowokujący do myślenia problem: wydaje się, że te same *gotowe do użycia* narzędzia nie mają żadnego negatywnego wpływu na ich użytkowników. Feenberg, w swoim komentarzu do analizy

[167] Martin Heidegger, *Being and Time*; Ibidem, *The Origin of the Work of Art*, 1977.
[168] George Vensus, *Autentyczne Ludzkie Przeznaczenie: The Paths of Shankara and Heidegger*, Op. Cit., 131.
[169] Martin Heidegger, *Being and Time*, Op. Cit. ...102-3; George Vensus, *Autentyczne Ludzkie Przeznaczenie: The Paths of Shankara and Heidegger*, Op. Cit., 129.

narzędzi Heideggera mówi, że "Heidegger miał niewiele do powiedzenia na temat przedmiotów, których używa człowiek *Dasein*".[170] Feenberg ma na myśli to, że Heidegger w swojej wcześniejszej filozofii zagłębia się w szczegóły dotyczące zaangażowania ludzi w narzędzia, ale nie idzie dalej, aby analizować efekt rekonstrukcji tych samych narzędzi, które są używane. Oczywiście, nie ma wątpliwości, że analiza narzędzi Heideggera daje bardzo znaczącą fenomenologiczną i ontologiczną interpretację technologii, interpretację, która nie postrzega technologii jedynie z instrumentalnego i zewnętrznego punktu widzenia. Kwestie, które porusza, są w rzeczywistości bardzo pilne, zwłaszcza teraz, gdy mamy nowe interpretacje pojawiające się wokół nowoczesnych technologii. Jako *gotowi do działania* wykorzystujemy technologie i korzystamy z ich zewnętrznych i dyskretnych relacji z nimi jako instrumentów, nie zwracając uwagi na ich ontologiczne i odtwórcze skutki dla nas, którzy je wykorzystujemy. Wydaje się, że Heidegger zdał sobie sprawę z tego problemu później, co doprowadziło do jego późniejszej transcendentnej filozofii technologii, jak wyjaśnię. W dalszej części mojej dyskusji skupię się na tym, że nawet jeśli różne technologie znacząco łączą nas ze światem, to w ich przejrzystym zastosowaniu w rzeczywistości restrukturyzują i odtwarzają naszą podmiotowość w tle.

3.6 Technologia w późniejszym Heideggerze

3.6.1 Koncepcja technologii Greków (*Techné, Poésis* i *Episteme*)

W poprzednim podrozdziale zademonstrowałem, że dla Heideggera uznanie technologii za instrument i działanie nie mówi nam wiele o prawdziwej istocie technologii i dalej wskazałem, że narzędzia technologiczne jakich używamy mają ludzką wadę odtwarzania. Ponieważ instrumentalne spojrzenie na technologię jest niewystarczające, Heidegger stawia sobie za cel odnalezienie prawdziwej istoty nowoczesnej technologii i czyni to poprzez kwestionowanie jej działania. Heidegger pojmuje technologię jako sposób na *ujawnienie* lub wydostanie się z ukrycia. Jak dochodzi do wniosku, że technologia jest sposobem na *ujawnienie*? Heidegger musiał odwoływać się do Greków, aby szukać oryginalnego i dosłownego znaczenia słowa technika.

---

[170] Andrew Feenberg, "Krytyczna ocena Heideggera i Borgmanna" w: Robert Scharff i Val Dusek, *Filozofia technologii: The Technological Condition An Ontology,* Op. Cit., 334.

Słowo *technologia wywodzi* się z greckiego słowa *techné*, które oznacza umiejętności, sztukę i rzemiosło, jak również sposób wykonywania lub wytwarzania w zakresie produkcji. Heidegger posuwa się do tego, że mówi:

> "...*techné* to nazwa nie tylko działalności i umiejętności rzemieślnika, ale także sztuki umysłu i sztuk pięknych. *Techné* należy do przynoszenia na start, do *poezji*; to coś *poetyckiego*."[171]

Jest to *poetyckie* w tym sensie, że dzięki *technice powstaje* coś nowego. Jest to sposób na wydobycie czegoś z ukrycia do nieskrycia. Najlepszym przykładem na wyjaśnienie tego jest *technika* wykonania ludzkiego posągu. Jest to sposób wydobywania, ukazywania lub manifestowania piękna natury ludzkiego ciała. Heidegger kontynuuje intrygującą argumentację, że "to, co jest decydujące w *technice,* wcale nie polega na robieniu i manipulowaniu, ani na używaniu środków, ale raczej na wyżej wymienionym ujawnianiu". To tak odkrywcze, a nie produkcyjne, że *techné* jest przynoszeniem na przód",[172] sposobem na ujawnienie rzeczywistości. Dlatego *techné* jako rzemiosło jest również *teché* jako sztuka. Widzimy[173], że *techné* w tym sensie rzemiosła jest bardzo silnie związane z *poezją,* greckim słowem, od którego pochodzi angielskie słowo poezja. Poezja utożsamiana jest z produkcją lub ujawnieniem w tym sensie, że każda czynność, która podejmuje się *spowodować* pewne skutki i tak dalej, z założonym celem pewnego rodzaju obiektu w umyśle (produkcja w ogóle), jest rodzajem poezji/poezji, nawet jeśli zazwyczaj nie myślimy o takich przedsięwzięciach jako o *poetyce.*

Co więcej, poezja jest *procesem*, w którym coś, czego nie było, co nie jest *obecne, jest tworzone*, przynoszone dalej, *produkowane* i jako takie staje się czymś, co jest dla nas *obecne. Został* nam przedstawiony dzięki sposobom jego okazywania. *Poezja*, według Heideggera, jest w zasadzie rozumiana jako rodzaj produkcji, co on określa jako przynoszenie na przyszłość.[174] W przytoczonym fragmencie przez *poezję rozumie się* poezję, *właśnie w sensie* przynoszenia na świat, czyli produkowania lub tworzenia. Tak więc jest to sztuka wprowadzania do obrazu

---

[171] Martin Heidegger, *The Question Concerning Technology and Other Essays,* Op. Cit., 13; Don Ihde, *Heidegger's Technologies: Postphenomenological Perspectives,* Op. Cit., 33; Don Ihde, "Heidegger's Philosophy of Technology", w: Robert Scharff i Val Dusek, *Philosophy of Technology: The Technological Condition An Ontology,* Oxford: Blackwell Publishing Limited, 2003, 280.

[172] Ibidem; Peter-Paul Verbeek, *What things do*, Op. Cit., 51.

[173] Don Ihde, "Heidegger's Philosophy of Technology," w: Robert Scharff i Val Dusek, *Philosophy of Technology: The Technological Condition An Ontology,* Op. Cit., 280.

[174] Walter A. Brogan, "The Intractable Interrelationship of *Physis* and *Techné" w Heidegger i Grekach: Interpretacyjne eseje,* redagowane przez Drew A. Hylanda i Johna Panteleimona, Bloomington i Indianapolis, Indiana University Press, 2006, 44-5.

rzeczywistości czegoś. Poezja, podobnie jak podstawowe znaczenie jej etymologii, jest produkcją i sposobem na *ujawnienie* czegoś, co jest ukryte, co wcale nie leży w nowoczesnej i konwencjonalnej koncepcji technologii, która jest zacumowana do schematu środka-końca ludzkiej instrumentalności przeciwko naturze lub manipulacji naturą[175]. Poezja polega na *odkrywaniu*, gdzie to, co ma być ujawnione, jest nieskazitelnie czyste i oryginalne, bez żadnej formy manipulacji.

Ponadto, zarówno *poezja*, jak i *technika* są związane z ideą *episteme*[176] lub wiedzy. *Episteme po raz* pierwszy został użyty przez Arystotelesa pod wpływem Platona, aby oznaczać mądrość lub wiedzę. Innymi[177] słowy, *episteme* ma do czynienia z wiedzą w najszerszym tego słowa znaczeniu, gdzie dziś otrzymujemy słowo epistemologia, oznaczające wiedzę, która dla Heideggera jest również *odkrywcza*.[178]

Łącząc *techné*, *poesis* i *episteme*, czyli łącząc siłę tworzenia (*techné*) jako przede wszystkim sposób przynoszenia-początku (*poiesis*), w którym to, co ujawnia się, jest prawdą (*episteme*), choć różne, widzimy, że mają tę samą istotę, wszystkie są procesami ujawniania, manifestowania, przynoszenia-początku, wytwarzania i otwierania.

Jak wspomniano wcześniej, to, co Heidegger robi w swoim dramatycznym wyrazie, to odcięcie nas od konwencjonalnego, potocznego i instrumentalnego rozumienia technologii jako produkcji, "środka do celu", w kierunku idei technologii jako oryginalnej formy odkrywania prawdy, ujawniania światów i ludzi, a w konsekwencji formy *bycia w świecie*. Utrzymuje on przede wszystkim, że "technologia jest trybem *odkrywania"*. Technologia pojawia się w sferze, w której ma miejsce ujawnianie i nie ukrywanie, w której dzieje się *Aletheia*, prawda".[179] Oto, co stanowi oryginalne, istotne znaczenie technologii dla Heideggera. Jeśli bowiem dobrze go zrozumiemy, istotą technologii jest poetycki proces wprowadzania czegoś w teraźniejszość oraz, jako sposób ujawniania, który *obramowuje* świat, który w tym procesie jest rozwinięty lub nieskrywany. W tym sensie *techné, poiesis* i *episteme* odnoszą się do siebie[180] w użyciu Heideggera.

---

[175] Tom Greaves, *Począwszy od Heideggera,* Op. Cit., 151.

[176] Martin Heidegger, *The Question Concerning Technology and Other Essays,* Op. Cit., 13; Michael Zimmermann, *Heidegger's Confrontation with Modernity: Technology, Politics, Art,* Op. Cit., 231.

[177] Martin Heidegger, "Nowoczesna nauka, metafizyka i matematyka", w: "Pisma *podstawowe": Od "Bycia i czasu" (1927) do "Zadania myślenia" (1964)*, Op. cit., 195.

[178] Martin Heidegger, *The Question Concerning Technology and Other Essays,* Op. Cit., 13.

[179] Ibid., 13; Walter A. Brogan, "The Intractable Interrelationship of *Physis* and *Techné"* w *Heideggerze i Grekach: Eseje Interpretacyjne,* Op. Cit., 46.

[180] Carl Mitcham, *Thinking Through Technology: The Path Between Engineering and Philosophy,* Op. Cit., 118; Walter A. Brogan, "The Intractable Interrelationship of *Physis* and *Techné"* w: *Heidegger and the Greeks: Eseje Interpretacyjne,* Op. Cit., 54-5.

W następnym podrozdziale wyjaśnię, jak Heidegger stosuje koncepcję ujawniania lub sprowadzania do technologii poprzez analizę swojej myśli o technologii jako *enframing*, czyli jako szczególny sposób podejścia do rzeczywistości, dominujący i kontrolujący, w którym rzeczywistość może pojawić się tylko jako surowiec do manipulacji. Jako istoty ludzkie tak bardzo polegamy na technologicznie uporządkowanym i zorganizowanym sposobie odnoszenia się do świata fizycznego. Ale musimy pamiętać, że to, co robimy światu, robimy także sobie. Dlaczego? Ponieważ (jak wyjaśniono w poprzednim rozdziale), świat jest częścią naszej struktury egzystencjalnej. Wraz z innymi bytami tworzymy świat, a zatem każde jego zniszczenie oznacza również samozniszczenie.

3.6.2 Koncepcja nowoczesnej technologii Heideggera

Wcześniej w tym rozdziale wyjaśniłem twierdzenie Heideggera, że narzędzia technologiczne łączą nas ze światem, a także argumentowałem, że technologia przeszła od bycia zwykłymi narzędziami do zjawiska, które odtwarza ludzką podmiotowość. W tej części przeanalizuję koncepcję nowoczesnej technologii Heideggera, ze szczególnym uwzględnieniem jej *istoty*. Mój kontrowersyjny argument jest taki, że nowoczesna technologia jest formą prawdy *ujawniającej*, która pod wieloma względami różni się od greckiego pojęcia *techné* i *poiesis*, ponieważ bezpośrednio odtwarza naturę i ludzką podmiotowość w instrumenty służące własnym celom, zamiast im służyć (ludziom i naturze). Dla celów metodologicznych najpierw wyjaśnię co Heidegger oznacza przez *esencję* nowoczesnej techniki, a w następnym podrozdziale pokażę jak stosuje on nowe pojęcie tej esencji nowoczesnej techniki do natury i do człowieka.

3.6.2.1 Zrozumienie istoty nowoczesnych technologii

Tradycyjne rozumienie *istoty* to to, *co, natura, idea* lub *definicja* rzeczy; to, co odnosi się do podstawowego zbioru właściwości, który określa skład podmiotu. Ale Heidegger wydaje się nie akceptować tego sposobu rozumienia *istoty* i uważa ten ontologiczny opis za definicję "nieistotnej istoty", jak wyjaśnia:

> "Na czym polega zasadnicza istota czegoś"? Prawdopodobnie leży to w tym, czym jednostka *jest* w prawdzie. Prawdziwa istota rzeczy jest określona przez prawdę danej istoty. Ale teraz szukamy

nie prawdy o istocie, ale istoty prawdy... Uważamy, że ta istota wspomina greckie słowo *alètheia,* ukrywanie istot".[181]

Jak zaznaczono w tekście, dla Heideggera *esencją* zasadniczą jest to, co jest w danej istocie i co wyraża jej *prawdziwą istotę* w nieukrywanym lub ujawniającym się. Jest to *prawda*, z którą zgadza się nasz współczucie w *pozwalaniu istotom być*. Heidegger zdaje się podnosić krytyczny problem kartezjańskiej i kantyjskiej tradycyjnej epistemologii, która poszukuje obiektywnej prawdy i wiedzy. Czyni to, wyjaśniając, czym jest byt z jego abstrakcyjnych i uniwersalnych właściwości, w celu określenia jego obiektywności w stosunku do znającego go podmiotu. Heidegger uważa, że jest to matematyczny, fizyczny i zewnętrzny sposób rozumienia istoty, który przesłania wewnętrzny aspekt relacji między ludźmi i przedmiotami.[182] Rozumiejąc istotę jako nieukrywaną, Heidegger podważa tradycyjne podejście do technologii.

Stosując koncepcję *istoty* Heideggera jako *objawienia* dla technologii, podobnie jak jego analiza narzędziowa, Heidegger poszukuje ontologii technologii, która sięga dalej niż wyjaśniana wcześniej dominująca relacja instrumentalna, zewnętrzna i dystansowa. Innymi słowy, technologia nie jest zasadniczo instrumentalna.[183] *Istotą* technologii jest coś zupełnie innego, jak mówi:

"Tak jak istota drzewa, to co przenika każde drzewo, jak drzewo, nie jest samo w sobie drzewem, które można spotkać wśród wszystkich innych drzew, tak istota technologii nie jest bynajmniej niczym technologicznym."[184]

To, co Heidegger oznacza w tekście *technologicznym,* to przyzwyczajone odniesienie do specyficznej funkcji obiektów technologicznych,[185] a ludzka działalność związana z wyposażeniem środków do osiągnięcia pożądanego celu. Dla niego zaciemnia to bardziej oryginalne i istotne znaczenie technologii, a mianowicie, że technologia nie jest zwykłym procesem tworzenia, jak to ma miejsce w przypadku *techné*, ani zwykłą rzeczą; nie jest

[181] Martin Heidegger, "The Origin of the Work of Art", w: *Basic Writings from Being and Time (1927) to The Task of Thinking (1964), op.* cit., 112; Ibidem, *Basic Concepts*, trans. Gary Aylesworth, Bloomington: Indiana University Press, 1993, 176.
[182] Charles Guignon, *Heidegger and the Problem of Knowledge,* Op. Cit., 161.
[183] John Loscerbo, *Being and Technology: Studium Filozofii Martina Heideggera w* Hadze: Martinus Nijhoff Publishers, 1981, 130.
[184] Martin Heidegger, *The Question Concerning Technology and Other Essays,* Op. Cit., 4.
[185] Andrew Feenberg, *Technologia przesłuchań,* Op. Cit., 202.

gadżetem high-tech, ale jest podstawowym sposobem *ujawniania* lub ujawniania rzeczywistości.[186]

Zaprzeczanie przez Heideggera instrumentalnemu znaczeniu technologii może niektórym wydawać się dziwnym sposobem myślenia. Co więcej, tacy ludzie mogą zastanawiać się, dlaczego Heidegger wciąż poszukuje znaczenia technologii, jeśli wszyscy już wiedzą, czym *jest* technologia, przynajmniej z konwencjonalnego lub tradycyjnego punktu widzenia. Jednak podważając instrumentalną koncepcję technologii, uważam, że Heidegger jako filozof ma rację, nie próbując wypychać ekspertów z ich dziedziny i mówić im, co powinni robić. Odmawia podania funkcjonalnej koncepcji obiektów technologicznych. Jeśli pojmujemy nowoczesną technologię instrumentalnie, to jest to położenie jej na czysto *ontycznym* poziomie; stanowisko, które on widzi jako nieadekwatne, jak wyjaśniłem wcześniej. Koncepcja technologii zarówno jako instrumentu, jak i działalności ludzkiej (na poziomie *ontycznym*) nie oznacza, że jest ona fałszywa. W rzeczywistości Heidegger podkreśla, że instrumentalne spojrzenie na technologię jest *powierzchownie* poprawne, ale wcale nie jest *prawdziwą* istotą nowoczesnej technologii.[187] Jak już wcześniej wyjaśniłem, Heidegger zgadza się z obydwoma zastosowaniami i znaczeniami, ale uważa je za niewystarczające, a nawet niebezpieczne, ponieważ daje fałszywe wrażenie wyższości człowieka i nie pozwala na kompleksową filozofię technologii, która wyraźnie wydobędzie jego prawdziwą dynamikę operacyjną.

Hipotetycznie, jeśli Heidegger ma rację, zaprzeczając instrumentalne i antropologicznemu znaczeniu technologii, musi być coś, co albo jest oczywiste w nowoczesnej technologii, albo wymknęło się rozważaniom antropologicznym i instrumentalnym. Pytanie brzmi: Jeśli tak, to co to jest? Ihde daje nam odpowiedź na to pytanie, wyjaśniając, że Heidegger chce potwierdzić, że technologia jest nie tylko ontologiczna, ale także ontologiczna.[188] Sam Heidegger mówi:

> "Bo technologia nie wraca do *techné* Greków tylko z nazwy, ale wywodzi się historycznie i zasadniczo z *techné* jako tryb *aletheuein*, *tryb odkrywczy*, czyli manifestowania istot".[189]

[186] Trish Glazebrook, *Heidegger's Philosophy of Science,* Op. cit., 245; Richard Rojcewicz, *The Gods and Technology: A Reading of Heidegger,* Nowy Jork: The University of New York Press, 2006, 109.

[187] Martin Heidegger, *The Question Concerning Technology and Other Essays,* Op. Cit., 21.

[188] Don Ihde, *Heidegger's Technologies: Post-fenomenologiczne perspektywy, op.* cit., 31-2; Peter-Paul Verbeek, *What things do, op.* cit., 61.

[189] Martin Heidegger, "List o humanizmie", w "*Podstawowych pismach": Od "Bycia i czasu" (1927) do "Zadania myślenia" (1964)*, Op. cit., 166.

To, co Heidegger argumentuje w tekście, który dodatkowo wyjaśnia jego negację instrumentalnego rozumienia technologii, to fakt, że technologia w jej ontologicznym znaczeniu jest nie tylko zbiorem wytworzonych rzeczy i działań, ale także sposobem prawdy lub polem, w którym mogą pojawić się rzeczy i ludzkie działania.[190] Tak więc *istota* technologii nie jest sama w sobie technologiczna, ale raczej *egzystencjalna*, rodzaj istotnej, wewnętrznej relacji pośredniczącej, jaką mamy z rzeczywistością w świecie przyrody, w tym z naszymi samymi sobą.

Staraniem Heideggera jest zilustrowanie technologicznego ujawniania nowoczesnej technologii i jej rekonstrukcyjnego charakteru,[191] jako odmiennego od Greków sposobu *ujawniania* lub odnoszenia się do rzeczywistości[192] oraz od koncepcji ludzkiej podmiotowości jako nieukrywanego ontologicznego znaczenia bytów opisanych wcześniej w poprzednim rozdziale. Uwagi Heideggera:

> "...ujawnienie, które dominuje w całej nowoczesnej technologii, nie rozwija się w kierunku przynoszenia na rynek w sensie *poezji*. Ujawnienie tych zasad we współczesnej technologii stanowi wyzwanie, które stawia przed naturą nieuzasadnione żądanie, aby dostarczała ona energię, która może być wydobywana i magazynowana jako taka *dla celów ludzkich.* "[193]

Heidegger twierdzi, że nowoczesna technologia ustawia lub rzuca wyzwanie naturze w *rezerwat*, który nazywa *Bestand, co odnosi się* do magazynu lub przechowywania dostępnych surowców[194] czekających na przyszłą optymalizację zgodnie z wolą człowieka. Oznacza to, że pytanie dotyczące technologii jest zasadniczo związane z kwestią naszego stosunku do natury i do nas samych jako części natury. Nowoczesna technologia, argumentuje Heidegger, wskazuje na coś istotnego w konstytucji naszej ontologii, naszym sposobie *bycia w nowoczesnym świecie, który postrzega* jako mający nieodłączne niebezpieczeństwa. Uważa on, że sposób ujawniania w nowoczesnej technologii wymyka się ludzkiemu zrozumieniu i kontroli. W *QCT*, Heidegger argumentuje:

---

[190] Don Ihde, "Heidegger's Philosophy of Technology," w: Robert Scharff i Val Dusek, *Philosophy of Technology: The Technological Condition An Ontology,* Op. Cit., 279.

[191] Andrew Feenberg, *Między rozumem a doświadczeniem: Essays in Technology and Modernity,* Op. Cit., 193.

[192] Martin Heidegger, *The Question Concerning Technology and Other Essays,* Op. Cit., 12-4

[193] Ibidem, 14.

[194] Peter-Paul Verbeek, *What things do*, Op. Cit., 54.

"*Enframing* jest zgromadzeniem, które należy do tego zgromadzenia, które stawia człowieka i stawia go w pozycji do ujawnienia prawdziwego, w trybie rozkazu, jako rezerwy stałej. Jako ten, który jest w ten sposób wyzwany, człowiek znajduje się w istotnej sferze *enframingu*".[195]

Obawy Heideggera wskazują na to, że istota nowoczesnej technologii nie kończy się na *Bestand.* To sięga głębiej, by twierdzić, że to sam człowiek. Wyjaśnia ten punkt w formie pytania: "Kto dokona trudnego ustawienia, przez które to, co nazywamy prawdziwym, objawia się jako *rezerwowe stanowisko*? Jasne, stary."[196] W dalszej części tego rozdziału zajmę się szczegółowo pojęciem *rezerwy standingowej* w odniesieniu do podmiotu ludzkiego. Można jednak zadać jeszcze jedno pytanie: Do jakiego stopnia człowiek rzeczywiście wie, że to on jest tym, do czego odwołuje się *enframingowa* natura technologii? Krytyczne jest to, że to fundamentalne pytanie wydaje się wycofywać ze świadomości człowieka. Heidegger uważa, że sam człowiek nie wie, że jest tym, którego bezpośrednio lub pośrednio twierdzi technologia. Wystarczy spojrzeć na świat produkcji technologicznej i konsumpcjonizmu, aby zrozumieć, że człowiek nie jest świadomy, jak bardzo się o nim mówi. Czasami, poprzez bezrefleksyjne wykorzystanie technologii, odpowiadamy na sposób bycia, który jest *zamknięty w sobie,* gdzie przyjmujemy ramy technologii jako jedyny odpowiedni standard radzenia sobie z lub ujawniania/odkrywania bytów i dlatego to zaciemnia, marginalizuje, wypiera i dewaluuje inne, bardziej fundamentalnie ludzkie, sposoby rozumienia i odnoszenia się do rzeczy, takich jak poezja, sztuka, itp.

Podsumowując, Heidegger w swojej analizie *istoty* nowoczesnej technologii wydaje się wskazywać na następujące kwestie: Widzi on nowoczesną technologię reprezentującą nowy stan egzystencjalny współczesnego podmiotu, w którym relacja między technologią a człowiekiem, a także sposób, w jaki pojawia się świat, stanowi punkt krytyczny wejścia do FO technologii, która jest wyjątkowa i wyłączna. Nowoczesna technologia polega na innym sposobie ujawniania niż *technika* Greków, ponieważ nie jest już *ujawnieniem* bytów, w tym człowieka, w ich ontologicznym znaczeniu. Jest to raczej wyzwanie, które stawia przed naturą i przyspiesza jej energię poprzez odblokowanie jej i wepchnięcie człowieka w relację, która jest manipulacyjna, jednostronna, to znaczy wydobywanie energii z natury w sposób[197], który prowadzi nas do ujawnienia wszystkiego w sposób uporządkowany w określony sposób,[198] wykluczając wszelkie inne możliwości, które są dla nas dostępne w odniesieniu do tego, jak

[195] Martin Heidegger, *The Question Concerning Technology and Other Essays,* Op. Cit., 24.
[196] Ibidem, 18.
[197] Ibidem, 27.
[198] Peter-Paul Verbeek, *What things do*, Op. Cit., 54.

można ujawnić rzeczywistość. W kolejnej części pokażę, jak Heidegger stosuje pojęcie *enframing* jako *przeznaczenie* współczesnego świata, podważając w ten sposób ludzką podmiotowość i samodzielność. Zasadnicze znaczenie ma jednak fakt, że analiza technologii Heideggera (którą przedstawię) nie jest tylko badaniem teorii technologicznej. Jest to raczej fenomenologia technologicznego sposobu bycia, która rozwija się z jego wczesnej myśli, którą przedstawiłem w poprzednim rozdziale i na początku tego rozdziału. Rozumiem przez to, że dla Heideggera musi istnieć *egzystencjalna* (ontologiczna) relacja pomiędzy *istotą* nowoczesnej technologii jako *Bestand* a ontologicznym znaczeniem bytów, które ma tendencję do ujawniania.

3.6.2.2 Nowoczesne technologie "ramy" Natura jako rezerwat przyrody

Wyjaśniono, że Heidegger używa terminu *enframing,* aby wyjaśnić sposób, w jaki ludzie, jako użytkownicy nowoczesnych technologii, zaczęli odnosić się do świata, dosłownie umieszczając go w *ramach* zapasów zasobów do eksploatacji. Ta inwazja natury jako naszego *mieszkania* lub *domu* zmienia nasz związek z nim poprzez wymazanie tego bezpośredniego doświadczenia intymności i hojności natury.[199] Mój argument w tej części jest taki, że choć technologia umożliwia ponowne doświadczenie świata poprzez zwiększenie naszego uznania i zrozumienia zjawisk naturalnych, to jednak ogranicza ona również sposób, w jaki natura jawi się nam w bardzo szczególny i wyjątkowy sposób. Heidegger zasadniczo opisuje nowoczesną technologię w myśleniu współczesnego podmiotu jako coś, co angażuje jego podtrzymujące środowisko w bardzo ograniczający, pasożytniczy i zorientowany na zasoby sposób.[200] Przemysł górniczy jest dobrym przykładem ilustrującym inwazję technologii na przyrodę. Dziś ziemia jest postrzegana jako obiekt, z którego można wydobywać węgiel i rudę oraz gaz, jako źródło energii, magazynowane tak, aby ludzie mogli z niego korzystać do woli. Problem polega jednak na tym, że nie bierze się pod uwagę ani nie szanuje tego, jaka jest już natura i nasza odpowiedzialność wobec niej. Zamiast tego, natura jest zredukowana tylko do bardzo osobliwego aspektu samego siebie, jako coś, co składa się z rzeczy i przedmiotów, które mogą być używane, lub jako coś, co może być kontrolowane przez ludzką wolę.[201]

---

[199] Albert Borgmann, *technika i charakter współczesnego życia: A Philosophical Inquiry,* Op. Cit., 182ff.
[200] Martin Heidegger, *The Question Concerning Technology and Other Essays,* Op. Cit., 27.
[201] Ibidem, 26.

Ta manipulacyjna technologizacja jest ontologicznie zdrobniałą transformacją wszystkich podmiotów w funkcjonalne zasoby czekające na dalszą optymalizację.[202] Mówi Heidegger:

> "Wszędzie rozkazuje się stać, być natychmiast pod ręką, naprawdę stać tam tylko po to, żeby być na zawołanie do dalszego zamawiania. Cokolwiek jest w ten sposób uporządkowane, ma swoją własną pozycję. Nazywamy to rezerwatem standingowym (*Bestand*). Wyznacza on nie mniej niż sposób, w jaki wszystko, co jest obecne, jest tworzone przez trudne do ujawnienia. Cokolwiek stoi na przeszkodzie w tym sensie - rezerwat nie stoi już przeciwko nam jako obiekt.[203]

Heidegger twierdzi, że nowoczesna technologia manipuluje naturą, narzuca jej, podważa jej ontologiczną i strukturalną integralność na niezliczone sposoby, abyśmy mogli żądać od niej więcej, wydobyć z niej więcej, ułożyć ją z nieugiętą gorliwością narzucającego się inkwizytora. Innym przykładem, który Heidegger podaje w celu wyjaśnienia kontrastu między starymi i nowoczesnymi technologiami, jest wytwarzanie energii wodnej.[204] Dla Heideggera, drewniany most ujawnia obecność rzeki, ale nowoczesna technologia elektrowni wodnej ujawnia rzekę jako źródło energii i system wytwarzania energii wodnej. Rzeka nie jest już postrzegana jako obiekt z autonomią, ale jest przekształcana w obiekt, który ma być używany na wezwanie.[205] Przy tej logice działania, rzeczy mają znaczenie tylko wtedy, gdy podlegają tej uniwersalnej i obiektywnej definicji technologii. Pomysł *na to, które* z *gotowych* narzędzi, omówiony we wczesnej interpretacji narzędzi przez Heideggera, zmienia swoje znaczenie we współczesnej nauce i technice. Współczesna nauka i technika zastąpiły pierwotną postawę *troski*, jaką człowiek powinien żywić wobec natury, a także zastąpiły to*, które* z narzędzi technologicznych (czyli całość znaczenia), wiedzą zdobytą dzięki badaniom.[206] Na swojej wysokości, cokolwiek stoi na wysokości w sensie zasobu do optymalizacji, nie stoi już przeciwko nam jako podmiotowi z własną specyficzną istotą.[207]

Feenberg, wyjaśniając koncepcję Heideggera jako *"rezerwat przyrody",* mówi, że "nowoczesna technologia pozbawia *świat* swoich materiałów i *wzywa* naturę do poddania się zewnętrznym wymaganiom". Zamiast świata rzeczy autentycznych, zdolnych do gromadzenia

---

[202] Iain Thomson, *Heidegger On Onto-theology: Technologia i polityka edukacyjna,* Nowy Jork: Cambridge University Press, 2005, 75.
[203] Martin Heidegger, *The Question Concerning Technology and Other Essays,* Op. Cit., 17.
[204] John Loscerbo, *Being and Technology: A Study in the Philosophy of Martin Heidegger,* Op. Cit., 138.
[205] Martin Heidegger, *The Question Concerning Technology and Other Essays,* Op. Cit., 16.
[206] David Kolb, *The Critique of Pure Modernity: Hegel, Heidegger i After,* Op. Cit., 125.
[207] Ibidem, 17.

różnorodnych kontekstów i znaczeń, pozostaliśmy z "bezobiektywną" stertą funkcji".[208] Świat, w który jesteśmy *wrzuceni we* wcześniejszej myśli Heideggera, nie ma już znaczenia we współczesnej technologii i dlatego ludzka odpowiedzialność wobec natury zostaje unieważniona. Świat jako horyzonty ontologicznych znaczeń, poprzez które człowiek przejawia swoją odkrywczą rolę, zostaje zniszczony i w równym stopniu zniszczony zostaje stosunek do tego świata. Jest to teraz relacja manipulacji, która nie jest wolna w sensie dopuszczania do pojawiania się podmiotów. Wyraża się to w działaniach współczesnych naukowców, ożywiających każdy zakątek strukturalnej integralności Ziemi nie z innego powodu, jak tylko po to, by rozszerzyć dziedzinę badań, czyniąc jednostki pełniejszymi i szerzej obliczalnymi, bez dalszego rozwodzenia się nad *tym, co*[209] i *dla jakich* celów własnych, za czym Heidegger argumentował w swojej koncepcji ludzkiej podmiotowości i *egzystencjalności* omówionej w poprzednim rozdziale. W komentarzu na temat *Heideggera i nowoczesności*, uwagi Zimmermana:

> "...próba uczynienia wszystkiego bliskim i dostępnym wynika z coraz bardziej jednowymiarowej ontologii nowoczesności: wszystko wydaje się być niczym innym, jak tylko różnymi rodzajami materii, które mogą być używane i włączane do woli".[210]

To, do czego Zimmerman odnosi się tutaj, to nieukryta wola władzy, w której ludzie chętnie badają wszystko, co kryje się w naturze.[211] Jednak ten sam impuls wyobcowuje ludzi z intymnego związku z naturą, ponieważ natura jest postrzegana jedynie jako miejsce, z którego współczesny człowiek może uzyskać wiedzę. Heidegger wyjaśnia ten stosunek do natury, gdy mówi, że współczesna nauka i technika to po prostu ciekawość;[212] chodzi o to, jak świat na zewnątrz jest przez nas postrzegany i obiektywizowany. Nowoczesna nauka i technologia, jak myśli Heidegger, to fakty z całego świata i teorie, jak do nich dotrzeć. Współczesna nauka i technika uczyniły nasz wiek wiekiem *obrazu świata*, w[213] którym istota bytów (ich zrozumiałość, sposoby, w jakie mogą się manifestować) jest obecnie zdeterminowana przez wymagania ludzkiej myśli i działania,[214] w sposób, który traktuje człowieka jako przedmiot

---

[208] Andrew Feenberg, *Technologia przesłuchań,* Op. Cit., 184; Michael Zimmerman, *Konfrontacja Heideggera z nowoczesnością: Technologia, Polityka, Sztuka,* Op. Cit., 140.
[209] Joseph Rouse, "Heidegger's Philosophy of Science", w *A Companion to Heidegger,* op. cit., 184-6.
[210] Michael Zimmerman, *Heidegger's Confrontation with Modernity: Technology, Politics, Art,* Op. Cit., 151.
[211] John Loscerbo, *Being and Technology: A Study in the Philosophy of Martin Heidegger,* Op. Cit., 118.
[212] Przedstawić poprzedni rozdział dotyczący języka.
[213] Martin Heidegger, *The Question Concerning Technology and Other Essays*, Op. Cit., 127.
[214] Michael Zimmerman, *Heidegger's Confrontation with Modernity: Technology, Politics, Art,* Op. Cit., 185.

nauki. W następnym podrozdziale, a także w następnym rozdziale, wyjaśnię jak ludzie stają się obiektami nauki i techniki.

Heidegger odnajduje to założenie w przyrodzie rozciągniętej na wszystkie inne obszary świata fizycznego, gdzie góry, powietrze, minerały, rośliny i zwierzęta są wprowadzane w centrum uwagi, tak aby były postrzegane w nowym świetle współczesnej machinacji[215]. Wszystkie odległości są poddawane obliczeniom i obróbce mechanicznej, co prowadzi[216] do ich ontologicznego rozpuszczenia. Jest to zasadniczo inny sposób, w tym sensie, że jest instrumentalny, kalkulacyjny i podrzędny, zmniejszający inność, cel, znaczenie i niepowtarzalność przedmiotów w świecie, ponieważ każda logika jest odwrócona. Nie *ma* już świata, ani nie otrzymujemy jego faktoryczności; raczej *faktoryczność* zaczyna się od naszej projekcji tego, co już zostało z góry ustalone. W tym całym procesie ludzie tworzą obraz świata. Kadrują ten obraz i zawsze widzą ten obraz świata przez obiektyw technologii, co prowadzi do zaniku rzeczywistego świata przedmiotów[217]. Obiektywność, jak na ironię, rozpuszcza się całkowicie, w bezprzedmiotowości *rezerwatu,* i nic już nie *stoi przeciwko nam* jako obiekt autonomii, integralności, zdumienia i podziwu, ale trwa tylko jako obiekt ludzkiej inwazji, której brakuje szacunku[218]. Pozostaje nam abstrakcja lub obraz rzeczywistości, który niszczy dialektykę świata, który zawsze już istnieje, jako horyzont dla naszej egzystencjalności, w rozumieniu Husserla dla naszego doświadczenia życiowego, w przeciwieństwie do świata kartezjańskiego, który jest przedmiotem refleksji.[219]

Ihde stanowczo zwraca uwagę na tę ontologiczną bezsensowność bytów w ramie technologicznej, twierdząc, że "symptomatycznie natura jako ta, która 'porusza się i dąży', jako 'główka sprężyny w kłębowisku' jest zagubiona".[220] Jednostki stają się po prostu "rzeczami gotowymi na każdą ludzką ofertę". Ta[221] sama myśl jest powtórzona przez Hannah Arendt, kiedy mówi:

> "...*homo faber,* twórca narzędzi, wynalazł narzędzia i narzędzia, aby wznieść świat, nie tylko po to, aby pomóc w procesie ludzkiego życia. Pytanie więc nie tyle o to, czy jesteśmy panami czy niewolnikami naszych maszyn, ile o to, czy maszyny nadal służą światu i jego rzeczom, czy też

[215] Martin Heidegger, *The Question Concerning Technology and Other Essays,* Op. Cit., 16.
[216] Ibidem, 17.
[217] Michael Zimmerman, *Heidegger's Confrontation with Modernity: Technology, Politics, Art,* Op. Cit., 86-7.
[218] John Loscerbo, *Being and Technology: A Study in the Philosophy of Martin Heidegger,* Op. Cit., 139-40.
[219] Christopher M. Drohan, "I Think Therefore Everything Is: A brief Phenomenology of the Spirit of New Technology", w: *Semiophagy: Journal of Pataphysics and Existential Semiotics, Vol. II* (2009), 1.
[220] Don Ihde, "Heidegger's Philosophy of Technology," w: Robert Scharff i Val Dusek, *Philosophy of Technology: The Technological Condition An Ontology,* Op. Cit., 290.
[221] Martin Heidegger, *The Question Concerning Technology and Other Essays,* Op. Cit., 14-5.

przeciwnie, one i automatyczny ruch ich procesów zaczęły rządzić, a nawet niszczyć świat i rzeczy".[222]

Arendt zauważa, że problem nowoczesnej technologii jest dwojaki: Z jednej strony technologia czyni nas mistrzami naszego świata dzięki maszynom. Z drugiej strony, stawia też w naszych rękach zdolność do niszczenia świata. Wszystko przeradza się w blokadę rzeczy, które dają to, czego człowiek chce, kiedy tylko ich zażąda. Guignon w swojej pracy nad tezą o autentyczności Heideggera jasno wyjaśnia ducha nowoczesnej technologii, kiedy twierdzi, jak na ironię, że "naukowe opanowanie świata wymaga od nas przyjęcia postawy, w której jesteśmy odłączonymi podmiotami, metodycznymi i obiektywnymi obserwatorami, którzy zbierają dane i formułują teorie". Innymi[223] słowy, duch naukowy nie widzi nas - *w świecie* - jako czynników tworzących świat, ale raczej jako umysły zaangażowane w rozwój teorii, które będą wykorzystywane do badania i manipulowania światem fizycznym, tak jak sami naukowcy. Zimmerman mówi, że "zamiast stosować przemoc w celu ujawnienia bytów w i dla siebie, współczesny człowiek stosuje przemoc w celu podporządkowania bytów wyłącznie swoim potrzebom",[224] tak aby oddzielić się od naturalnego porządku rzeczy. Zwiększony zakres subiektywnej władzy i manipulacji, możliwy dzięki technologii, nie tylko niesie ze sobą niebezpieczeństwo erozji zasobów, z których można by nadać znaczenie jakimkolwiek subiektywnym działaniom, ale także erozję ontologicznej integralności tych samych zasobów.

Głęboką konsekwencją osadzania się natury jest to, że gdy rzeczywistość przekształca się w coś abstrakcyjnego, jednocześnie staje się czymś nieobecnym, a ludzkie doświadczenie zostaje podważone (w równym stopniu, subiektywnością); ludzkie ego jest upoważnione, a natura postrzegana jest jako bezwładny zestaw sił, które należy wykorzystać do ludzkich celów.[225] Mówi Heidegger:

> "Świat pojawia się teraz jako obiekt otwarty na ataki myśli obliczeniowej, ataki, którym nie wierzy się ani nie jest w stanie dłużej się opierać."[226]

Poprzez ciągłe dążenie do odkryć naukowych i wiedzy, człowiek postrzega naturę jako drugiego, *wroga w tej* materii; poświęca się ją w celu osiągnięcia odkryć naukowych lub

[222] Hannah Arendt, *The Human Condition,* Chicago: The University of Chicago Press, 1998, 151.
[223] Charles Guignon, *On Being Authentic,* Op. Cit., 31.
[224] Michael Zimmermann, *Heidegger's Confrontation with Modernity: Technology, Politics, Art,* Op. Cit., 163.
[225] Anthony Giddens, *Modernity and Self-Identity,* California: Stanford University Press, 1991, 164-5.
[226] Martin Heidegger, *Discourse On Thinking,* Op. Cit., 50.

technologicznych. Ta manipulacyjna postawa tworzy dychotomię między nauką a naturą: podczas gdy nauka reprezentuje to, co znane i postępowe, natura jest pojmowana jako chaotyczna i prymitywna, a zatem zorganizowana przez siłę umysłu. Oczywiście, głęboki tego skutek jest dwojaki: z jednej strony mamy do czynienia z utratą dla ludzkości materialnej rzeczywistości zewnętrznej, ponieważ rzeczywistość jest obecnie produktem umysłu naukowego i technologicznego. Z drugiej strony, mamy do czynienia z utratą ludzkości, ludzkości poprzez tę utratę tego (świata), który nas tworzy. Ta podwójna strata jest w zasadzie wynikiem myślenia i naszego rozumienia rzeczywistości, które zostało zredukowane do *teorii*, angażując postawę, że inne istoty i podmioty są tam po prostu dla tego, co możemy z nich wydobyć i że świat jest tam dla nas do wykorzystania.

To uporządkowanie natury w zasób jest opisane przez Heideggera jako *sztuczne*, w przeciwieństwie do *naturalnego porządku* greckiego, który szanował naturę jako przedmiot autonomii. W odróżnieniu od wykorzystania *techniki przez* Greków, natura we współczesnej myśli *technologicznej* jest obecnie zredukowana do sieci zasobów do manipulacji, alienując człowieka od jego współczucia z nią jako horyzontem, poprzez który manifestuje swoją istotę. Natura zostaje usunięta z ludzkiego zaangażowania w sposób bardziej zasadniczy i podstawowy, a tym samym traci swój charakter ontologicznego źródła odniesienia dla człowieka.[227] Cała postawa zakładania natury jest sprzeczna z koncepcją ludzkiej podmiotowości, którą widzieliśmy w poprzednim rozdziale, gdzie Heidegger pojmuje ludzki podmiot jako tego, który nadaje sens temu, co jest w świecie fizycznym.

Obiekty fizyczne są uchwycone z perspektywy ludzkiego doświadczenia i celów, a podmiot ludzki nie stoi w opozycji do świata. W kartezjańskiej epistemologii nie pojawia się kwestia potrzeby mostu tematyczno-obiektowego, ponieważ nie ma takiego mostu, który można by przekroczyć. Współczesna nauka i technika zawaliły ontologiczne odniesienie do natury, a zamiast tego stworzyły rodzaj mostu, w którym obiekty są z jednej strony postrzegane jako obiekty badań i manipulacji, z drugiej - jako zewnętrzne wobec ludzkiego znaczenia i znaczenia. Z drugiej strony mamy ludzi rozszerzających swoją manipulacyjną wolę, aby zdominować naturę. Wiąże się z tym zasadniczy problem: pozbycie się świata przyrody to także pozbycie się samego podmiotu ludzkiego. Viktor Ferkiss twierdzi:

---

[227] Anthony Giddens, *Modernity and Self-Identity,* Op. Cit., 166.

"Samowiedza ludzka jest niemożliwa w świecie, w którym natura została zniszczona do tego stopnia, że nie pozostało *nic do nauczenia się*, ani nie zmieniono tego, że nie może mówić do *ludzi*."[228]

Zanik świata, w którym aktywnie się odnosimy i uczestniczymy w definiowaniu siebie, skąd czerpiemy naszą podmiotowość, oznaczałby, że zbyt domyślnie i nieświadomie definiujemy siebie przeciwko światu naturalnemu, stąd nasza własna samodzielność. Innymi słowy, jeśli świat stanie się całkowicie pojmowany jako zasób, nad którym będzie pracowała technologia, wówczas w równym stopniu ludzkość może zacząć pojmować siebie w ten sam sposób, biorąc pod uwagę, że zniszczenie świata przez nowoczesną technologię jest w równym stopniu zniszczeniem nas samych i naszej podmiotowości. Obliczalna manipulacja naturą wkracza w rdzeń jaźni, jaźń staje się obliczeniowym żywym projektem,[229] a wszystko inne na temat jaźni zostaje rozwiązane przez rozwój wiedzy technologicznej.[230] To zniknięcie świata, które doprowadziło do wyobcowania człowieka z jego egzystencjalnego gruntu, jest miejscem, w którym Heidegger znajduje rodzaj nihilizmu osadzonego w nowoczesnej technologii. Feenberg jasno wyjaśnia ten rodzaj nihilizmu wywołanego przez nowoczesną technologię, kiedy mówi:

"...wszechświat uporządkowany po prostu przez wolę nie ma korzeni i nie ma wewnętrznego znaczenia. W takim wszechświecie człowiek nie ma żadnego szczególnego miejsca ontologicznego, lecz jest tylko jedną siłą wśród innych, jednym przedmiotem siły wśród innych".[231]

"Udana" technologiczna manipulacja naturą wzmacnia instrumentalną teorię technologii, która myśli o zmianie świata z korzyścią dla użytkownika narzędzia. Taka postawa wydaje się być wierna trzeciemu prawu ruchu Newtona. Stwierdza to, że dla każdego działania jest równa i przeciwna reakcja. Stosując to do naszych relacji międzyludzkich stwierdzamy, że miłość wywołuje miłość, miłosierdzie wywołuje miłosierdzie i tak dalej.[232] Każdy z naszych czynów wraca do nas w pewnej formie jako informacja zwrotna. Paradoks polega na tym, że kiedy działamy technologicznie na przedmiocie w świecie przyrody, wydaje się, że jest bardzo mało informacji zwrotnych, na pewno nic proporcjonalnego do naszego wpływu na ten

[228] Victor C. Ferkiss, "Toward the Creation of Technological Man", w "*Technology and Man's Future*", pod redakcją Alberta H. Teicha, Nowy Jork: St. Martin's Press, 1972, 111.
[229] Anthony Giddens, *Modernity and Self-Identity*, Op. Cit., 32.
[230] Szczegóły dotyczące technologii i wiedzy obliczeniowej wyjaśnię w kolejnej sekcji.
[231] Andrew Feenberg, *Technologia przesłuchań*, Op. Cit., 184.
[232] Andrew Feenberg, *Transforming Technology: A Critical Theory Revised*, Op. Cit., 181.

przedmiot. Jednak to pojawienie się jest iluzją, iluzją technologii. Heidegger zwraca uwagę na to iluzoryczne powiedzenie:

"Tymczasem człowiek, dokładnie tak jak ten, który tak zagroził, wywyższa się do pozycji pana ziemi. W ten sposób powstaje wrażenie, że wszystko, co spotyka się z człowiekiem, istnieje tylko wtedy, gdy jest to jego konstrukcja. Ta iluzja rodzi z kolei ostateczne złudzenie..."[233]

Iluzja, którą opisuje Heidegger, zaślepia nas trzema podstawowymi wzajemnościami działania technologicznego: przyczynowymi efektami ubocznymi technologii, zmianami w znaczeniu naszego świata i zmianami w naszej własnej podmiotowości.

Newtonowi nie można długo przeciwstawiać się; w ten czy inny sposób przejawi się reakcja. W miarę jak nowoczesne technologie stają się coraz silniejsze, coraz ważniejsze i coraz trudniejsze staje się ignorowanie negatywnych ontologicznych skutków ubocznych[234], nie wspominając już o praktycznych. Nie sposób zignorować zagrożeń, jakie stwarzają dla aktorskiego podmiotu. Nieznajomość znaczenia naukowego trzeciego prawa ruchu Newtona dla naszego związku z technologią jest iluzją współczesności. Zamiast korygować iluzję technologii, współczesny człowiek bierze tę iluzję za rzeczywistość. Wyobraża sobie, że może wykorzystać technologię do podboju świata bez konsekwencji dla siebie. Ale tylko Bóg może działać na obiekty spoza świata, poza systemem, na którym działa. Akcja technologiczna tylko demaskuje aktora; iluzja boskiej mocy w naszym stosunku do technologii jest bardzo niebezpieczna.[235] Możemy dążyć do tego, aby świat był zgodny naukowo i technologicznie z naszymi pragnieniami. Nie jest to jednak tak naprawdę podbój natury, w który jesteśmy zaangażowani, jeśli wszystko, na czym nam zależy, to przeprojektowanie się w posłuszeństwie naszym życzeniom i pragnieniom. Co więcej, jeśli w swoich działaniach będziemy patrzeć tylko na to, czego chcemy od świata, to nieuniknione jest, że zrobimy to tylko po to, aby zdać sobie sprawę, że sami się zniszczyliśmy, ponieważ jesteśmy częścią technologicznie *zamkniętego* świata.

W kolejnej sekcji I omówione zostaną skutki nowoczesnych technologii w odniesieniu do podmiotu ludzkiego, pokazując, w jaki sposób jest on bezpośrednio dotknięty w sposób odtwarzający jego podmiotowość i samorozumienie. Zamierzam dać spójną i rozwiniętą interpretację FO Heideggera w zakresie nowoczesnej technologii, odnosząc ją szczegółowo do

[233] Martin Heidegger, *The Question Concerning Technology and Other Essays,* Op. Cit., 27.
[234] Zwycięzca Langdon, *Autonomiczna Technologia: Techniki kontroli jako temat w Myśli Politycznej,* Op. Cit., 3.
[235] Andrew Feenberg, *Transforming Technology: A Critical Theory Revised,* Op. Cit., 181.

kondycji współczesnego podmiotu w świecie technologii. Jestem świadomy, że Heidegger wyraźnie rozwija swoją ontologię technologii wokół relacji człowieka do świata i tylko domyślnie odnosi się do technologii w odniesieniu do relacji człowieka do siebie samego, używając pojęć, które odnoszą się bezpośrednio do dehumanizującej natury nowoczesnej technologii. Twierdzę jednak, że konieczne jest uwzględnienie tego aspektu w jego rozliczeniu.

3.6.2.3 Nowoczesna technologia "En-frames" Ludzie

Jak wyjaśniono powyżej, filozofia technologii Heideggera wywodzi się bezpośrednio z jego ontologii; zajmuje się on statusem człowieka pośród nowoczesnej technologii. Najciekawszy zwrot w tej pracy następuje wtedy, gdy stwierdza on, że technologia jest w istocie procesem, który nie podlega kontroli człowieka, i że jest to bardzo nieuchwytne zjawisko, które tylko samo w sobie przypomina, mimo że to człowiek jest tym, który je uruchamia. Innymi słowy, my, ludzie, uczestniczymy w tym procesie, wprawiając go w ruch, ale nie kontrolujemy jego rozwoju; nie możemy się buntować przeciwko technologicznemu objawieniu rzeczywistości, ponieważ my sami ujawniamy się sobie i rozumiemy w ten sam sposób. Mówi Heidegger:

> "Wygląda na to, że człowiek wszędzie i zawsze spotyka tylko siebie samego... *W rzeczywistości jednak właśnie nigdzie człowiek nie spotyka już dzisiaj siebie samego, czyli swojej istoty*. Człowiek tak zdecydowanie opowiada się za wyzwaniem, jakim jest *enframing*, że nie pojmuje *enframing'u* jako roszczenia, że nie widzi siebie jako tego, z którym się rozmawia, a więc nie słyszy pod każdym względem tego, z czego się wywodzi, w sferze napomnienia czy przemówienia, a zatem *nigdy nie może* spotkać tylko siebie".[236]

Heidegger oznacza, że współczesny podmiot żyje jedynie złudzeniem technologii, co rodzi w jej umyśle przekonanie, że poprzez technologię "zdobywa" naturę, a nie siebie. Ale człowiek jako istota ludzka jest istotą naturalną i dlatego pojęcie i działanie podboju jest z natury paradoksalne. Ten paradoks został lapidarnie sformułowany przez Scotta Fitzgeralda: *zwycięzca należy do łupów*. Zdobywca natury jest niszczony przez własny gwałtowny atak, ponieważ jest częścią natury. Zwycięzca uważa, że jesteśmy tak zakorzenieni w technologii, że bardzo mało rozumiemy, w jakim stopniu technologie wpływają na nasze życie.[237] Lewis Clive, w sprawie podboju natury przez człowieka, wygłasza w tej sprawie oskarżające

[236] Martin Heidegger, *The Question Concerning Technology and Other Essays*, Op. Cit., 27.
[237] Zwycięzca Langdon, *Autonomiczna Technologia: Technics-out-of-Control as a Theme in Political Thought*, Op. Cit., 27.

oświadczenie: "Podbój natury przez człowieka okazuje się, w momencie jego dojrzewania, być podbojem człowieka przez naturę."[238] Iluzja podboju natury za pomocą technologii ma więc głęboki wpływ nie tylko na samą naturę, ale także na człowieka. Kiedy my ludzie podbijamy naturę, jako istoty naturalne, należące do klasy bytów *w świecie*, jesteśmy wśród podbitych poddanych. Należymy do podbitych z powodu nieuchwytnej natury nowoczesnej technologii, która wykroczyła poza ludzką działalność, którą można kontrolować. To twierdzenie prowadzi mnie do argumentu kolejnych rozdziałów, że nowoczesna technologia, oprócz rekonstrukcji natury, rekonstruuje również człowieka w zwykłego organizatora swojego procesu, podważając tym samym jego podmiotowość i poczucie celu.

3.6.2.4 Podmioty Ludzkie ujęte jako zwykli Organizatorzy Technologii

Wcześniej Heidegger zauważył, że *znaczenie wszechobecnej technologii się ukrywa*, a ja powiedziałem, że w *tym, co wydaje się być bardziej oczywiste, wiele się w nim kryje*. Wynika z tego, że nasze oczywiste rozumienie produktów technologicznych lub gadżetów, które stosujemy, komplikuje naszą relację z tymi samymi produktami, co w większości przypadków doprowadziło do naszego bezkrytycznego i naiwnego stanowiska wobec tych samych konkretnych technologii, zwłaszcza tych, którymi jesteśmy najbardziej zainteresowani. Uznane za oczywiste i bezkrytyczne korzystanie z technologicznych gadżetów lub narzędzi sprowadza nas do tego, co Heidegger nazywa zwykłymi *organizatorami* lub operatorami technologicznych narzędzi, zamkniętymi w sobie, polegającymi tak bardzo na naszych instrumentach w naszych codziennych troskach, bez poważnej refleksji nad tym, że jesteśmy już rzekomo przekształceni w zwykłych *organizatorów* technologicznych. Brak krytycznej refleksji tworzy również rodzaj biernej ontologii w odniesieniu do produktów technologicznych. Heidegger mówi zwięźle:

> "...wyzwanie gromadzi człowieka do rozkazu. To spotkanie skupia człowieka na zamawianiu prawdziwego jako rezerwatu".[239]

---

[238] Clive S. Lewis, "The Abolition of Man", w "The Abolition of Man", w "*Philosophy and Technology": Odczyty w "Philosophical Problems of Technology", pod redakcją* Carla Mitchama i Roberta Mackeya, Nowy Jork: The Free Press, 1983, 146.

[239] Martin Heidegger, *The Question Concerning Technology and Other Essays,* Op. Cit., 19.

To, co Heidegger dosłownie oznacza, że nasze istnienie jest na usługach technologii, w tym, że jesteśmy przekształcani w zwykłych *organizatorów,* aby odpowiedzieć na cały proces systemu technologicznego i działania. Ta technologiczna redukcja naszej podmiotowości do uporządkowania technologicznego działa pod kartezjańskim wpływem, który dzieli naturę i człowieka, tak że świat jest obiektywizowany jako coś do uporządkowania, co w konsekwencji podważa naszą objawową istotę. Jako *organizatorzy* jesteśmy zmuszeni zrezygnować z naszego wewnętrznego stosunku do rzeczy, aby pracować z instrumentalną logiką technologii, bez żadnego nowego objawienia możliwego do osiągnięcia na końcu procesu technologicznego, ponieważ działamy mechanicznie w ramach systemu technologicznego. W takich działaniach nasze życie staje się nie tylko abstrakcyjne, bezdomne i bez świata, ale jednolite, monotonne i mechaniczne. Całe nasze życie i wszystkie myśli stają się epigonem, naukowo przewidzianym. Heidegger argumentuje, że zanikanie natury i nasza transformacja w *organizatorów* zagraża naszemu stosunkowi do nas samych i do wszystkiego, co istnieje, do tego[240] stopnia, że jesteśmy odcięci od tego tajemniczego gruntu (nas samych jako tych, którzy ujawniają byt), co prowadzi nas do tego, że zaczynamy cierpieć na bezsensowność naszego istnienia.

W procesie bycia zwykłymi *organizatorami* technologicznymi i, w celu prawidłowego funkcjonowania zgodnie z technologiczną strukturą działania, my moderny zwróciliśmy się ku cyfrowemu i zmechanizowanemu podejściu do życia za pomocą przycisków. Najlepiej ilustruje to nasza miłość do samochodów i innych maszyn cyfrowych. W chwili, gdy cofamy się do naszych foteli samochodowych i telewizyjnych i kierujemy światem za pomocą pilota, marzy nam się stare, dawno zapomniane marzenie z dzieciństwa o ogromnej mocy własnej. Jesteśmy zahipnotyzowani ideą zdalnego sterowania. Jednak skutki tego są bardzo głębokie; nasza służba naszym samochodom i innym maszynom odbiera nam coś z naszej natury; naszą wolność, ponieważ jesteśmy kontrolowani przez naszą technologię i nie możemy bez niej nic zrobić. Koła i przyciski dają nam fałszywe poczucie (iluzję) wolności i nas samych, podczas gdy my nie jesteśmy w rzeczywistości pod kontrolą. Heidegger mówi, że gdy przywiązujemy się do naszych urządzeń, "nagle i nieświadomie jesteśmy tak mocno zakuci w kajdany tych urządzeń technicznych, że popadamy w ich niewolę".[241]

---

[240] Ibidem, 28.

[241] Martin Heidegger, *Discourse On Thinking,* Op. cit., 53-4; George Vensus, *The Experience of Being as a Goal of Human Existence: The Heideggerian Approach,* Op. Cit., 219.

Richard Rojcewicz zauważa ponadto, że technologia kryje przed ludźmi, jak ich wolność jest przez nią zagrożona[242]. Aby zilustrować, co oznacza Heidegger, opracowany przez Rojcewicza, warto zastanowić się nad naszym wysoce technologicznym światem, w którym młodzi ludzie od wczesnej młodości mają do czynienia ze wszystkimi produktami nowoczesnej technologii, urządzeniami i gadżetami produkcji technologicznej: radiem, komputerem, telewizorem itd. Potrafią obsługiwać jeszcze bardziej wyrafinowane maszyny i robią to tak dobrze, że ku zaskoczeniu wszystkich innych. Urządzenia te są bezpośrednio połączone z ich zmysłami.

Jednak paradoksem jest to, że tacy ludzie mniej myślą i zastanawiają się nad wpływem tych samych urządzeń, które wybierają, obsługują i używają. Urządzenia te opowiadają im swoje fikcyjne i sensacyjne historie dostosowane do zainteresowań korzystających z nich osób, oferując im gotowe odpowiedzi na potrzeby logistyki operacyjnej i technicznej. Heidegger pisze:

> "Co godzinę i codziennie są przykute do radia i telewizji. Tydzień po tygodniu filmy przenoszą je w niezwykłe, ale często tylko powszechne, sfery wyobraźni i dają złudzenie świata, który nie jest światem".[243]

Bez względu na to, jak realny lub inscenizowany *jest* nasz technologiczny świat, świadczy to o ciągłej fascynacji technologicznym spektaklem i *masowym* pragnieniu zharmonizowania z nim naszego życia. Korzystanie z produktów technologicznych w większości przypadków nie wymaga od nas krytycznego myślenia o tym, co widzimy, działamy i słyszymy. Jeśli istnieje jakiekolwiek zapotrzebowanie na te urządzenia, musimy pozostać przyklejeni do tych samych urządzeń i obsługiwać je zgodnie z zasadami technologicznymi dla ich prawidłowego funkcjonowania. Oczywiście, konsekwencją tej troski o urządzenia technologiczne jest brak aktywnej wewnętrznej kreatywności i autonomii; zarówno dzieci, jak i dorośli tylko siedzą i oglądają pseudo-świat ekranu (telewizor, komputer, smartfon itp.), prawdopodobnie niewiele robią, by stawić czoła swoim własnym, realnym wyzwaniom egzystencjalnym.

Nieusuwalnym piętnem jest w nas postawa oddawania życia tym chętniej gadżetom technologicznym. Ekran, elektroniczne gadżety rozmawiają z nami, bawią się z nami i zabierają nas do świata magicznych fantazji i uproszczonych rozwiązań problemów

---

[242] Richard Rojcewicz, *The Gods and Technology,* Op. Cit., 146.
[243] Martin Heidegger, *Discourse On Thinking,* Op. Cit., 48.

życiowych. W przypadku młodych ludzi, urządzenia technologiczne zajmują miejsce dorosłych, ich rodziców, którzy są tam zawsze, cierpliwych, aby ich zabawić. Urządzenia te stale dostarczają pola do agresywnych zachowań (miejsca zbrodni, sceny pornograficzne, itp.) bez późniejszych poczucia winy, ponieważ mimo wszystkich bohaterskich mścicieli, nieświadomie utożsamiają się z przestępcą. Młodzi ludzie mają tendencję do stawania się tym, na co patrzą: osobą agresywną, seksistowską, itp. Stają się tym, czego doświadczają, ponieważ nie są w stanie zagłębić się w logikę maszyn, których używają lub obsługują. Być może nie jest to ich problem, ale dla nas, filozofów, rodzi on problem niepokojący, który wymaga refleksji.

Podane przeze mnie przykłady są wiodącymi w tym sensie, że ujawniają kondycję współczesnego podmiotu jako tego, który bierze za pewnik swoje życie i swój świat zewnętrzny; nie ma czasu na wycofanie się i refleksję nad swoim technologicznym światem. Zamiast tego jest ona postrzegana jako miejsce i organizator w sieci technologicznej organizacji. Okazało się, że nie jest w stanie ukierunkować swojego życia w świecie technologii, a jej wyobrażenie o tym, że kiedykolwiek będzie potrzebowała technologicznej orientacji i organizacji. Jej technologiczny sposób bycia wabi nowoczesny podmiot, wrzucając go w jego koła i ruchy: bez odpoczynku, bez medytacji, bez refleksji i bez właściwych relacji ontologicznych. Wszystko to staje się sztuką utraconą, ponieważ zmysły i umysł są nieustannie przeciążone i zaangażowane w bodźce technologiczne. W tym sensie, rodzaj instrumentów, których używa na co dzień, okrada ją z wszelkiej indywidualnej niepowtarzalności. Verbeek w swoim komentarzu na temat Heideggera obserwuje tę nietrafioną koncepcję robienia czy organizowania ludzkiej podmiotowości, kiedy mówi: "Odbiera ona podmiotowi ludzkiemu możliwość realizacji jego autentycznego, osobistego istnienia".[244] On kontynuuje:

> "Dlatego też urządzenie to redukuje człowieka i jego środowisko materialne do swoich funkcji". "Nowoczesna postawa umysłu nie chce formułowania zwrotów, lecz wiedzy; nie zastanawiania się nad znaczeniem, lecz zręcznościowego działania; nie uczuć, lecz obiektywizmu; nie badania tajemniczych wpływów, lecz jasnego ustalenia faktów... Istotne człowieczeństwo sprowadza się do ogółu".[245]

Co Verbeek zasadniczo oznacza, że technologia zagraża ludzkości w jej centrum poprzez tendencję do kształtowania i redukowania podmiotu ludzkiego do jego funkcji

[244] Peter-Paul Verbeek, *What things do,* Op. Cit., 20.
[245] Ibidem, 21.

organizacyjnych i duszenia jego interakcji z ich naturalnym światem. Jej świat społeczny pozwala jej na zajęcie miejsca w aparacie, które mogłoby być również zajęte przez innych. Jej świat materialny nabiera nowego kształtu[246], podobnie jak ona sama, coraz bardziej organizacyjnego charakteru, z którym jej osobista i indywidualna więź jest coraz mniej możliwa. Przestrzeń, w której musi realizować swoją indywidualność, staje się coraz mniejsza. Indywidualna wyjątkowość w coraz większym stopniu przekłada się na indywidualną i osobistą wymienność technologiczną.[247]

Redukcyjny kształt, w jaki wpisana jest ludzka egzystencja w ramach struktury technologicznej, jest tym, co Heidegger wcześniej w swojej koncepcji *upadku* nazwał "oni"; jest to sposób życia, w jaki podmiot ludzki pływa w strukturze organizacyjnej nowoczesnej technologii bez jej indywidualnego rozeznania. W tym trybie życia nie jest już zdolna do autentycznego "bycia sobą"; nigdy nie jest dla siebie krytyczna, ponieważ wykolejają ją od tego omawiane czynniki.

W "oni sami" podmiot ludzki podporządkowuje swoją podmiotowość kontroli organizacyjnej i technologicznej w celu dążenia do zwiększenia efektywności procedur technologicznych. Tę kwestię zwięźle wyjaśnia Zimmerman w swoim komentarzu na temat Heideggera i nowoczesności, twierdząc, że technologia przekształciła jednostki w pracowników, ponieważ "*być*" w dzisiejszym świecie technologii ma być *wypracowane* i przekształcone zgodnie z imperatywem produkcji dla samego siebie.[248] Praca jednostki polega na uporządkowaniu, zadbaniu i utrzymaniu tego, co jest jej dane w porządku technologicznym.[249] W związku z tym nowa natura podmiotu ludzkiego została jej nadana przez naukowy i technologiczny charakter nowego świata. Ellul, rozważając to samo pytanie o technologię i ludzką naturę, wyraża również pogląd, że w obliczu nieustannego dążenia do efektywności, człowiek "musi zostać zmuszony do oddania swego serca i woli, tak jak oddał swoje ciało i mózg".[250]

W takich okolicznościach, gdy podmiot ludzki zostaje przekształcony w zwykły *serwer* lub zwykłego *organizatora pod panowaniem* technologicznym, jest on zmuszony do utraty swojej podmiotowości: nie uznaje już swojej własnej tożsamości. Jedynie bierne i przyjęte za pewnik postawy, które przyjmuje wobec instrumentów technologicznych, w rzeczywistości odstraszają ją od dostrzeżenia, jak głęboko same instrumenty stanowią jej indywidualną

[246] Albert Borgmann, *technika i charakter współczesnego życia: A Philosophical Inquiry,* Op. Cit., 1984, 105.
[247] Peter-Paul Verbeek, *What things do,* Op. Cit., 21.
[248] Michael Zimmerman, *Heidegger's Confrontation with Modernity: Technologia, Polityka, Sztuka,* Op. Cit., 82.
[249] Ibidem, 85.
[250] Jacques Ellul, *The Technological Society,* Op. Cit., 115.

podmiotowość w formie i kontekście, w którym funkcjonują. Co więcej, utrata tego, co nazwałabym wewnętrzną jawną naturą (ujawnienie lub nieukrycie według Heideggera) jest źródłem niepokoju w egzystencji współczesnego podmiotu, czyniąc ją niezdolną do osiągnięcia poczucia wewnętrznej równowagi z nabytej technologicznej natury, gdy istnieje jeszcze głębokie pragnienie dążenia do wewnętrznej harmonii poprzez pierwszą jawną.

Ta nierównowaga, według Ellul, wytworzyła klimat lęku i niepewności, który jest charakterystyczny dla naszej epoki i naszych nerwic. W związku z tym[251] poddanie się przekształceniu w zwykłego organizatora technologicznej (drugiej natury oferowanej przez naukę i technikę) nie tylko oznacza zanik naszej podmiotowości opisanej przez Heideggera, ale także powoduje nieunikniony niepokój o naszą egzystencję. Wyjaśnię ten egzystencjalny niepokój dalej w następnym podrozdziale.

3.6.2.5 Obiekty ludzkie postrzegane jako "Zasób stojący

Powyżej twierdziłem, że technologia uczyniła człowieka jedynie *organizatorem* swojego procesu, jednak Heidegger wysuwa kolejne twierdzenie, które wyjaśnia głębokie zakorzenienie wpływu technologii na współczesne podmioty. Twierdzi on, że technologia trafiła na ludzi do *rezerwatu.* W pewnym sensie Heidegger pyta:

> "Jeżeli człowiek jest podważany, nakazany do tego, to czy sam człowiek nie należy nawet bardziej oryginalnie niż natura do rezerwatu?"[252]

Według Heideggera, podmiot ludzki został już upomniany przez nowoczesną technologię w taki sposób, by ujawnić, że stawia to przed nią wyzwanie, by podejść do siebie jako do zasobu podlegającego manipulacji przez technologię. Martwienie Heideggera przejawia się w momencie, w którym podmiot ludzki zostaje pozbawiony swojego autentycznego "ja"; jest on bezpośrednio podporządkowany istocie technologii. Patrząc z punktu widzenia wczesnego Heideggera w *BT,* nowoczesna technologia czyni ją niezdolną do odróżniania się od reszty rzeczywistości; została zredukowana do tego samego poziomu, co reszta zachowanych i żyjących bytów; podmiot ludzki został umieszczony na podludzkim poziomie egzystencji poddanym technologicznej manipulacji.

---

[251] Ibid., 333.

[252] Martin Heidegger, *The Question Concerning Technology and Other Essays,* Op. Cit., 18.

Heidegger stanowczo mówi, że jesteśmy na "skraju gwałtownego upadku, o ile jesteśmy teraz w takiej sytuacji, że sami staliśmy się "wzięci za *rezerwę*".[253] Echo Heideggera, obserwuje Mikołaj Berdiajew: "Epoka techniczna wymaga od człowieka robienia rzeczy w dużych ilościach przy najmniejszych nakładach, a człowiek staje się narzędziem produkcji." Stawiając[254] się na poziomie podmiotów, nowoczesna technologia odtworzyła podmiot ludzki, uporządkowała go racjonalnie i przeliczyła na abstrakcyjne liczby dotyczące produktywności, zatrudnienia, zmian demograficznych, statystyk ludności, wykresów przepływu pracy itp.

Aby wskazać na niektóre aktualne obszary, które lepiej wyjaśniają, co Heidegger ma na myśli w cytowanym powyżej tekście, bez wchodzenia w etyczne debaty, które je otaczają, wystarczy zastanowić się nad światem maszyn i tym, co dzieje się dziś w dziedzinie inżynierii genetycznej. Współczesne podmioty stale poddają swój makijaż genetyczny radykalnym manipulacjom,[255] nawet w dziedzinach, które nie są niezbędne, jak np. dziedzina estetyki, gdzie stosują takie metody jak powiększanie piersi i redukcja pośladków, które w dużej mierze opierają się na rtęciowych wartościach estetycznych. Ponownie, nie chcę wdawać się w moralne implikacje tych tendencji, takie jak ilość pieniędzy wykorzystywanych w takich technologiach. W rzeczywistości nie możemy powstrzymać tych, którzy mają ku temu ekonomiczne możliwości. Ponadto, inżynieria genetyczna stosowana w celu zapobiegania wadom i chorobom genetycznym może być nawet moralnie akceptowalna i być może obowiązkowa. Mój argument dotyczący myśli Heideggera dotyczy konkretnych technologii, na które natrafiamy, tego, co nam mówią o sobie i nieodwracalnych zmian, jakie powodują w rozumieniu i postrzeganiu samej jednostki. Technologie te zmieniły nas w instrumenty, które wydają się służyć technologii, a nie być przez nią obsługiwane. Heidegger stanowczo obserwuje ten problem mówiąc:

> "Ocena, że współczesna ludzkość stała się niewolnicą maszyn jest... powierzchowna. Jedną rzeczą jest bowiem dokonanie takiej oceny, ale czymś zupełnie innym będzie zastanowienie się nad tym, na ile człowiek jest dziś podporządkowany nie tylko technologii, ale na ile człowiek odpowiada na istotę technologii i na ile bardziej oryginalne możliwości wolnej i otwartej ludzkiej egzystencji zapowiadają się w odpowiedzi".[256]

---

[253] Martin Heidegger, *The Question Concerning Technology and Other Essays,* Op. Cit., 27.

[254] Mikołaj Bierdiajew, "Człowiek i maszyna", w "*Filozofii i technologii": Odczyty w "Filozoficznych problemach techniki", pod redakcją* Carla Mitchama i Roberta Mackeya, Op. Cit., 204.

[255] Timothy K. Casey, "The Emergence of Cybernetic Humanity", w: Harold Baillie i Timothy Casey, *Czy ludzka natura jest przestarzała? Genetyka, bioinżynieria i przyszłość kondycji człowieka,* Londyn, Cambridge: The MIT Press, 2005, 53.

[256] Martin Heidegger, *The Principle of Reason*, tłumaczenie: Reginald Lilly, Indiana: Indiana University Press, 1996, 19-20.

Łapiąc tę samą myśl o Heideggerze, dodaje Bernard Rollin:

> "Jedną rzeczą jest wyleczenie choroby; zupełnie inną jest próba modyfikacji jakiejś bardzo złożonej cechy fenotypu, jak "inteligencja" czy "przemoc", gdzie nie jesteśmy nawet pewni, co te pojęcia oznaczają."[257]

Powyższe teksty implikują, nie angażując mnie w debatę na temat dobra, które jest nieodłącznym elementem samych technologii udoskonalania, co do którego nikt nie ma wątpliwości, że rzeczy, które bierzemy na siebie, rodzą ontologiczne pytania dotyczące tego, jak patrzymy na siebie i jak się w takich technologiach rozumiemy. Na przykład inżynieria genetyczna poddaje ciało ludzkie statusowi konstrukcji, tak abyśmy uznali je za coś, co możemy zmienić i wymyślić według własnej woli, a my jesteśmy przeciwni nadawaniu statusu daru każdemu aspektowi nas samych;[258] chcemy być produktami technologii poprzez wymyślanie siebie. Kiedy tylko pojawiają się nowe technologie, rzucamy na nie wszelkiego rodzaju fantazje, iluzje, nadzieje i marzenia, mniej wierząc w siebie. Jest to jednak znak, że my, moderny, prawdopodobnie nie jesteśmy z siebie zadowoleni i dlatego musimy spieszyć się z wymyślaniem dla siebie innej natury, unikając w tym procesie naszych bardzo autentycznych siebie.

Implikacje uciekania się do inżynierii genetycznej są głębokie w tym sensie, że ciało, które obecnie posiadamy jest postrzegane jako niedoskonałe i niepożądane, podlegające przypadkowi i kaprysom życia, w tym chorobom i starzeniu się; ciało to staje się naszym wrogiem, a zatem niepożądanym, a przyszłe "doskonałe" ciało cyborgów staje się najbardziej pożądanym, ponieważ jesteśmy w stanie manipulować nim według własnych upodobań. Nie można dopuścić do jej osłabienia, ponieważ jest ona zgodna z technologiczną zasadą wydajnej produkcji. Podporządkowujemy się[259] wprowadzonym w nas technologiom, abyśmy mogli żyć wolni od egzystencjalnego niepokoju, uwolnieni od wszelkiego niebezpieczeństwa i zwolnieni od wszelkich uczuć słabości czy braku, ciesząc się jednocześnie z zastępczego triumfu nad tym, co zostało wynalezione. Tego rodzaju pożądana postawa doprowadziła do pośpiechu w manipulowaniu naturalnym ciałem, co jest dziś dość widoczne w technologiach

[257] Bernard Rollin, "Telos, wartość i inżynieria genetyczna", w: Harold Baillie i Timothy Casey, Czy *ludzka natura jest przestarzała? Genetyka, Bioinżynieria, a przyszłość kondycji człowieka, Op*. cit., 335.
[258] Jean Bethke Elshtain, "The Body and the Quest for Control", w: Harold Baillie i Timothy Casey, Is *Human Nature Przestarzała? Genetyka, Bioinżynieria, a przyszłość kondycji człowieka, Op*. Cit., 163.
[259] Ibid., 163-4.

zapobiegających starzeniu się. Zaprzeczamy faktowi naszej ludzkiej skończoności i różne strategie są opracowywane w celu odparcia starzenia się, przedłużenia płodności i tak dalej, ponieważ reprezentujemy nasze starzejące się ciała jak te nastolatków z lśniącymi siwymi włosami.[260]

Postrzeganie ciała jako biernego *rezerwatu*, mnóstwa technologii oraz oddzielnego i zdalnego agenta lub zestawu rzeczy, nad którymi technologia ma pracować, ma kluczowe znaczenie dla zrozumienia samego siebie przez współczesny podmiot. Technologie wykorzystywane do manipulowania ciałem same w sobie świadczą o tym, że współczesny podmiot nie jest z siebie zadowolony, a co za tym idzie, nie widzi siebie jako integralnej całości z własną, niepowtarzalną jaźnią. Murray krytycznie obserwuje, że istoty ludzkie, które nie potwierdzają tego, co obecnie o sobie wiedzą (z powodu iluzji obietnic technologii), stoją na burzliwym gruncie i jeszcze bardziej niepewnej przyszłości.[261] Anthony Giddens argumentuje, że ciało nie jest tylko bytem fizycznym, który "posiadamy", jest to system działania, tryb praktyki, a jego praktyczne zanurzenie w interakcjach życia codziennego jest istotną częścią utrzymania spójnego poczucia tożsamości.[262] Nie możemy po prostu uważać naszych ciał za rzeczy możliwe do manipulowania; ciało ma swoje własne znaczenie, które powinno otrzymać przestrzeń ontologiczną do manifestowania się i bycia szanowanym.

Klonowanie jest kolejnym obszarem, który wyjaśnia, co Heidegger ma na myśli w odniesieniu do jego twierdzenia, że człowiek staje się pulą zasobów lub instrumentów nowoczesnej technologii. Oczywiście istnieją ogromne zalety klonowania, szczególnie w dziedzinie medycyny, jak na przykład kontrola chorób genetycznych. Ponownie, nie zagłębiałabym się w argumenty etyczne dotyczące konkretnych wymienionych obszarów, ponieważ nie odnoszą się one do głównego zagadnienia tych badań. Chodzi mi o to, że w klonowaniu jednostki są postrzegane z perspektywy logiki zasobów końcowych: jako tkanki do badań i przeszczepów, a czasami jako organy do skutecznego prowadzenia działalności gospodarczej w szerszej gospodarce rynkowej. Nie ma znaczenia, jak przekonujący jest wysuwany przez nas argument, klon jest postrzegany jako niekończący się zasób części ciała, które mogą być zbierane i przechowywane, a następnie wykorzystywane albo do przedłużania życia ludzkiego w nieskończoność, albo do leczenia chorób. W swojej produkcji, jeszcze zanim

---

[260] Ibidem.

[261] Stephen Butler Murray, "Reimaging Humanity. The Transforming Influence of Augmenting Technologies on Doctrines of Humanity", w "The Transforming *Influence* of Augmenting Technologies on Doctrines of Humanity", w "*Technology and Transcendence", pod redakcją* Breen Conway, Op. Cit. , 196.

[262] Anthony Giddens, *Modernity and Self-Identity,* California: Stanford University Press, 1991, 99.

pojawi się dorosły klon, jest on już zredukowany do zasobu, do rodzaju nieruchomości, która ma być zoptymalizowana z korzyścią dla innych.[263]

Co więcej, wraz z rosnącą niechęcią do naszego naturalnego *wyrzucania do świata* i w miarę rozwoju technologii, narodziny będą traktowane jako wypadek lub nawet skandal, dziwaczna rzecz, której nikt nie będzie chciał. Nie będziemy się już więcej rodzić ani *wrzucać do świata,* aby używać wyrażenia Heideggera; będziemy *szaleni w świecie*, ponieważ ludzka natura jest ciągle postrzegana z ramy mocy technologii jako sposób bycia ciągle ulepszanym.

Aby zilustrować to, co mam na myśli, należy rozważyć amniopunkcję, która pozwala na identyfikację płci płodu we wczesnym okresie ciąży. W krajach stosunkowo przeludnionych, takich jak Indie, a nawet w mniej ograniczonych kontekstach, rodzice dokonują aborcji płodu ze względu na płeć. Jednak dzięki temu, że jest to możliwe, to, co wcześniej było kwestią naturalnego szczęścia, można teraz planować i kontrolować, zmieniając jego znaczenie dla wszystkich, nawet tych, którzy nie korzystają z technologii. W takim świecie podmiot ludzki nie jest już postrzegany jako mający swój własny, niezależny sposób życia i podmiotowości, wolny od wpływu nowoczesnej technologii. Jest ona raczej instrumentem i zasobem, który należy przyspieszyć lub zmienić do woli lub zbyć do woli za pieniądze lub w innym celu warunkowym.

Podniesione przeze mnie kwestie i cała sytuacja stworzona przez te technologie ukazują rodzaj ludzi, jakimi jesteśmy w świecie nauki i technologii; my, moderni, zdajemy się być niezadowoleni z naszej własnej, naturalnej, nieskazitelnej kondycji; jesteśmy zajęci rekonstrukcją i gromadzeniem naszego przeznaczenia we własne ręce, czyniąc dzieło Boże naszymi ludzkimi wyborami. Oczywiście konsekwencje tego są jasne: kontrola technologiczna zmienia nas w swoje instrumenty, co rzeczywiście odzwierciedla Heideggeryjską koncepcję *najwyższego niebezpieczeństwa*, które wynika z postrzegania technologicznego *ujawniania* jako jedynego sposobu na wyjaśnienie naszego istnienia jako ludzi i jako panaceum na nasze niezdolności.

Głębokie implikacje związane z *włączeniem* do *rezerwatu są takie,* że ludzie stali się obecnie jednym z elementów lub instrumentów służących do osiągnięcia środków technologicznych; mają oni zrezygnować z własnej osobowości, aby pracować z rekonstrukcją instrumentalnej logiki technologii. Jak zauważa krytyk Ellul w *The Technological Society*, "ludzka ręka nie rozpościera już kompleksu środków, ani ludzki mózg nie syntetyzuje ludzkich

[263] Jean Bethke Elshtain, "The Body and the Quest for Control", w: Harold Baillie i Timothy Casey, Is *Human Nature Przestarzała? Genetyka, Bioinżynieria, a przyszłość kondycji człowieka, Op.* cit., 164.

czynów; jedynie monizm *(moc)* techniki zapewnia spójność między ludźmi i czynami".[264] Wszystko to prowadzi do tego, że to nie ludzie używają już technologicznych gadżetów, ale sama technologia ma prawo decydować o tym, jaka będzie przyszłość i zdominować ludzką funkcję w jej mechanicznym rozwoju. W tym sensie rozwój technologii podąża za najwyższą i cenioną wartością lub zasadą technologiczną: wydajnością, która nie ma moralnego znaczenia. Pod tymi ontologicznymi wpływami technologii, ludzie tracą krytyczne nastawienie do niej.

Podsumowując, wszystkie wyżej wymienione technologie postawiły na nas, świadcząc o tym, co Heidegger mówi o mocy *enframingu,* która uniemożliwia nam kontemplowanie wartości naszego własnego istnienia. Ale problem, który zostanie wyjaśniony w dalszej części rozdziału siódmego, polega na tym, że musimy zatrzymać się i zastanowić nad sensem naszego istnienia w kulturze technologicznej. Niestety, jak już wspomniałem, technologiczne pokusy czy gratyfikacje, jakie otrzymujemy w związku z korzystaniem z różnych technologii, nie są w stanie przyjąć takiego stanowiska. Obsesja na punkcie technologii sprawia, że nie potrafimy rozpoznać naszej egzystencjalnej wartości i naszej własnej istoty. Kiedy już wpadniemy w ramy technologiczne, w końcu zastąpimy lub oddamy całą naszą subiektywność technologii, a w końcu ją utracimy.

Ta wyjątkowa absorpcja do technologicznej puli zasobów zmniejsza nasz unikalny ludzki charakter w oczach Heideggera; wynika ona z faktu, że my, współcześni poddani, zwracamy z powrotem *na siebie* wypracowane przez naukowców praktyki uprzedmiotawiania i kontrolowania natury. W konsekwencji przekształcamy się w obiekty, zaprogramowane pracujące maszyny, pozbawione własnych zdolności refleksyjnych i myślowych. To sprawia, że nasze życie staje się bardziej abstrakcyjne, a w miarę jak świat staje się coraz bardziej nieobecny, trudno jest określić i ocenić, co stanowi naszą podmiotowość. W ten sposób proces stawiania wyzwań staje się samogenerujący, bez żadnego odniesienia zewnętrznego i samoniszczący, w tym sensie, że w miarę jak stajemy się coraz bardziej technologiczni, nasza nabyta organizacyjna natura staje się coraz bardziej wyrafinowana jako cel sam w sobie, zamieniając nas w swoje środki. W związku z tym mamy pilną potrzebę uznania, że nie jesteśmy zasadniczo mechanizmami sprzężenia zwrotnego, ale istotami celowymi, które działają w oparciu o kontekstowe znaczenie i troskę o własne istnienie, a nie tylko w odpowiedzi na surowe dane.[265]

---

[264] Jacques Ellul, *The Technological Society,* Op. Cit., 94.
[265] Timothy K. Casey, "The Emergence of Cybernetic Humanity", w: Harold Baillie i Timothy Casey, *Czy ludzka natura jest przestarzała? Genetyka, Bioinżynieria i przyszłość kondycji człowieka,* Op. Cit., 57.

3.6.2.6 Utrata ludzkiej esencji

Radykalny wkład Heideggera w problematykę naszych relacji z technologią polega na tym, że kiedy nieinteligentnie przymuszamy się do technologii, oddalamy się od naszej własnej istoty i od możliwości spotkania się z naszą prawdziwą istotą. Tu właśnie leży *największe niebezpieczeństwo* nowoczesnej technologii, według Heideggera. Nie jesteśmy już *objawieniem, tak* jak on to sobie wyobraził w swojej wcześniejszej myśli o *BT*, a więc grozi nam oderwanie się od *istoty* naszej własnej prawdy. Heidegger stanowczo mówi:

> "Zagrożenie dla człowieka nie pochodzi w pierwszej kolejności od potencjalnie zabójczych maszyn i aparatury technicznej. Rzeczywiste zagrożenie dotknęło już człowieka w jego istocie. Reguła *enframing* grozi człowiekowi, że może zostać mu odmówione wejście w bardziej oryginalne odsłonięcie i tym samym doświadczenie powołania do bardziej pierwotnej prawdy".[266]

Istotą, do której odwołuje się Heidegger, jest objawowa natura człowieka, którą wyjaśniłem w jego koncepcji ludzkiej podmiotowości. Heidegger myśli, że gubimy się w świecie rzeczy; sami stajemy się przedmiotami *nie w świecie*, ale *wewnątrz świata*. De Beistegui wyjaśnia myśl Heideggera na ten temat dalej, kiedy mówi, że największym niebezpieczeństwem we współczesnej technologii jest całkowite oderwanie człowieka od jego istoty, to znaczy od jego otwartości i wystawienia na działanie istoty prawdy jako nieskrępowanej[267]. Heidegger zauważa, że "to właśnie w *enframing*, który grozi zmieceniem człowieka w porządek jako rzekomy pojedynczy sposób ujawnienia, a więc wpędza człowieka w niebezpieczeństwo poddania się jego wolnej istocie".[268] On dalej podkreśla:

> "W porównaniu z innymi objawieniami, ustanowienie, które rzuca wyzwanie, wpędza człowieka w relację z tym, co jest jednocześnie antytetyczne i rygorystycznie uporządkowane. Tam, gdzie *enframing* trzyma kołysanie, regulowanie i zabezpieczanie znaku rezerwowego stojaka wszystko ujawnia. Nie pozwalają już nawet, aby pojawiła się ich własna podstawowa cecha, mianowicie to, co ujawnia się jako takie."[269]

---

[266] Martin Heidegger, *The Question Concerning Technology and Other Essays,* Op. Cit., 28.
[267] Miguel de Beistegui, *The New Heidegger,* Op. Cit., 112-113.
[268] Martin Heidegger, *The Question Concerning Technology and Other Essays,* Op. Cit., 32.
[269] Ibidem, 27.

Poddajemy naszą naturalną nieskrywalność, a co za tym idzie, naszą własną osobowość i subiektywność nauce i technologii, pozostawiając nam jedynie złudzenie, że jesteśmy pod kontrolą. Nasz udział w działalności *odkrywczej* jest ograniczony;[270] nie *ujawniamy się* z własnej aktywności. *Ujawnienie* następuje poprzez, ale nie z nas, ludzkich poddanych, jako skutek, którego jesteśmy przyczyną, ponieważ oddaliśmy już naszą naturę nauce i technologii; nasza podmiotowość stała się niezauważalna, do tego stopnia, że praktycznie zniknęła.[271] Heidegger obserwuje tę ludzką niszczycielską siłę technologii mówiąc:

> "*W rzeczywistości jednak, dokładnie nigdzie człowiek nie napotyka już dzisiaj siebie samego, czyli swojej istoty.* Człowiek tak zdecydowanie opowiada się za wyzwaniem, jakim jest *enframing*, że nie pojmuje *enframing* jako roszczenia, że nie widzi siebie jako tego, z którym się rozmawia, a więc nie słyszy pod każdym względem tego, z czego się wywodzi, poza swoją istotą, w sferze napomnienia lub przemówienia, a zatem *nigdy nie może* spotkać tylko siebie samego".[272]

Dla Heideggera, prawda w kwestii nowoczesnej technologii jest taka, że jedyną rzeczą, z którą ludzie *nigdy się nie* spotykają, są oni sami, czyli tacy, jakimi są w swojej istocie/ esencji. Pod kontrolą technologiczną ludzie nie rozumieją swojej zasadniczej sytuacji, ponieważ nie są w stanie dostosować się do sposobu, w jaki są zdeterminowani z góry przez *otaczającą ich* naturę nowoczesnej technologii i do tego, jak to zasadniczo dyktuje sposób, w jaki się dostosowują do rzeczywistości. Zimmermann wyjaśnia tę sytuację w refleksjach Heideggera na temat techniki w następujący sposób:

> "Heidegger wierzył, że ontologiczne rozumienie współczesnej ludzkości zanikło do tego stopnia, że ludzie mogli postrzegać siebie tylko jako sprytne zwierzęta, których celem było bezpieczeństwo i władza. Zamiast istnieć jako śmiertelna polana, w której jednostki mogłyby się zaprezentować, ludzkość pojmuje się teraz jako bestia ofiarna, w pełni uzasadniona w podporządkowaniu wszystkich rzeczy ludzkiej woli".[273]

Podsumowując, mogę potwierdzić, że w miarę rozwoju różnych technologii, zgodnie z przewidywaniami Heideggera, niefortunna część tego rozwoju polega na tym, że staliśmy się tak uodpornieni na ich wpływ na nasze życie, że ledwo dostrzegamy ich subtelną integrację z

---

270 Richard Rojcewicz, *The Gods and Technology*, Op. Cit., 149.
271 William Barret, *The Illusion of Technique*, Op. Cit., 212.
272 Martin Heidegger, *The Question Concerning Technology and Other Essays*, Op. Cit., 27.
273 Michael Zimmermann, *Heidegger's Confrontation with Modernity: Technology, Politics, Art*, Op. Cit., 165.

naszą koncepcją bycia człowiekiem. Optymizm w nauce i technice bez ograniczeń skutecznie stwarza możliwość autodestrukcji, indywidualnej, pozbawionej uprawnień i zastąpionej inteligentnymi maszynami oraz robotopskim ideałem. Nie powinniśmy jednak zapominać, że istnieje poważna przepaść ontologiczna wynikająca z samych stosowanych przez nas technologii. Heidegger uważa, że ten podział lub odłączenie człowieka od jego istoty sygnalizuje zagrożenie całkowicie nieautentycznym trybem istnienia (alienacja człowieka od własnej istoty).[274]

3.7 Wniosek

W tym rozdziale argumentowałem, że technologia, dla Heideggera, jest zjawiskiem odtwarzającym; odtwarza istotę bytów, zwłaszcza nasz sposób *bycia w świecie*, stanowiąc zagrożenie dla naszej podmiotowości.[275] Pokazałem, że w ramach monopolu technologii nad przyrodą ludzie nie są w ogóle wolni; zamiast tego popadają w dwa rodzaje niebezpieczeństw: jedno z nich polega na tym, że sami są uważani za zasoby *rezerwowe*, a drugie na tym, że nie są w stanie pojąć sensu własnego istnienia. Nie są już zainteresowani jako żywe istoty z własną podmiotowością. Raczej utraciły swoją autentyczną subiektywność, co oznacza, że ludzie nie mają dostępu do bardziej oryginalnego objawienia, a tym samym do doświadczenia wezwania do bardziej pierwotnej *prawdy*; technologia redukuje wszystko, co kiedyś było cenione i czczone o nas i o naszej naturze, do zwykłego zasobu sił, które należy uszeregować i uporządkować według różnych schematów myślenia i interesów. Nowoczesna technologia wyszła poza swoją sferę i klasyczne rozumienie przez Greków *techniki* i *poezji* pożądanej przez Heideggera nie jest już uzasadnione. Nowoczesna technologia zyskała pozycję jedynej władzy z tendencją do manipulowania światem i samym człowiekiem.

Argumentowałem dalej, że taka technologiczna inwazja zmusiła człowieka do stanu quasi-niepomagającego. Został on zredukowany do zwykłego instrumentu technologicznego, tracąc w tym procesie swoją podmiotowość i może się zdefiniować jedynie jako rzecz lub jako liczba, aby umożliwić systemowi technologicznemu samodzielne wypracowanie się. Zamiast dokonywania przez człowieka świadomych wyborów dotyczących organizacji siebie i swojego świata, to właśnie jego nabyta technologiczna natura dyktuje mu wybory, których musi

[274] Zgłoś się do rozdziału trzeciego o Autentyczności i Alienacji.
[275] Martin Heidegger, *The Question Concerning Technology and Other Essays,* Op. Cit., 28.

dokonać; to on sam nie jest już podmiotem, lecz przedmiotem lub materiałem w organizacji nowoczesnej technologii, konsekwentnie odtworzonym przez jego własną technologię. Co więcej, jego podmiotowość nabrała odwrotnego znaczenia; została *zdekoncentrowana* i rozdrobniona, co oznacza ponowne przemyślenie człowieka jako technologicznie odtworzonej podmiotowości. W warunkach tej przytłaczającej i iluzorycznej ingerencji i dominacji technologii, trudno jest człowiekowi rościć sobie prawo do autonomicznej podmiotowości, kwestionując jego zdolność do świadomej walki z dominacją technologii.

Wreszcie argumentowałem, że problem technologii to nie tylko jej istota, ale także nasz niewłaściwy, nieautentyczny związek z technologią i nasza próba zdefiniowania siebie w sposób technologiczny. To błędne rozumienie zarówno naszego bytu, jak i bytu technologii powoduje, że niewłaściwie i nieświadomie staramy się *przyjąć* strukturę technologii, aby nadać sens i uzasadnić własne istnienie. Prowadzi to do tego, że nie zdajemy sobie sprawy z tego, że technologie tworzą alienującą lukę w indywidualnej myśli i sposobie naszego życia. Jeśli ta przepaść nie zostanie wypełniona przez pozytywne i inteligentne podejście do technologii, to zostanie wypełniona przez czarowne i sensacyjne pułapki, zasadniczo znoszące wszelką racjonalną kontrolę, jaką moglibyśmy próbować rozciągnąć nad naszymi ludzkimi losami. Zdefiniowanie siebie poprzez samą technologię wyobcowuje nas z naszego autentycznego, subiektywnego sposobu bycia.[276]

---

[276] Hannah Arendt, *The Human Condition,* Op. Cit., 9.

ROZDZIAŁ TRZY

DIAGNOZA PROBLEMÓW WSPÓŁCZESNEJ TECHNIKI W ŚWIETLE FILOZOFII TECHNIKI HEIDEGGERA

4.1 Wprowadzenie

W poprzednim rozdziale omówiłem, że nowoczesna technologia bezustannie przekształca istoty świata, w tym człowieka, w mierzalne jednostki produkcji i konsumpcji, oraz że przewyższa zdolność człowieka do samostanowienia. Przyroda i ludzkość stają się ogromnym magazynem zasobów, którymi można rozporządzać z woli człowieka. Heidegger twierdzi, że dzięki nauce i technologii mamy wpływ na myślenie o sobie, innych i świecie w sposób manipulacyjny. Aby to wyjaśnić, wprowadza on naukową i technologiczną *tomografię komputerową,*[277] jako nową ramę interpretacyjną, stosowaną przez współczesny podmiot do zrozumienia podstawowych faktów jego istoty, takich jak międzypodmiotowość, śmierć, itp. Problemem, który odkrywa Heidegger, jest to, że myślenie, które jest wewnętrzną i subiektywną cechą człowieka, zostało przekształcone w sposób odnoszący się do rzeczy i do nas samych z zewnętrznego, zobiektywizowanego i dyskretnego punktu widzenia.

W tym rozdziale twierdzę, że naukowa i technologiczna *TK* ma tendencję do manipulowania i organizowania ludzkich faktów (międzypodmiotowość, zjawisko śmierci, itp.) poprzez działanie umysłu, czyniąc z nich przedmioty myśli na *ontologicznym* poziomie bytu, jednocześnie podważając ich ontologiczne znaczenie. Tomografia *komputerowa* redukuje te fakty i relacje międzyludzkie do dwuwartościowych, programowalnych *informacji*, cyfrowych danych, które w konsekwencji wchodzą w *stan, który* Jean Baudrillard nazywa

[277] *Myślenie obliczeniowe* według Heideggera nie musi być obliczeniowe. Nie wymaga ona kalkulatorów ani komputerów. To niekoniecznie jest naukowe. Jest to raczej nowoczesny rodzaj myślenia, który próbuje narzucić światu zrozumienie: oblicza rzeczy, rozrysowuje je i stara się znaleźć środki do osiągnięcia wyznaczonych celów. Jest to rodzaj myślenia, które angażuje się w projektowanie dla celu; może nawet wykorzystać innych ludzi do wspierania własnych interesów. Ogólnie rzecz biorąc, odzwierciedla ona manipulowanie ludzką wolą na cokolwiek się z nią wiąże. Ten rodzaj myślenia angażuje się z innymi tylko za to, co może z nich wydobyć. Skierowanie tego myślenia przez Heideggera do "operowania" pozwala nam również nazwać je myśleniem operacyjnym, w tym sensie, że osobę planującą nazywamy operatorem. Martin Heidegger, *Discourse On Thinking,* Op. Cit., 46.

stanem czystego obiegu[278]. Jako manipulacyjne, narzucające się i konceptualne rozumienie natury i jaźni, wyobcowuje człowieka z jego współczucia do świata i do siebie samego. Subiektywne wartości i podstawowe sposoby egzystencji są manipulowane i podważane, co prowadzi do braku poważnej refleksji nad naszymi wartościami lub podstawowymi faktami egzystencji (relacje międzypodmiotowe, znaczenie śmierci, religii itp.), biorąc pod uwagę, że znajdują się one poza jego ramami obliczeniowymi.

Inter-podmiotowość jest istotnym aspektem bycia człowiekiem. Jako ludzie nie możemy żyć w izolacji, odnosimy się do innych i robimy rzeczy wspólnie. Heidegger potwierdza ten aspekt międzypodmiotowości w swojej relacji o istocie człowieka jako *bytu - z byciem*,[279] czyli jako istotą interaktywną. Twierdzę, że technologia wpływa nie tylko na naturę i inne aspekty człowieka, które zostały już przeanalizowane, ale także na nasze relacje międzypodmiotowe. Technologia stała się decydującym zjawiskiem, które informuje i pośredniczy w naszej międzypodmiotowości. Nowoczesne technologie interaktywne, w swoich funkcjach *instrumentalnych*, nadały międzypodmiotowości charakter relacji zewnętrznej, w tym sensie, że jej wewnętrzne znaczenie jest podważane, jak krótko wyjaśnię. Oczywiście, nie możemy zaprzeczyć, że wykorzystanie technologii w celu wzmocnienia naszych ludzkich relacji pozwala nam na uświadomienie sobie odległych innych i stworzenie warunków dla relacji, które nigdy wcześniej nie istniały. Technologie interaktywne (IT) ułatwiają stworzenie sieciowego systemu istnienia. Podstawowe pytania są jednak następujące: Jak można interpretować *prymat bytu - do* którego zwraca się Heidegger - w kontekście nowoczesnego myślenia technologicznego i mediacji? Jaki byłby wpływ IT na nasze relacje międzyludzkie?

Starając się odpowiedzieć na te pytania, przedstawiam najpierw ogólne rozumienie pojęcia międzypodmiotowości. Po drugie, omawiam koncepcję międzypodmiotowości Heideggera, argumentując, że międzypodmiotowość jest raczej konkretnym, niż abstrakcyjnym, intelektualnym, obiektywnym stanem i że jest ona raczej pierwotną, niż wtórną cechą ludzkiej podmiotowości. Na koniec, podkreślam dwa ontologiczne problemy technologii międzypodmiotowej: Idealizacja relacji międzypodmiotowych i alienująca tendencja technologii międzypodmiotowych. Cała relacja Heideggeryjska na temat międzypodmiotowości, którą podaję, potwierdza mój materialny wniosek, że

---

[278] Martin Heidegger, "Traditional Language and Technological Language," trans. W. Gregory, w *Journal of Philosophical Research XXIII* (1998), 136-140; Martin Heidegger, *Discourse On Thinking*, Op. Cit., 46; Jean Baudrillard, *The Transparency of Evil*, trans. J. Benedict, London: Verso, 1993, 4.
[279] Martin Heidegger, *Being and Time,* Op. Cit., 156-7.

międzypodmiotowość jako *bycie* - współobecność w sensie niewerbalnym - jest podstawową zasadą, na której my, moderny, możemy znaleźć prawdziwie autentyczne ludzkie relacje, nawet w kontekście ustaleń IT.

Na koniec, w tym rozdziale staram się omówić kwestię śmierci i pokazać, jak współczesna naukowa i technologiczna tomografia *komputerowa* znacznie zmieniła nasze podejście do tego podstawowego ludzkiego faktu. W rozdziale drugim wspomniałem, że dla Heideggera śmierć jako podstawowy fakt ludzki sprawia, że pojmujemy naszą ludzką egzystencję jako całość w wyjątkowy sposób, a nowoczesna nauka i technologia uniemożliwiają nam zrozumienie znaczenia tego podstawowego zjawiska. Kwestia ta zostanie omówiona w końcowej części tego rozdziału. Jako podstawowy aspekt naszego bytu, śmierć prowadzi nas do zastanowienia się nad tajemnicami naszej egzystencji, naszego losu i całego świata. Śmierć jest również stałym przypomnieniem, że życie musi być przeżywane w kontekście czasu i przestrzeni. Niestety, dzisiaj wiele osób uważa, że śmierć nie jest istotną częścią życia, ale czymś poza nim. Pod wpływem *obliczeniowej* technologii medycznej ten krytyczny fakt ludzki stał się materią naukową i technologiczną, w której został określony ilościowo jako relacja zewnętrzna, oddając swoje znaczenie i przeznaczenie nie tyle w ręce osoby doświadczającej, co raczej w sferze medycyny, jak w przypadku porodu. W związku z tym śmierć jest postrzegana jako zagrożenie zewnętrzne, które pozbawia nas przyjemności życia na tym świecie, a zatem musi być zwalczana za wszelką cenę. Twierdzę, że śmierć jako fakt ludzki powinna być uznana za ludzki warunek sensowności życia, a nauka i technika mają tendencję do pozbawiania nas jej fundamentalnego znaczenia.

Zanim omówię implikacje *TK* w obszarach międzypodmiotowości i śmierci, należy przede wszystkim zauważyć, że moim zdaniem w tym rozdziale *TK* naukowa i techniczna nie jest *mniejszą* formą myślenia, którą należy zastąpić lub udoskonalić na innym poziomie myślenia, np. *kontemplacyjnym* lub *medytacyjnym*. W rzeczywistości kalkulacja jest znakiem całego ludzkiego życia, który sprawia, że warto żyć. Kalkulacja jest w służbie naszej podmiotowości, "taka myśl jest niezbędna".[280] "To nowe, lepsze możliwości życiowe i lepiej angażuje nas w nasze sytuacje życiowe. W kontekście tego badania problem polega na tym, że tomografia *komputerowa* stała się sferą, w której prawie wszystkiemu zaprzecza się jego ontologiczne znaczenie; wszystko jest ustawione w kolejności obliczeń,[281] czekając na *dowolne*

[280] Martin Heidegger, *Discourse On Thinking,* Op. Cit., 46.
[281] David Kolb, *The Critique of Pure Modernity: Hegel, Heidegger i After,* Op. Cit., 119-20.

wykorzystanie (jak omówiono w poprzednim rozdziale). Jest to myślenie instrumentalne, zawsze na koniec).

Dlatego też, w oparciu o instrumentalne rozważania na temat nowoczesnego *myślenia kalkulacyjnego,* moja refleksja w tym rozdziale będzie miała swoje znaczenie. Jak już wspomniano, skupiam się tylko na trzech obszarach: *dominacja tomografii komputerowej*, *międzypodmiotowość technologiczna* i wreszcie zjawisko *śmierci*. Pojęcia te pogłębiają dyskutowane w poprzednich rozdziałach twierdzenia Heideggera, że nowoczesna technologia odtwarza i strukturalizuje (*enframe*) ludzką podmiotowość, a technologia jest poza kontrolą człowieka.

4.2 Technologia i dominacja "myślenia obliczeniowego"

W świecie ogromnego postępu w nauce i technice dość trudno jest ocenić napaść na nasze umysły inwazji myślenia naukowego i technologicznego; jest to złożona inwazja umysłowa, która niesie w sobie nową formę myślenia, którą Heidegger nazywa *CT*[282]. Jak już wspomniałem, tomografia *komputerowa* jest definiowana w odniesieniu do ludzkich skłonności do manipulacji i narzucania światu zrozumienia. Heidegger uważa, że problem z *tomografią komputerową* ma charakter wyłącznie konceptualny; to znaczy, że operuje ona i organizuje świat, włączając w to samych ludzi poprzez aktywność umysłu, obliczanie, planowanie i badanie świata, ustalanie środków do osiągnięcia jego celów,[283] ale nie odzwierciedla sposobu *bycia* podmiotu ludzkiego *w świecie* jako ujawnienia ontologicznego znaczenia bytów. Ekskluzywna tomografia *komputerowa* wyobcowuje podmiot ludzki, nie tylko z jego świata, ale i z samej siebie, ponieważ nie pozwala mu na podporządkowanie się bytom jego doświadczenia w ich ontologicznym znaczeniu, bytom są rozumiane z perspektywy mean-end. Ten alienujący charakter *TK* klasyfikuję w dwóch podstawowych obszarach: *ograniczenie naszego życia* i myślenie *zorientowane na efektywność*.

4.2.1 Obliczeniowe ograniczenie myślenia lub obniżenie poziomu życia ludzkiego

Podważając alienujące działanie *tomografii komputerowej*, Heidegger twierdzi bezpośrednio:

[282] Martin Heidegger, *Discourse On Thinking,* Op. Cit., 46.
[283] Ibidem.

"Zbliżający się przypływ rewolucji technologicznej w epoce atomowej może tak urzec, olśnić, olśnić i uwodzić człowieka, że obliczeniowe myślenie może kiedyś zostać zaakceptowane i praktykowane jako jedyny sposób myślenia".[284]

Heidegger oznacza, że niebezpieczeństwo związane z nowoczesną technologią jest nie tylko zniszczeniem natury, ale także ograniczeniem w naszym sposobie życia; *zrównaniem się z samym* sobą, co, jak sądzi, stało się powszechnie przyjętą praktyką u tych, którzy wybierają ją jako podstawę do samozrozumienia. Rik Van Nieuwenhove podsumowuje twierdzenie Heideggera, mówiąc: "Heidegger ujawnił niebezpieczeństwa ery technologicznej, w której *tomografia komputerowa* staje się jedynym sposobem odniesienia się do świata."[285]

Jak wskazałem, troska Heideggera nie dotyczy tylko naszej relacji ze światem, ale tego, że *tomografia komputerowa* tworzy w nas technologiczny styl życia, który zdaje się przedstawiać monolityczne podejście do naszego istnienia. Podważa to rozumienie podmiotu ludzkiego jako sfery podmiotowości zawierającej własne doświadczenia, pragnienia, opinie, emocje i wrażenia, elementy, które są nie do obliczenia. Uczucia takie jak miłość i empatia są manipulowane, zaciemniając elementy, które nie pasują do kategorii myślenia naukowego lub technologicznego. Ponieważ nasze rozumienie siebie jest coraz bardziej zdeterminowane przez manipulujące działanie nauki i techniki, stajemy się niezdolni do refleksji nad podstawowymi faktami naszej egzystencji; nasza *przestrzeń wewnętrzna* zostaje zaatakowana, a wszystko w działaniu technologicznym zostaje obliczone w sposób określający tę przestrzeń. Zimmerman argumentuje, że "współczesna nauka jest jednym z najważniejszych wymiarów myślenia reprezentacyjnego: myślenia, które dąży do dominacji bytów", co[286] prowadzi nas do tego, że mniej myślimy o naszym istnieniu, ponieważ nauka i technika robią to za nas. Odzwierciedlając te same uczucia, pisze Marcuse:

"...w miarę jak dobroczynne produkty technologii stają się dostępne dla większej liczby osób z większej liczby klas społecznych, indoktrynacja, którą niosą, przestaje być reklamą; staje się sposobem na życie... a jako dobry sposób na życie, walczy przeciwko zmianom jakościowym".[287]

---

[284] Ibidem, 56.
[285] Rik, Van Nieuwenhove, "Technology and Mystical Theology", w: *Technology and Transcendence, pod redakcją:* Michael Breen, Eamonn Conway i Barry McMillan, Op. Cit., 2003, 186.
[286] Michael Zimmermann, *Heidegger's Confrontation with Modernity: Technology, Politics, Art,* Op. Cit., 184.
[287] Herbert Marcuse, *Człowiek jednowymiarowy*, Op. Cit., 12.

Marcuse oznacza, że w obliczeniowej ocenie życia wszystko, co dotyczy naszej egzystencji, jest uważane za dane, przy mniejszym osobistym zaangażowaniu, ponieważ technologia robi to za nas. Heidegger, w uwagach *Departamentu Transportu*: "Na razie przyjmujemy wszystko w najszybszy i najtańszy sposób."[288] Nastroje Heideggera przejawiają się w naszym nowoczesnym stylu życia, gdzie nasze gospodarki, nasze relacje (myśląc o płytkiej skuteczności społecznej Facebooka) i sposoby gromadzenia informacji, stają się coraz szersze i coraz płytsze. Strony internetowe takie jak Wikipedia dają nam wiedzę w najtańszy i najprostszy sposób na rozwiązania. Wszystko, czego potrzebujemy, to tylko Google. Mamy obsesję na punkcie kosztów i efektywności takich technologii do tego stopnia, że tego typu wiedza staje się wyobcowana, że "poznajemy" rzeczy, bez konieczności uczestniczenia w procesie uczenia się. Podważa to zasadniczo naszą zdolność do myślenia, co wkrótce wyjaśnię. Stajemy się tym, co Heidegger nazywa tylko *kalkulatywnymi myślicielami,* którzy zajmują się twardymi lub *ontycznymi* faktami oceny życia, niezdolnymi do refleksji nad tym, co dla nas znaczy i czym w rzeczywistości *są* w swojej istocie. Jak mówi Heidegger:

> "Wtedy może iść w parze z największą pomysłowością w obliczeniowym planowaniu i wymyślaniu obojętności wobec medytacyjnego myślenia, całkowitej bezmyślności. A potem? Wtedy człowiek zaprzeczyłby i wyrzuciłby swoją własną szczególną naturę - że jest istotą medytacyjną. Problemem jest zatem ocalenie podstawowej natury człowieka. Dlatego problemem jest utrzymanie medytacyjnego myślenia przy życiu. "[289]

Heidegger sugeruje tutaj, że wpływ instrumentalnej *tomografii komputerowej osłabia* naszą zdolność do *ET,*[290] która ma wewnętrzne działanie strukturalne, które dostrzega, obserwuje, zastanawia się i budzi świadomość tego, co dzieje się wokół nas i w nas. Innymi słowy, dla Heideggera podmioty wokół nas nie są przeznaczone do wyzysku, to znaczy nie są nieożywione obejmujące rzeczy, ponieważ mają swoje własne znaczenie. *ET,* która jest aspektem *bycia w świecie*, jest komportem, który jednoczy nas z innymi istotami na świecie jako ujawnienie ich ontologicznego znaczenia. Ale wtedy *tomografia komputerowa* podważa ten rodzaj relacji ze światem.

Echując Heideggera, Jim Corkery podsumowuje w następujący sposób głęboką racjonalność kalkulacyjną w społeczeństwie technologicznym: "estetyczna, pomysłowa,

---

[288] Martin Heidegger, *Discourse On Thinking,* Op. Cit., 45.

[289] Ibid., Op. Cit., 56.

[290] W rozdziale siódmym odniosę się szczegółowo do *niezbędnego myślenia, w* którym omówię odpowiedź Heideggera na siłę przebudowy i restrukturyzacji nowoczesnych technologii.

poetycka, spekulacyjna, artystyczna i religijna myśl, wszystkie pozostają niżej na totemowym biegunie niż instrumentalne, produktywne rozumowanie."[291] Casey, komentując i powtarzając Heideggera na temat *tajemniczej* natury współczesnej technologii, mówi: "*Gestell* sam w sobie nie jest niczym technologicznym, ale wskazuje, że "być" w dobie technologii oznacza być naukowo obliczalnym i technicznie sterowalnym...".[292] Myśliciele ci powtarzają argument, że *CT,* w swojej strukturze operacyjnej, ogranicza nasze istnienie i życie do działalności operacyjnej, nie pozwalając nam w wystarczającym stopniu uwzględniać innych aspektów naszego istnienia. Jesteśmy nieświadomie przekształcani w zaledwie kwantyfikowalne istoty obliczeniowe, jak zaprogramowane maszyny, które wykonują swoje programy zgodnie z oczekiwaniami.

Podsumowując, Haynes, komentując Heideggera, mówi, że "*myślenie kalkulacyjne nie widzi nic poza samym sobą* i dlatego nie uważa nic poza sobą".[293] Haynes sugeruje tutaj, że tomografia *komputerowa* może działać tylko wewnątrz siebie, organizując świat i ludzkość poprzez aktywność umysłu. Rozszerza się na wszystko, i na każde pole, aby pociągnąć lub zredukować wszystko do siebie, do swojego obliczeniowego i manipulacyjnego działania, frustrując refleksję nad innymi podstawowymi kwestiami ludzkiej egzystencji. Skraca ludzkość do statusu bystrego zwierzęcia, pozwalając na znikomy wgląd w autentyczne możliwości i obowiązki ludzkości,[294] jako horyzontu, poprzez który podmioty ujawniają się pod względem swego znaczenia.

4.2.2 Obliczeniowe Myślenie zorientowane na efektywność

Drugi aspekt mojego twierdzenia jest taki, że tomografia *komputerowa* prowadzi do fałszywego przekonania, że podstawowym celem ludzkiej działalności i myśli jest *skuteczność.* W ramach *efektywności* jako punktu odniesienia, myślenie naukowe i technologiczne wykorzystuje "planowanie, badania, organizację, sposoby działania w celu uzyskania najlepszych wyników".[295] Wszystko to jest nastawione na produkcję, która polega na

[291] Jim Corkery, "Does Technology Squeeze Out Transcendence - Or What?" w "*Technology and Transcendence", pod redakcją* Breen Conway, Op. Cit., 12.
[292] Timothy K. Casey, "The Emergence of Cybernetic Humanity", w: Harold Baillie i Timothy Casey, *Czy ludzka natura jest przestarzała? Genetyka, Bioinżynieria i przyszłość kondycji człowieka,* Op. cit., 52.
[293] Referat Johna D. Haynesa na temat "Calculative Thinking and Essential Thinking in Heidegger's Phenomenology" (Obliczeniowe myślenie i podstawowe myślenie w fenomenologii Heideggera), wygłoszony w School of Information Systems, Technology and Management, University of New Wales, Australia.
[294] Michael Zimmermann, *Heidegger's Confrontation with Modernity: Technology, Politics, Art,* Op. Cit., 221.
[295] Martin Heidegger, *Discourse On Thinking*, Op. Cit., 46.

kompetentnym i szybkim wykonywaniu czynności poprzez ich kategoryzowanie i analizowanie w celu uzyskania jak najlepszych wyników. W tym całym procesie, rzeczy są uważane za zwykłe środki do tego wyniku końcowego jego działania. Corkery obserwuje tę operację myślenia kalkulacyjnego:

> "Niezależnie od tego, czy chodzi o technologię przemysłową [inżynier elektronik projektujący robota, który może pomalować tysiąc samochodów w ciągu godziny], czy medyczną [naukowiec opracowujący nowe leki w laboratorium], czy też zorientowaną na komunikację [informatyk produkujący telefon komórkowy z kolorowym wyświetlaczem i wbudowanym aparatem cyfrowym], celem jest wydajność, wysoka wydajność i opłacalność produkcji. Pojęcie budowy większej i lepszej, szybszej i drobniejszej, jest podstawą, na której budowana jest technologia, której głównym celem jest produkcja na konsumpcję i w końcu na zysk".[296]

Corkery sugeruje tutaj, że *CT* w swojej działalności dąży wyłącznie do tego, co jest mierzalne; dąży do maksymalnie wydajnej produkcji produktów materialnych lub niematerialnych dla maksymalnego zysku, manipulując lub podważając ontologiczne znaczenie rzeczy wykorzystywanych w produkcji. Jego obsesja na punkcie *efektywności* doprowadziła do powszechnego zrozumienia, że nasze nowoczesne technologie są dobre, ponieważ dobrze wykonują swoją pracę i dlatego je zatrudniamy[297]. *Efektywność* jest miarą ich wartości. To wyjaśnia, dlaczego są one wybierane spośród wielu możliwych alternatyw technologicznych. Oczywiście, skuteczność jest dobra, ale problem polega na tym, że została uznana za jedyne medium, które determinuje nasze relacje z rzeczami, które nas interesują, poprzez które relacje te są oceniane i oceniane. Dzieje się tak przede wszystkim dlatego, że obliczenia techniczne są pomyślane jako nadrzędne w stosunku do obliczeń ludzkich pod względem wyniku końcowego, co stwarza problem braku zaufania do ludzkich możliwości, ponieważ są one przytłoczone przez niedbałość i dwuznaczność. Oznacza to, że podmiotowość ludzka ma być przeszkodą dla skutecznej działalności technicznej.

W rzeczywistości jest odwrotnie, kiedy patrzymy wstecz z punktu widzenia najlepszych urządzeń technologicznych, których używamy, dajemy się nabrać na myśl, że ich oczywisty i skuteczny sposób radzenia sobie z tym, o co chodzi, wyjaśnia ich sukces. Oczywiście, z ekonomicznego punktu widzenia, że myślenie działa, ale filozoficznie nie. Z filozoficznego punktu widzenia *wydajność nie wyjaśnia sukcesu technologicznego, ale raczej*

---

[296] Jim Corkery, "Does Technology Squeeze Out Transcendence - Or What?" w "*Technology and Transcendence", pod redakcją* Breen Conway, Op. Cit., 12.

[297] Andrew Feenberg, *Transforming Technology: A Critical Theory Revised,* Op. Cit., 165.

to właśnie sukces technologiczny tłumaczy wydajność. Chodzi mi o to, że chodzi nie tyle o techniczny i efektywny sposób realizacji konkretnego działania. Raczej, aby poznać sukces każdej technologii, wraz z naszym doświadczeniem w zakresie tego, jaką technologię stosujemy, musimy spojrzeć krytycznie na to, jak służy ona wcześniejszym celom ludzkim i ocenić ją w świetle tych celów.

Nie możemy polegać tylko na technicznych sposobach i środkach realizacji naszych celów. Niestosowne będzie odejście od komercyjnej teorii technologii, która przedstawia nam tylko możliwe cuda, ale raczej powinniśmy najpierw rozpocząć ocenę danej technologii od podstawy naszego rzeczywistego, żywego doświadczenia z nią, aby zapytać, jak pozytywnie lub negatywnie wpływa ona na nasze życie. Musimy również ocenić zmieniające się realia, jakie technologie tworzą w życiu człowieka, oraz ich konsekwencje, zwłaszcza niezamierzone, wśród których są te łagodne i szkodliwe.

Oczywiście, z perspektywy instrumentalnego podejścia do technologii, nie ma wątpliwości, że możemy oczekiwać, iż wszystkie technologie będą bardziej wydajne w swojej pracy, aby przynieść lepsze rezultaty. Heidegger twierdzi jednak, że same obliczenia *wydajności* nie wyjaśniają prawdziwej natury ani wartości tych technologii, ani też nie wyjaśniają, dlaczego są one obecne w naszym świecie. Widzi on, że technologia wykracza poza obliczanie środków do wcześniej ustalonych celów, aby przyjąć rolę ludzkiego środka transformacyjnego. Tylko dzięki wiedzy na temat rekonstrukcyjnego i restrukturyzacyjnego charakteru technologii, dzięki jej sukcesom i porażkom możemy poznać prawdziwą rzeczywistość naszych preferowanych technologii.

Ponieważ dążenie do *efektywności* jest główną zasadą nowoczesnej technologii, dziś, z powodu naszej obsesji na jej temat, prawie cała ludzkość jest w nią uwikłana. Nie jesteśmy od niej wolni, a co za tym idzie, jesteśmy przez nią osłabieni. Jesteśmy przez nią uwięzieni i nie zastanawiamy się nad funkcjami, wartościami i celami, do których taka skuteczność jest ukierunkowana. Heidegger przewiduje ten osłabiający efekt nowoczesnej technologii i reaguje z niepokojem, że ludzie są teraz ugruntowani w bezmyślności.[298] Ludzie są bezmyślni, ponieważ nasza obsesja na punkcie *TK* (produkcji, ekspansji i zysku) stała się medium, miarą i celem odnoszącym się do tego, co jest nam bliskie, zasadniczo podporządkowując inne aspekty ludzkiego życia temu odtwarzającemu celowi. Jesteśmy całkowicie pochłonięci tego rodzaju oceną życia. To, co twierdzi Heidegger, jest dość mocno powtórzone przez Ellula, kiedy twierdzi:

[298] Martin Heidegger, *Discourse On Thinking*, Op. Cit., 45.

"Stan umysłu współczesnego człowieka jest całkowicie zdominowany przez wartości techniczne, a jego cele są reprezentowane tylko przez taki postęp i szczęście, jakie ma być osiągnięte za pomocą technik".[299]

Tomografia komputerowa zmniejsza zatem znaczenie ludzkie do jego ram, nawet jeśli to, co jest produkowane, można powiedzieć, że poprawia jakość ludzkiego życia. Ludzie tracą zdolność do samostanowienia na rzecz determinacji technologicznej.

Na zakończenie chcę powtórzyć, że pomimo krytyki, jaką wyraziłem, tomografia *komputerowa* nie powinna być interpretowana jako *mniejsza* forma myślenia. Myślenie o charakterze naukowym i technologicznym ma swoje ważne miejsce w dziedzinie nauki i techniki. Chcę jednak również podkreślić, że choć takie myślenie jest ważne, to nie powinno być traktowane jako jedyne ramy oceny człowieka. Musimy wyobrazić sobie myślenie, które promuje autentyczne poczucie własnej wartości, myślenie *skierowane do wewnątrz, które* uwzględnia aspekty oceny życia wykraczające poza zwykłe wyliczenie środków na określone cele technologiczne. Powinniśmy rozważyć wezwanie Heideggera do *ET*, która w swojej ocenie uwzględnia również *ET*. Na przykład botanik, który pracuje w przemyśle wytwórczym, opracowując nowe nasiona kukurydzy, nie tylko produkuje nasiona, ale także kontempluje piękno rośliny i dzieli się bezpośrednim i niezakłóconym doświadczeniem z nasionami w trakcie ich wzrostu. Nie jest to tylko zbyteczne osobiste doświadczenie, ale raczej forma niezamierzonego doświadczenia, które tworzy ludzki świat znaczenia z bytami, których częścią są nasiona kukurydzy.

4.3 Inter-podmiotowość technologiczna

Postęp technologiczny wpływa nie tylko na przyrodę i inne aspekty człowieka, które zostały już przeanalizowane, ale także wykracza poza inne dziedziny ludzkiego życia społecznego, w szczególności na nasze relacje międzypodmiotowe. Dzisiaj nasze interakcje z innymi są nasycone technologią; stąd pojęcie technologicznej międzypodmiotowości. Często i powszechnie uważa się, że rozwój technologii międzypodmiotowych zwiększyłby również nasze relacje międzypodmiotowe. Na przykład dziś można dodać kogoś na Twitterze lub Facebooku i przez pewien czas przyczynowo wchodzić z tą osobą w interakcję, dzięki czemu

[299] Jacques Ellul, "Porządek techniczny", w *"Filozofii i technologii": Odczyty w "Filozoficznych problemach techniki"*, pod redakcją Carla Mitchama i Roberta Mackeya, Op. Cit., 86-87.

w momencie faktycznego spotkania masz już o niej ogromną ilość informacji. W tym sensie, technologie międzypodmiotowe pozwalają nam pominąć niektóre z tradycyjnych sposobów poznawania *innych*. Być może to ogólne założenie opiera się na łatwości i efektywności technologii interaktywnych. Technologie te dają nam większe możliwości interakcji i utrzymywania przyjaźni z odległymi *osobami*, bez wymogu, aby były one faktycznie współobecne w tym samym miejscu i czasie. Chcę jednak pójść o krok dalej, jeśli chodzi o konsekwencje technologii międzypodmiotowych.

W tej części, pomimo niezaprzeczalnych korzyści płynących z technologii interaktywnych, twierdzę, że technologie interaktywne doprowadziły do zniszczenia lub *zepsucia* międzypodmiotowości jako takiej, szczególnie w odniesieniu do roli relacji niewerbalnych, które osadzają w sobie ważne aspekty, takie jak empatia, współczucie, zrozumienie, miłość i inne podstawowe zadania międzypodmiotowościowe. Te podstawowe, niewerbalne aspekty wartości międzypodmiotowych, ze względu na technologie międzypodmiotowe, są obecnie mediowane, manipulowane, odsuwane na bok, grożąc ich ewentualnym zanikiem w polu międzypodmiotowym, podczas gdy same zastosowane technologie interaktywne nie mogą ich zastąpić. Zanim przejdę do szczegółów tego twierdzenia, pokrótce wyjaśnię konwencjonalne znaczenie międzypodmiotowości.

4.3.1 Zrozumienie Inter-podmiotowość

Inter-podmiotowość jako pojęcie fenomenologiczne jest nierozłącznie związana z pojęciem doświadczenia. Służy do określenia relacji jaźni do innych oraz relacji pomiędzy doświadczeniem jaźni innych jako podmiotów doświadczenia. Innymi słowy, chodzi tu o świadome doświadczenie innych osób, które obejmuje wzajemne zrozumienie, miłość, empatię, współczucie, itp. objawiające się nawzajem w formie dawania siebie.[300] Jest to uczestnictwo w czyimś stanie umysłu lub nastroju (uczuciach) w celu wzajemnego promowania się, a tym samym uznania ich za podmioty powiązane. Idealnie byłoby, gdyby międzypodmiotowość polegała na możliwości dzielenia się doświadczeniami życiowymi z *innymi,* w celu wzajemnego wspomagania się. To doświadczenie innych stanowi podstawę relacji międzyludzkich i relacji pomiędzy świadomością a doświadczeniem innych. Doświadczenie *drugiego* jest zawsze moje, ze wszystkimi jego niejasnościami i wyzwaniami. Podkreślając znaczenie międzypodmiotowości dla rozwoju osób, zauważa Gabriel Marcel:

---

[300] Francis J. Lescoe, *Egzystencjalizm - z Bogiem czy bez Boga,* Nowy Jork: Alba House, 1974, 102.

"...międzypodmiotowość lub relacja z drugim, na której opiera się wspólnota, dostarcza nam środków do odkrywania siebie i znajdowania łożysk w świecie"[301] *oraz* "kamień węgielny ontologii".[302]

Marcel ma na myśli to, że doświadczenie międzypodmiotowości jest tym, co pozwala człowiekowi poczuć wnętrze siebie i tego *drugiego,* z którym się łączy. Osiągnięcie międzypodmiotowego wnętrza zależy jednak od stopnia, w jakim otwieram się na siebie, tak aby ten *drugi mógł głębiej doświadczyć* mnie w momencie tej interakcji. Aby to osiągnąć, muszę mieć poczucie własnej *znajomości* i *znajomości* innych. Znajomości te pozwalają mi być ciekawym kim jestem, kogo biorę na siebie w związku i jak doświadczam siebie i drugiego człowieka. Pomagają mi mieć głębsze poczucie *tego, kim jestem.* Pod tym aspektem znajomości stanowią zatem podstawę relacji międzyludzkich, ponieważ zależą one od poziomu zaangażowania osób pozostających w relacji w budowanie intymności i wzajemnego zaufania.[303]

Heidegger przyjmuje bardzo ciekawy zwrot od konwencjonalnego ujęcia międzypodmiotowości. W przeciwieństwie do konwencjonalnego konta, które obiektywizuje odnoszące się do siebie, jak to ma miejsce w przypadku Husserla, który zaczyna się od jednostki relacji z indywidualnym ego (*ja* lub ja) i idzie stamtąd do *innych*, Heidegger zaczyna się z naszych relacji *z - inne* jako konstytutywne naszego *bycia - w świecie,*[304] a następnie wyrusza do zbadania, jak określić, lub odzyskać, nasz związek z naszym - siebie. Dan Zahavi argumentuje:

"Na początku swojej analizy *Bytu i Czasu* Heidegger pisze... że podmiot nigdy nie jest dany bez świata i bez innych. Tak więc ... to właśnie w kontekście bycia w świecie spotyka się z międzypodmiotowością".[305]

Zahavi ma na myśli to, że Heidegger uważa naszą egzystencję nie za odizolowane *ego*, lecz za matrycę zaangażowania w rzeczywistość i *innych*, z których trudno się wydobyć, aby stać się własną osobą. Ja nie powinno być zdeterminowane z zewnątrz przez czynniki

---

[301] Gabriel Marcel, *The Mystery of Being,* Vol I, Op. Cit., 255.
[302] Ibidem.
[303] Anthony Giddens, *Modernity and Self-Identity,* Op. Cit., 88.
[304] Martin Heidegger, *Being and Time*, Op. Cit., 156-7.
[305] Dan Zahavi, *Husserl i Transcendentalna Intersubiektywność: A Response to the Linguistic-Pragmatic Crtique,* tłumaczenie: Elizabeth A. Behnke, Ateny: Ohio University Press, 2001, 124.

zewnętrzne, ani przez abstrakcyjną wiedzę, którą posiada o sobie i o *innych*, ale przez własne zaangażowanie lub uczestnictwo w *innych*. Innymi słowy, Heidegger uważa, że relacje międzypodmiotowe polegają na chwilach, w których relacja z innymi rozpływa się we własnej istocie. Teraz wyjaśniam te twierdzenia dalej, w szczególności rozwijając pojęcie Heideggera o *byciu* - jako sposobie autentycznej międzypodmiotowości.

4.3.2 Rachunek Heideggera dotyczący podległości międzypodmiotowej

W tym podrozdziale podkreślam, że interakcje niewerbalne są z natury znaczące i że międzypodmiotowość jest współobecnością, a nie tylko ćwiczeniem umysłowym wykonywanym przez powiązane podmioty. Twierdząc, że międzypodmiotowość jest współobecnością, podkreślam relację Heideggera o byciu - *z byciem*, dotykając w różnym stopniu wpływu technologii międzypodmiotowościowych na to pojęcie *bytu - z byciem*. Podana przeze mnie analiza Heideggera potwierdza merytoryczny wniosek, że międzypodmiotowość jest konkretnym, a nie abstrakcyjnym i zobiektywizowanym doświadczeniem *drugiego, jakie dają* technologie międzypodmiotowe. Jako konkretne doświadczenie *drugiego*, jest to podstawowa zasada, na której my, moderny, możemy znaleźć prawdziwie autentyczne ludzkie relacje. Relacja Heideggera o niewerbalnej naturze międzypodmiotowości reaguje na wpływ myśli kartezjańskiej, która rozumiała człowieka i wszystkie relacje międzyludzkie, w kategoriach myślącego podmiotu. Wpłynęło to również na charakter i funkcję nowoczesnych technologii interaktywnych jako pośredniczącego doświadczenia międzypodmiotowego. Dla Heideggera, zrozumienie siebie jest ugruntowane w *byciu - z innymi,* rodzajem współżycia, a nie tylko w empatii, miłości, współczuciu, itp. jak to jest powszechnie rozumiane w zobiektywizowanych relacjach międzyludzkich. Wcielone interaktywne praktyki lub działania stanowią podstawowy dostęp, przez który rozumiemy *innych*. Heidegger obserwuje:

> "...empatia nie stanowi najpierw Bycia - *z byciem*; tylko na podstawie *Bycia - z byciem - z byciem* - 'empatia' staje się możliwa: otrzymuje swoją motywację z braku towarzystwa dominujących sposobów *bycia - z byciem"*.[306]

Twierdzenie Heideggera zrywa z konwencjonalną koncepcją międzypodmiotowości. Konwencjonalnie, międzypodmiotowość opiera się na poczuciu empatii z *drugim*, tak że *drugi*

---

[306] Martin Heidegger, *Being and Time,* Op. Cit., 162.

jest uważany za zobiektywizowane centrum lub źródło doświadczenia międzypodmiotowego. Dla przykładu, widzę inną osobę w bólu, moja świadomość jej bólu wynika z mojego empatycznego uznania tego samego rodzaju bólu jaki kiedyś sam przeżyłem. Przedstawiając powyższe twierdzenie, Heidegger nie sugeruje, że nie jesteśmy zdolni do odczuwania empatii czy miłości; nie umniejsza też tego emocjonalnego aspektu naszego bytu; czynienie tego byłoby sprzeczne z jego pojęciem nastrojów (omówionym w rozdziale trzecim) jako wewnętrznych stanów subiektywnych, poprzez które odnosimy się do rzeczywistości. Emocje to różne poziomy wyrażania tego, w jaki sposób realizujemy nasze międzypodmiotowe relacje lub nasze spotkania z *drugim człowiekiem;* w rzeczywistości są one czymś, czym *jesteśmy* zasadniczo.

Jednak w przeciwieństwie do konwencjonalnego rozważania o międzypodmiotowości, które opiera się na empatii, Heidegger nie widzi międzypodmiotowości w ten emocjonalny sposób, ani też nie widzi jej jako czegoś, o czym muszę myśleć. Raczej, dla niego, międzypodmiotowość wykracza poza stany psychiczne lub emocjonalne, działając na poziomie transcendentalnym, który daje możliwość przeżywania i manifestowania wspólnego świata. Inter-podmiotowość nie jest konstrukcją opartą na emocjonalnym uczuciu współczucia, ale raczej zjawiskiem, które komponuje nasze ludzkie doświadczenie. Jest to zaangażowanie w świat dla *innych, w* zasadzie dlatego, że ludzka egzystencja jest koniecznie współistnieniem; nasze bycie z *innymi* wymaga, aby każdy z *nich był traktowany* jako jednostka, część pojedynczego "*my*".[307]

Dlatego też, dla Heideggera, pojęcia takie jak empatia, współczucie, miłość itp. nie są same w sobie pierwotne w relacji międzypodmiotowej. Nasza relacja z *innymi* nie może opierać się jedynie na empatii, ani na przemijających uczuciach, które pojawiają się na nas w danym momencie, gdy wymaga tego sytuacja *drugiego,* ani też nie mogą być redukowane do tych emocji. Wywodzą się one raczej z wcześniejszego, łącznego poziomu *bycia - z byciem*[308]. Podmiotowość opiera się zasadniczo na działaniach lub praktykach międzyludzkich. Właściwa międzypodmiotowość rozwija się z wzajemnej wymiany międzyludzkiej i ciągłego manifestowania wartości tworzących świat z *innymi.* Heidegger zasadniczo uważa, że wspólne doświadczenia i wartość są podstawą *wzajemnych relacji*, które wykraczają poza proces zwykłej kalkulacji i samoobiektywizacji, co przejawia się w relacjach z mediami technologicznymi.

---

[307] Tom Greaves, *Począwszy od Heideggera,* Op. Cit., 51-2.
[308] Paul Downes, "The Relevance of Early Heidegger's Radical Conception of Transcendence to Choice, Freedom and Technology", w: *Technology and Transcendence, pod redakcją* Breen Conway, Op. Cit., 169.

Podtrzymując swoje twierdzenie, Heidegger pisze: "...jako *bycie - z Daseinem* 'jest' zasadniczo dla dobra *innych"*.[309] "To, co mówi Heidegger, to w zasadzie *bycie* - jest warunkiem naszej możliwości międzypodmiotowości,[310] co implikuje dwa podstawowe wymiary: a) *drugi* nie jest odizolowanym *ja,* jak to ma miejsce w przypadku myślącego umysłu Kartezjusza, oddzielonego od reszty świata i *TE* Husserla, który interpretuje doświadczenie tak, jak to opisałem w rozdziale drugim oraz b) *drugi* nie jest *zobiektywizowanym* zbiorowym istnieniem fizycznych podmiotów. Opisuję teraz, co mam na myśli mówiąc o tych twierdzeniach.

Po pierwsze, w odniesieniu do *drugiego, który* nie jest *odizolowanym ja* w relacji międzypodmiotowej, Heidegger postrzega międzypodmiotowość jako coś, co wyłania się z wewnętrznej sfery powiązanych podmiotów, a nie jako coś, co narzuca się z góry określonej podmiotowości. W swoim ataku na indywidualistyczne myślenie filozoficzne Heidegger pisze:

> "Filozofia jeszcze bardziej wzmocniła tę iluzję, głosząc dogmat, że indywidualna istota ludzka istnieje dla niej samej - lub dla siebie samej jako jednostki - i że jest to indywidualne ego ze swoją sferą ego, które jest początkowo i przede wszystkim dla siebie samego jako tego, co jest najbardziej pewne. Dało to jedynie filozoficzną sankcję poglądowi, że z tej solipsystycznej izolacji musi najpierw powstać jakiś rodzaj bycia ze sobą".[311]

Heidegger oznacza tutaj, że nie jesteśmy odizolowanymi myślącymi substancjami, które muszą zasypywać przepaść solipsyzmu, ani zwykłymi uczestnikami tej samej wspólnej fizycznej egzystencji; jesteśmy podmiotami współistniejącymi i współobecnymi. Ludzki podmiot lub *ja* nie istnieje sam i nie nabywa najpierw swojego *bytu - z* chwilą pojawienia się innego podmiotu lub *ja.* Jako egzystencjalne *ja*, podmiot ludzki istnieje już w świecie międzypodmiotowym. W większości przypadków codzienne życie podmiotu ludzkiego nie jest jego własnym życiem, jak dalej zauważa Heidegger: "To może być to, że "kto" z codziennego *Daseina nie* jest tylko "ja, ja"."[312] Chodzi mu o to, że każdy z nas żyje we wspólnej publicznej *całości otoczenia*, które tworzy nas jako inter-relację w świecie, *z* którego wywodzą się wszystkie nasze postrzegania, wrażliwości i doświadczenia. Dlatego, jako ludzki *Dasein*, po prostu nie żyję samotnie; żyję z *innymi.* W moim codziennym życiu troski i troski, stale korzystam z rzeczy, które odnoszą się do innych; zawsze odnoszę się do *nieokreślonych* innych.

---

309 Martin Heidegger, *Being and Time,* Op. Cit., 160; Francois, Raffoul i David Pettigrew, *Heidegger and Practical Philosophy,* New York: State University of New York Press, 2002, 250-1.
310 Martin Heidegger, *The Metaphysical Foundations of Logic,* Op. Cit., 1984, 186.
311 Martin Heidegger, *The Fundamental Concepts of Metaphysics: World, Finitude and Solicitude*, Op. Cit., 206.
312 Martin Heidegger, *Being and Time,* Op. Cit., 150.

Inter-podmiotowość jako relacja wewnętrzna jest jednak odtwarzana przez nowoczesne technologie interaktywne. Stosujemy technologie informatyczne, które czynią nasze relacje indywidualistycznymi i cybernetycznymi. Uprzedmiotawia to relacje międzypodmiotowe[313] i wymazuje ich unikalne cechy, w szczególności aspekty niewerbalne, które osadzają inne wartości, takie jak emocje, miłość itp. Korzystamy z technologii, które sprawiają, że nie czujemy się komfortowo w konfrontacji twarzą w twarz; łatwiej jest usiąść tyłem do siebie i pisać małe wiadomości za pośrednictwem Twittera, Facebooka niż rozmawiać ze sobą. Mamy skłonność do mówienia rzeczy w świecie elektronicznym (pomyślcie o wszechogarniającym zjawisku "trollingu"), których nigdy nie powiedzielibyśmy sobie nawzajem twarzą w twarz, ponieważ osoba, której mówimy, nie jest fizycznie dostępna dla emocjonalnej kontestacji. To tak, jakby część naszego systemu nerwowego, która rejestruje uczucia *innych,* była zdrętwiała lub usuwana, kiedy komunikujemy się elektronicznie.

W związku z tym ograniczamy nasze relacje w jak największym stopniu tylko do informacji faktycznych. Chcę jednak potwierdzić, że relacje osobiste lub niewerbalne są ważne z wielu powodów: pozwalają *drugiej* osobie wyrazić, co czuje do jednej i na odwrót; interakcja fizyczna pomaga wyjaśnić sytuację, myśli, emocje itp. z *drugiej strony*. Głos *drugiej* osoby może odegrać rolę w przekazie wiadomości, a jego wysokość, głośność i tempo mogą również wpływać na wiadomość. Wszystkie te ruchy nie mogą być wysyłane w e-mailu, ani widziane w sms-ie, a nawet gdyby istniał na to sposób, media elektroniczne przekazują emocje słabo w porównaniu z relacją niewerbalną. W rzeczywistości, zwiększone technologiczne formy inter-podmiotowości prowadzą również do zwiększonego uzależnienia od gadżetów technologicznych, które pośredniczą w tych relacjach. To uzależnienie od gadżetów technologicznych ogranicza i obiektywizuje relacje, czyniąc je zewnętrznymi w stosunku do indywidualnej tożsamości.

Jednak dla Heideggera, jak wyjaśniono, międzypodmiotowość jest czymś, z czego nie mogę się bardzo łatwo wydostać. Relacje międzypodmiotowe w ich wewnętrznym znaczeniu nie mogą być w pełni przeżywane w kontekście mediacji technologicznej, wzmocnionej przez IT, a nawet gdyby to było możliwe, musiałoby być miejsce na relacje niewerbalne. Jest to zasadniczo ważne, ponieważ zawsze jesteśmy w stanie pierwotnego doświadczenia interakcji. Jest to wewnętrzna relacja, w której poznajemy siebie w działaniach z innymi, które same w sobie nie mogą ograniczać się do środka ich wyrazu czy manifestacji. Nie mogę usunąć siebie

---

[313] *Obiektywizowanie relacji odnosi się* do sposobu, w jaki relacja międzypodmiotowa jest traktowana jako przedmiot, surowiec lub zasób, którym należy manipulować i wykorzystywać dla własnych celów, a nie dla dobra obu partnerów; postrzega relacje jako zjawisko zewnętrzne, które można postrzegać intelektualnie.

z tej niewerbalnej interakcji z innymi poprzez swoje działania, a ponadto moja istota jest pochodną *bycia - z byciem,* i jest tworzona na podstawie ujawnienia siebie, poprzez działania, które mam z innymi w świecie międzypodmiotowym. Technologiczne systemy interaktywne (Skype, telefon komórkowy, Twitter, Facebook, itp.) coraz bardziej zyskują na znaczeniu w ludzkiej egzystencji i zamykają wokół nas swoje własne sposoby międzypodmiotowości, osłabiając tym samym tradycyjne formy ludzkich relacji poprzez erozję znaczenia i wagi niewerbalnych cech międzypodmiotowości.

Moje drugie twierdzenie jest takie, że dla Heideggera *drugie nie powinno* być rozumiane jako *uprzedmiotowione,* lub tylko zbiorowe, istnienie fizycznych podmiotów ze sobą. Można zadać pytanie: A co z sytuacją, w której *druga osoba* nie jest fizycznie obecna, czy oznacza to, że nie ma międzypodmiotowości? Heidegger twierdzi, że nawet w przypadkach, gdy podmiot ludzki nie zwraca się fizycznie do *innych,* pozostaje on w *byciu - z innymi;* nasze samorozumienie opiera się na tej wcześniejszej wewnętrznej towarzyskości. On wyjaśnia:

> "Tylko dlatego, że *Dasein* jako taki jest zdeterminowany przez jaźń, może dostosować się do siebie samego. Samodzielność jest założeniem możliwości bycia "ja", to ostatnie jest ujawniane tylko w "tobie".[314]

Heidegger w tekście pojmuje *drugiego* jako jaźń nieobiektywną, a także jako *jaźń* codziennej struktury społecznej naszej egzystencji. Sugerując, że *"ja"* jest częścią struktury międzypodmiotowej, Heidegger sprzeciwia się *obiektywizacji "ja"* i "ja" za pomocą wszelkich środków, zwłaszcza nowoczesnych interaktywnych technologii, które zdają się manipulować i wykorzystywać tę przestrzeń braku "ja", czego doświadczamy dziś w dzieleniu się informacjami osobowymi online. Ten *drugi stał* się obiektem informacji, co prowadzi do braku poszanowania jego prywatności i manipulowania nią przez innych. Dziś intymność osobista jest pożądana właśnie dlatego, że informacje o nas unoszą się w cyberprzestrzeni, a nasze relacje międzyludzkie są mediowane poprzez dzielenie się informacjami osobowymi z innymi. Gdy dana osoba umieści coś w sieci, to pozostaje w sieci. Zdjęcia, numery telefonów, wiadomości e-mail, numery ubezpieczenia społecznego, informacje o pracy można znaleźć w Internecie. Drugi na przykład umieszcza swoje informacje lub dane identyfikacyjne. Wszystkie te informacje składają się na piękny wynik dla reklamodawców, hakerów i stalkerów online.

---

[314] Martin Heidegger, "On the Essence of Ground" w *Pathmarks,* Cambridge: Cambridge University Press, 1998, 122.

Hakerzy zbierają informacje o ludziach, a następnie sprzedają je lub używają ich do otwierania nowych kart kredytowych. W tym przypadku dane osobowe są traktowane jako obiektywny towar, który ma być sprzedawany jak każdy inny. Prywatność nie jest już postrzegana jako coś z własnej indywidualności. Nie jest ona już ceniona u innych, do których mamy uprzywilejowany dostęp, jeśli ten drugi zdecyduje się na to pozwolić; raczej międzypodmiotowe technologie, jako takie, uczyniły z indywidualności towar, prowadząc do samoobiektywizacji podmiotów zaangażowanych w relację.

Jak twierdzi Corkery, niektóre technologie wykorzystywane w relacjach międzypodmiotowych przedstawiają pewien rodzaj "manipulacyjnego, wirtualnego świata, który agresywnie bombarduje *drugą* lub obie strony uwodzicielskimi i wyzyskującymi ofertami i wciąga je w płytkie przestrzenie relacyjne, w których często można powiedzieć najbardziej intymne rzeczy, ale tylko dlatego, że nigdy nie mogą z nich powstać żadne prawdziwe relacje".[315] Oznacza to, że my, moderny, angażujemy się w pracę nad konstruowaniem płytkich narracji inter-podmiotowości, ustanawianiem nowych sfer jej realizacji, w których *druga* osoba, z którą się komunikuję lub odnosimy, nie jest postrzegana jako ktoś, kto jest taki jak ja, ale inny niż ja. Istnieje ona raczej jako potencjalny *obiekt* myśli dla mnie, który oferuje różne informacje i cechy, które mogę lubić podziwiać. W takich przypadkach technologie międzypodmiotowe stają się medium nie tylko obiektywizowania *drugiego*, jak myśli Heidegger, ale także środkiem samoobiektywizowania i obiektywizowania samej relacji, z możliwością przekształcania *drugiego* i siebie w zwykłe *przedmioty* i *narzędzia* informacji.

Podsumowując, chcę podkreślić, że dla Heideggera mówienie o *innych* w jakichkolwiek relacjach międzypodmiotowych nie powinno być interpretowane jedynie *ontologicznie,* jak każdy inny obiekt na świecie, ani *cybernetycznie,* jak ma to miejsce w przypadku relacji naukowych. Raczej podległość powinna być rozumiana *ontologicznie, w tym* sensie, że ten *drugi* nie jest wszystkim innym, ale także i mną, którego jestem częścią; ten *drugi* jest jednym z tych, wśród których ja także jestem, nieobiektywnym *innym.* Relacja Heideggera na temat tej ontologicznej koncepcji relacji międzyludzkich rzuca wyzwanie iluzjom związanym z uprzedmiotowieniem relacji międzyludzkich przez naukę i technikę dzisiaj. Co więcej, uznanie relacji międzypodmiotowych za abstrakcyjne lub werbalne, jak to ma miejsce w przypadku relacji cybernetycznych, ma uczynić je całkowicie mentalistycznymi.

[315] Jim Corkery, "Does Technology Squeeze Out Transcendence - Or What?" w "*Technology and Transcendence*", *pod redakcją* Breen Conway, Op. Cit., 14.

W jaki sposób fenomenologiczna Heideggerowska koncepcja międzypodmiotowości zostaje zakwestionowana w nowym kontekście nowoczesnych technologii interaktywnych? Kolejna sekcja postara się odpowiedzieć na to pytanie.

4.3.3 Ontologiczne problemy inter-podmiotowości technologicznej

W dwóch poprzednich podsekcjach wyjaśniłem dwie relacje międzypodmiotowości: konwencjonalną i Heideggerską. Obecnie korzystamy z interaktywnych technologii, takich jak Internet, telefony komórkowe, (Twitter, Facebook), Skype, itp[316]. Technologie te określają sposób rozumienia i interpretacji relacji międzyludzkich, na lepsze lub gorsze. W rzeczywistości, jak twierdzą wielcy optymiści technologii, nowoczesna technologia ma wzmocnione relacje międzypodmiotowe, z wieloma zaletami przeważającymi nad wadami. Fransces Cairncross jest tego zdania, argumentując, że dzięki technologii "więzi horyzontalne pomiędzy ludźmi o tych samych zainteresowaniach, lub mówiącymi tym samym językiem w różnych częściach świata, będą się wzmacniać".[317] Dzięki tym technologiom obserwujemy stopniowy rozwój społeczności internetowych, w których uczestnicy są w stanie utrzymywać relacje w internetowych grupach dyskusyjnych oraz odtwarzać siebie i swoje środowiska. Technologia komputerowa zrewolucjonizowała nasze międzypodmiotowe relacje, tworząc możliwości większego uczestnictwa, na przykład w polityce.[318]

Wręcz przeciwnie, technologie te podważają, a czasem zaciemniają podstawowe, międzypodmiotowe wartości ludzkie, takie jak empatia, współczucie, zrozumienie, miłość itp. gdzie są one obecnie pośredniczone, manipulowane i mniej uważnie obsługiwane, co prowadzi do ich ewentualnej utraty w dziedzinie międzyprzedmiotowej, podczas gdy zatrudnieni informatycy sami nie mogą ich zastąpić. Fakt, że technologia ta pozwala tylko na ograniczoną liczbę niewerbalnych wskazówek, intensyfikuje poziom emocjonalny wielu związków. Nowoczesne technologie informatyczne doprowadziły do zniszczenia lub zepsucia międzypodmiotowości, rozumianej przez Heideggera jako byt, a zwłaszcza roli relacji niewerbalnych. W kolejnych rozdziałach wyjaśniam te twierdzenia w ramach dwóch podziałów: a) idealizacji relacji międzypodmiotowych oraz b) alienującej natury technologii międzypodmiotowych.

---

[316] Ibid., 78-9.

[317] Fransces Cairncross, *The Death of Distance: How the Communications Revolution is Changing our Lives*, Boston: Harvard Business School Press, 1997, 5.

[318] Andrew Feenberg, *Transforming Technology: A Critical Theory Revised,* Op. Cit., 98-100.

4.3.3.1 Idealizacja[319] stosunków międzypodmiotowych

Jak wskazałem powyżej, technologia cybernetyczna, w szczególności, wyidealizowała relacje międzypodmiotowe, nadając im zwodniczy charakter. Na przykład, w MUDach [domeny wieloużytkownikowe][320] kilka osób może być połączonych z wirtualnym światem, w którym mogą żyć jako sztuczne istoty o tożsamości, które do pewnego stopnia mogą być tworzone przez nie same tylko z funkcją cybernetyczną, ale pozbawione jakiegokolwiek ontologicznego znaczenia.[321] Przez to rozumiem, że taka przewodowa społeczność jest całkowicie wirtualna, bez obecności osób fizycznych. Oczywiście, MUDy i e-maile mogą pomóc w utrzymaniu relacji, ale technologie te mają cień na sobie, ponieważ ludzie rozmawiają bez końca w cyberprzestrzeni, nie rozumiejąc ani nie zastanawiając się nad osadzonymi problemami fenomenologicznymi, takimi jak ukryta i zaprogramowana lub ewentualna nieprawdziwa tożsamość zaangażowanych postaci, czy też wyidealizowany charakter wymienianych informacji osobowych. W większości przypadków takie informacje nie używają tych, które odnoszą się do dzielenia się swoimi prawdziwymi sobą, swoimi uczuciami lub myślami. Nie widzi się ich za to, kim są, ale raczej za to, kim chcą być widziani, lub za to, że ich partnerzy chcą ich widzieć. Wyraźnie widać to w randkach on-line, gdzie te odnoszące się do rzeczywistych spotkań twarzą w twarz, okazują się być zupełnie inne osobiście, ponieważ wiele o sobie nawzajem nie było otwarcie podzielone, a głównie tylko pozytywne aspekty innych były prawdopodobnie wspólne, jak ułatwione przez technologię.

Brak fizycznego "ja" (argumentuje Heidegger) w takich cybernetycznych relacjach, prowadzi nas do nierozpoznania ontologicznej natury wcielenia. Z punktu widzenia Heideggera, fizyczna jaźń ma być pierwszą podstawą, na której opieramy nasze relacje, a także samodzielność. Ponieważ relacje cybernetyczne mają tendencję do tworzenia

---

319 *Idealizacja związku* i partnera w związku jest w zasadzie wyimaginowana z powodu braku wizualnej obecności drugiego, atrakcyjność drugiego jest reprezentowana i przeceniana, a zatem związek jest doświadczany jako bardziej pożądany społecznie niż interakcja twarzą w twarz.

320 *MUD* (domena wielu użytkowników), jest rodzajem technologicznego systemu interakcji, w którym osoby zaangażowane nie muszą martwić się o renderowanie *obrazów* lub dźwięków dla ich treści, ale raczej większość obiektów, uczestników i efektów jest opisana za pomocą kilku linijek tekstu i/lub kodu: na przykład, jedzenie, picie, spanie, zdolność do wykuwania własnych zachowań, poślubienia innego uczestnika, itp. Wiąże się to z całą siecią wspólnych halucynacji i charakterystyk uczestników. Z tym wszystkim wiąże się poziom anonimowości, jaki technologia oferuje w komunikacji. Na przykład w pokojach rozmów użytkownicy mogą pozostać anonimowi wizualnie, podczas gdy osoby korzystające z czatu audiowizualnego nie mogą. Najlepszymi przykładami takiej technologii są dziś Twitter i Facebook.

321 Martin Heidegger, "The End of Philosophy and the Task of Thinking", w: *Basic Writings from Being and Time (1927) to the Task of Thinking (1964), Op.* cit., 314.

zobiektywizowanego obrazu *drugiej osoby*, relacje takie często negują podstawowy fakt, że ciało fizyczne jest zawsze stroną publiczną, aby wiedzieć lub być znanym i doświadczanym przez *drugą osobę*[322]. W rzeczywistości, informatycy rozwijają lub tworzą to, co nazywam *zaawansowanymi agentami*: postacie, które mają ciągłe interakcje z innymi, oraz z prawdziwymi ludźmi poprzez naturalną rozmowę w naturalnym języku, animowany język ciała i elektroniczne działania, takie jak zmiana strony internetowej, uruchomienie aplikacji, dostęp do informacji w bazie danych, itp. W takich przypadkach humanizujemy doświadczenie sieciowe jako medium z interaktywnymi postaciami, które dostarczają sobie nawzajem podobnych cech, jak te, które ludzie dostarczają sobie nawzajem w rzeczywistym, namacalnym świecie relacji międzypodmiotowych. Głęboki wpływ tego jest uznanie maszyny za ludzką, do tego stopnia, że prawie wszystko, co *zaawansowany agent* robi lub mówi, jest zakodowane w emocji lub innej takiej ludzkiej jakości.

Ponadto, z punktu widzenia Heideggera, brak doświadczenia fizyczno-ciałowego w świecie relacji sugerowałby, że współczesne cybernetyczne relacje międzypodmiotowe są ubogie w naturę, ponieważ cybernetyczny system redukuje rolę fenomenologicznych ciał ludzkich (zastępując użycie słowa, ton głosu, mimikę twarzy, postawę ciała, podtekst i kontekst), podważając znaczną ilość podstawowych interaktywnych elementów międzypodmiotowości, radykalnie zmieniając jej charakter. Innymi słowy, rola ciała jako normatywnego, międzypodmiotowego wzorca jest podważana; jest ono uważane za pomocnicze w stosunku do umysłu, który się z nim wiąże, a my jesteśmy prowadzeni do pozornie bardziej racjonalistycznej, obliczeniowej, kartezjańskiej orientacji na relacje międzyludzkie, a nie na ich rzeczywiste doświadczenie. Osoby doświadczające takich relacji są pod wpływem myśli, że takie jest prawdziwe życie i zapominają o znacznie bogatszych, międzyludzkich doświadczeniach cielesnych. Sprowokowany takim relacyjnym stylem życia, Mark de Vries postanawia zapytać: Jaka byłaby jakość życia, gdybyśmy uznali interakcje człowiek-komputer za rzecz oczywistą, zastępując relacje człowiek-człowiek? Czy zastąpienie kontaktów człowiek-człowiek interakcją człowiek-komputer nie byłoby całkiem złym sposobem na życie?[323] Urzekające pytania De Vriesa sugerują, że relacje międzypodmiotowe tworzone przez technologię mogą być tak wyrafinowane, że skłaniają nas do myślenia i przekonywania, że cyberoświat jest prawdziwym światem międzypodmiotowych

---

[322] Dan Zahavi, *Subjectivity and Selfhood: Investigating the First-Person Perspective,* Landon: Cambridge-The MIT Press, 2008, 161.

[323] Mark J. de Vries, *Teaching About Technology: Wprowadzenie do Filozofii technologii dla nie-filozofów,* Dordrecht-Holandia: Springer, 2005, 75.

doświadczeń. To fałszywe wrażenie spowodowało, że nasze relacje nie są już determinowane przez czas, przestrzeń i miejsce, ale raczej przez wirtualną cyberprzestrzeń.

Idealizacja międzypodmiotowości jest również doświadczana, gdy technologiom lub maszynom, które są mediacjami, przypisuje się cechy ludzkie. To sprawia, że technologia jest tak wyrafinowana, że technologie, których używamy jako medium dla relacji międzyludzkich, są czasem również *wyidealizowane,* tak że relacje międzyludzkie są oceniane przez sztuczne idee, które mamy na temat towarzyskości reprezentowanej w przedmiocie. Używam przykładu robota Kibo, aby wyjaśnić powyższy punkt. Robot wyraża ludzką intymność i uczucie, gdy obiekt wyraża uczucie, działając na polecenie innej osoby. Dzięki ekranowi dotykowemu pokazującemu ciało partnera, dotknięcie konkretnej części ciała powoduje, że ta część obrazu staje się ostra. Chociaż to przedstawione zachowanie nie nadaje znaczenia w sposób, w jaki mógłby to zrobić prawdziwy przyjaciel lub kochanek, manipuluje ono i zniekształca znaczenie i potrzebę przyjaźni, uczucia, dialogu itp. w ludziach, którzy cenią sobie ten rodzaj fetyszystycznego związku. To samo dotyczy innych instrumentów technologicznych stosowanych w całym obszarze seksualności, takich jak wibratory i tak dalej. W całym tym procesie obiekt jako narzędzie skutecznie pośredniczące w intymności w sposób manipulujący ludzkimi emocjami jest idealizowany przez zgodne z nim ludzkie funkcje i generowanie sztucznego standardu oceny ludzkich relacji. To oczywiście zniekształca i daje ludziom fałszywe wyobrażenia o ludzkiej seksualności, tak że nawet prawdziwe relacje międzyludzkie zostają zaatakowane przez te jednostronne, kalkulacyjne i instrumentalne abstrakcje od prawdziwej dwuznaczności autentycznych ludzkich spotkań. Podważa ona również unikalne cechy indywidualnego podmiotu ludzkiego, czyniąc je mniej pożądanymi i mniej ważnymi w relacji.

Flipside manipulowania ludzkimi uczuciami przez technologię to tworzenie systemów techno-podmiotowych, a nie systemów międzypodmiotowych. Innymi słowy, zamiast autentycznie kochać *drugą* osobę i lubić obiekty technologiczne, zmieniliśmy praktykę na kochanie obiektów technologicznych i osób lubiących; mamy tendencję do odnoszenia się bardziej do maszyn, które pośredniczą w związku, niż do osób, które w rzeczywistości mają być celem tego związku. Zmiana ta prowadzi do głębokiego problemu deprecjonowania podmiotów ludzkich, zmniejszania zdolności do samoregulacji i deprecjonowania roli rzeczywistych lub potencjalnych interakcji twarzą w twarz.

W przesunięciu[324] *agencyjnym* zilustrowanym powyższym przykładem robota Kibo, przenosimy samą możliwość własnego szczęścia i autentycznych wartości relacyjnych na obiekty, na których zginają się nasze umysły i serca, pozbawiając w ten sposób siebie samych i wzmacniając przedmioty naszej własnej fantazji. Nawet jeśli takie przywiązanie jest ukierunkowane na *drugiego*, pociąga za sobą bardziej relację *wewnątrz-podmiotową* (samozadowolenie), ni relację między-podmiotową, poniewal angażujemy się wyraźniej w nasze własne konceptualne nakładanie się, nil w relację z *drugim* jako prawdziwym podmiotem, dla którego musimy nawiązać relację międzyosobową. W takich relacjach my, ludzie, przekształcamy się w *przedmioty*, a przedmioty w *ludzi*. W ten sposób technologia jako medium staje się siłą alienującą nas od siebie jako istoty fizyczne i interaktywne, które ontologicznie potrzebują *siebie nawzajem* jako relacyjnych siebie. Daje to możliwość przyjęcia technologii międzypodmiotowych, które mogą podważyć prawdziwą intymność i jeszcze bardziej rozdrobnić ludzkie potrzeby innych, ponieważ autentyczna międzypodmiotowość jest manipulowana i przekształcana przez technologie wykorzystywane do realizacji tej szczególnej relacji. Dla Heideggera każda używana przez nas technologia, która unicestwia rolę *drugiego* i nasze rzeczywiste cielesne zaangażowanie, jest wrogiem autentycznej ludzkiej podmiotowości i prowadzi do samouwielbienia.

4.3.3.2 Alienujący charakter inter-podmiotowości technologicznej

W poprzedniej części twierdziłem, że autentyczny związek międzypodmiotowy, dla Heideggera, oznacza, że jestem sobą do tego stopnia, że mogę uczestniczyć ze sobą nawzajem, każdy na swój unikalny sposób w formowaniu świata i ujawnianiu, a nie redukować go do *przedmiotu*. Oboje jesteśmy zaangażowani w unikalny sposób w budowanie świata, w którym każdy z nich jest realizowany i spełniany jako podmioty powiązane. Przekonywałem również, choć argumentowano, że nowoczesne technologie międzypodmiotowe rozszerzają ramy relacyjne podmiotu ludzkiego z innymi, że opozycja Heideggera koliduje z tym ogólnym założeniem, ponieważ nowoczesne technologie informatyczne mają tendencję do redukowania *drugiego* do zwykłego *obiektu*, podważając *byt - z* rzekomą podstawą do tworzenia autentycznych relacji międzypodmiotowych. W związku z tym nowoczesne technologie

[324] "Agentic Shift", to przenoszenie ludzkich wartości, cech i zadań na maszynę lub dowolnego związanego z nią agenta.

informatyczne mają dla niego tendencję do alienacji ludzi, nie tylko od siebie nawzajem, ale i od siebie samych; zamiast zbliżać ich do siebie, technologie te powiększają tę przepaść. Używam jego słynnego argumentu o *dystansie* i *bliskości*, aby wyjaśnić alienujący efekt nowoczesnej technologicznej międzypodmiotowości. Uwagi Heideggera:

> "Wszystkie odległości w przestrzeni i czasie kurczą się". Człowiek dociera teraz z dnia na dzień, samolotem, do miejsc, które wcześniej podróżowały tygodniami i miesiącami... Kiełkowanie i wzrost roślin, które pozostawały ukryte przez cały sezon, jest teraz pokazywany publicznie w ciągu minuty, na filmie... Człowiek stawia za sobą najdłuższe dystanse w najkrótszym czasie. Największe odległości pozostawia za sobą i w ten sposób stawia wszystko przed sobą w jak najmniejszym zasięgu... Jednak szalone znoszenie wszystkich odległości nie przynosi bliskości... Krótki dystans sam w sobie nie jest bliskością. Nie ma też dużego oddalenia."[325]

W tekście Heidegger mówi o cechach charakterystycznych współczesnego podmiotu ludzkiego, który nie pozwala, aby cokolwiek było od niej odległe poprzez technologię. Innymi słowy, ludzie są istotami, które mogą unicestwić odległość i zbliżyć się do siebie. Wykorzystanie technologii globalnej komunikacji, takich jak telewizja, radio, computer-internet i wiele innych, wyjaśnia, co Heidegger oznacza przezwyciężanie *dystansu*. Aby zinterpretować to, co Heidegger mówi w kontekście współczesnej technologicznej międzypodmiotowości, technologie interaktywne mogą służyć jako zachęta, pozwolenie i pomoc w rozwoju relacji międzyludzkich, ale nie musi to oznaczać, że ludzie są razem tylko dlatego, że są w kontakcie technologicznym.

W sensie heideggerowskim, technologie inter-relacyjne mają wskazywać na znacznie szersze i głębsze zjawisko. Sama przestrzeń fizyczna nie stanowi części naszej świadomości, ale staje się *gotową do współpracy* przestrzenią inter-relacji. Relacje, które są zapośredniczone technologicznie, rozwijają się inaczej niż twarzą w twarz. Na przykład, rozmowa z kimś on-line oznaczałaby coś innego niż rozmowa z kimś twarzą w twarz na imprezie przy herbacie. W komunikacji on-line potrzeba kontaktu społecznego jest często zaspokajana przez media technologiczne, takie jak komputer, automatyczna sekretarka, poczta głosowa, co eliminuje rolę ludzkiego dotyku. Oczywiście, prawdą jest, że technologia pozwala jednostkom coraz bardziej łączyć się ze sobą, usuwając fizyczny dystans, ale ta zwiększona łączność, w głębszym tego słowa znaczeniu, również wyobcowuje lub izoluje ludzi, czyniąc ich samotnymi przyjaciółmi dla ich technologicznych gadżetów. W *firmie BT*, powołując się na ten sam

---

[325] Martin Heidegger, *Poezja, Język, Myśl,* Op. Cit., 165.

argument dotyczący *odległości*, Heidegger posługuje się przykładem okularów. Zauważa, że okulary na mojej twarzy są dalej niż przyjaciel, którego widzę zbliżającego się na ulicy, ponieważ okulary wycofują się i pełnią swoją funkcję w tle niezauważone, gdy są czyste i w dobrym stanie.

Używając przykładu okularów, Heidegger chce pokazać, że odległość nie jest dyskretną długością fizyczną; odnosi się przede wszystkim do odległości i bliskości naszych ludzkich trosk. Jednak nawet bliskość ludzkich trosk, jaką niesie ze sobą technologia, nie musi oznaczać *prawdziwej* bliskości w jej fenomenologicznym sensie. Wielu ludzi zwabionych jest do myślenia, że nowoczesne środki technologiczne w relacjach międzyludzkich przyczyniły się do wzrostu wspólnego bytu, czy też aspektu relacyjnego ludzi, którzy je zatrudniają; nie jest to jednak koniecznie prawdą. Konkretna technologia może wydawać się odległa, nawet jeśli jej wpływ jest bezpośredni i przybliżony, tak że nie jesteśmy świadomi jej skutków mediacyjnych, manipulacyjnych i alienujących.

Wystarczy zobaczyć, że nawet telewizja rodzinna, która kiedyś wnosiła spójność do wspólnego salonu, gdzie jedność rodziny jest potwierdzana w godzinach społecznych każdego dnia, dziś jedyna w swoim rodzaju spójność rodziny, doświadczana wspólnie podczas oglądania konkretnego programu, jest kwestionowana; jest mniej doświadczalna[326], ponieważ wszystko to zostało zmanipulowane i zastąpione przez indywidualny telefon komórkowy i laptop lub tablet, które stały się przenośnymi kinami w naszych indywidualnych kieszeniach lub samochodach. Oczywiście, wszyscy mogą być w tym samym pokoju towarzyskim, ale każdy jest zajęty swoim komputerem, telefonem komórkowym, grami elektronicznymi i niekończącymi się kanałami na swoim osobistym ekranie kieszonkowym. Ledwo starcza im czasu, by spędzić go i podzielić się nim z rodziną. Każdy z nich jest zaangażowany w kontekście odległym od siebie i nie jest w stanie odnosić się do tych, którzy są blisko niego[327]. Te angażujące technologie trafiają bezpośrednio do umysłów, pozostawiając czas na prawdziwe relacje międzyludzkie z naszymi bliźnimi, zamiast tego tworząc dyskretne jednostki związane jednym, szczególnie nieistotnym mianownikiem bycia pod tym samym dachem. Nasze podstawowe relacje międzypodmiotowe zleciliśmy stronom internetowym, tak aby nasze życie zależało od relacji za pomocą urządzeń, ale w sposób, który w niezwykły sposób dystansuje nas natychmiastowo i spontanicznie od innych, którzy są nam bliscy. To

---

[326] Andrew Feenberg, *Transforming Technology: A Critical Theory Revised,* Op. Cit., 7.

[327] John Sharry, Gary McDarby, "Szukając Najwyższej Wartości": The E-sense of Technology", w: *Technology and Transcendence, pod redakcją* Breen Conway, Op. Cit., 116.

tak, jakby najbardziej inter-podmiotowe relacje, pozbawione medium technologicznego, były zarezerwowane dla sytuacji strasznych lub wyjątkowo poważnych.

Przykłady te pomagają ugruntować argument Heideggera, że znaczenia bliskości, jakie niosą ze sobą technologie relacyjne, nie są związane z ich fizyczną wymierną jakością, ale że znaczenia te ujawniają się w określonych ramach rekonstrukcyjnych, które bardziej alienują niż nas łączą. W powyższych przypadkach widzimy, że wynalazki technologiczne wymagają czasu; zabierają człowiekowi samoświadomość jego *bytu - z drugim* i wpływają na jego zachowanie wobec *drugiego,* który jest fizycznie blisko niego, jako że nie stanowią części świata międzypodmiotowych obaw. Co więcej, interakcje i ilość czasu fizycznego spędzanego z wirtualnym światem za pośrednictwem technologii inter-relacji, w szczególności Internetu, technologii komunikacyjnych i gier wideo, są ogromne. Oznacza to, że jesteśmy bardziej z wirtualną rzeczywistością międzyludzką nas samych, niż z samą rzeczywistością. Technologie, które stosujemy, zdają się redukować i manipulować czułymi relacjami międzypodmiotowymi, uzurpując sobie nasze ludzkie relacje międzypodmiotowe, tak jakby ludzie nie musieli już poświęcać sobie nawzajem uwagi, miłości i zrozumienia. Jednak drugi aspekt tego wszystkiego jest taki, że nawet jeśli ten *drugi* może wydawać się mi nieobecny w jakiejkolwiek formie, to i mnie brakuje tego odzwierciedlenia tego, kim jestem, a więc, nieświadomie, brakuje mi części tego, kim jestem i jestem oszukany, by ogarnąć to, co jest mi obce.

Wraz z zalewem informatyki relacje międzyludzkie nabierają nowego znaczenia, a nasze życie relacyjne staje się coraz bardziej złożone i pełne rzeczy, które nabierają znaczenia. Zamiast zbliżyć się fizycznie do *siebie*, kurczenie się odległości za pomocą środków technicznych spowodowało również zanik lub wycofanie bliskości z *drugiej strony*. Usuwanie odległości w relacjach międzyludzkich za pomocą środków technicznych niekoniecznie przynosi bliskość. Prawdziwa bliskość wymaga znaczenia fenomenologicznego i ontologicznego; gdzie bliskość wiąże się ze sposobem, w jaki rzeczy ujawniają się, w tym relacje międzyludzkie, jako znaczące w kontekście naszego postępowania z nimi lub z *innymi*.

Ta pradawna Heideggerowska refleksja nad techniką i *dystansem* przewiduje naszą naiwną i dosłowną tendencję do interpretowania nowoczesnych technologii relacyjnych jako usuwania zwykłych odległości relacyjnych. Bezkrytyczne stosowanie technologii międzypodmiotowych może wpłynąć na to, że będziemy mieli do czynienia z pewnego rodzaju kalkulacyjnym podejściem do relacji międzyludzkich, zmniejszając potrzebę wykorzystywania i pielęgnowania sposobów odnoszenia się do *drugiej* osoby. Dlaczego? Zakładamy, że wystarczy użyć najszybszego sposobu odnoszenia się do *drugiej osoby,* jak wysłanie krótkiej wiadomości z telefonu komórkowego lub odebranie telefonu, aby zadzwonić do potrzebującego. Zapominamy jednak, że te technologiczne inter-podmiotowość oznacza, że mediacja naszych relacji jest niezdolna do wyraźnego manifestowania uczuć empatii, miłości, smutku, bólu, współczucia, itp. wobec *innych*, które są fundamentalne dla inter-podmiotowych relacji. W wielu takich przypadkach wartości te są obecne tylko w umyśle nadawcy lub odbiorcy, prowadząc ostatecznie do ich rozpuszczenia jako wartości międzypodmiotowe. Dlatego też nie powinniśmy być zmuszani do myślenia, że stosunki niewerbalne nie są konieczne, nawet jeśli znajdujemy się w kontekście, w którym absurdem jest myślenie lub nawet próba podjęcia decyzji o działaniu bez technologii.

Podsumowując niniejszy podrozdział na temat międzypodmiotowości, międzypodmiotowość technologiczna, ze swoimi ogromnymi zaletami, zamienia również stosunki społeczne w zagadnienie teoretyczne; rodzaj abstrakcji samego doświadczenia międzypodmiotowego. Technologia pozwala nam na to i wydaje się, że nie mamy nic przeciwko daleko idącej eliminacji naszych ciał z wielu codziennych relacji i kontekstów społecznych. Chociaż wykorzystanie technologii interaktywnych jest ważne dla inter-podmiotowości, nie wystarcza ono również do zachowania ich autentyczności. Ważne jest, aby uznać, że inter-podmiotowość nie polega na mikro-interakcji odizolowanych jednostek, ale raczej, używając terminów Husserla, "wspólnota *egoistyczna* istniejąca między sobą i dla siebie... która, co więcej, stanowi identyczny świat".[328] Potrzeba obecności drugiego człowieka, pomimo wszystkich zaawansowanych technologicznie możliwości interakcji, jest potężnym przypomnieniem, że żadne medium nigdy nie będzie w stanie zastąpić relacji twarzą w twarz.

Wyjaśnione przeze mnie w tej części Heideggerowskie ujęcie międzypodmiotowości można uznać za zasadę, dzięki której można interpretować podmioty, które mają relacje charakteryzujące się celami życiowymi jako medium łączące. Innymi słowy, my ludzie tworzymy sieć relacyjnego świata, który charakteryzuje nasze *bycie w świecie*. Heidegger daje nam podstawy, konceptualny mechanizm interpretacji, życia, doświadczania i oceny relacji międzyludzkich. Jego priorytetyzacja niewerbalnej interpretacji międzypodmiotowości służy nam jako relacja ze świata międzypodmiotowego, który odchodzi od teorii nowocześnie skonstruowanej międzypodmiotowości, opartej na i promowanej przez ingerencję myślenia naukowego i technologicznego.[329] Zasadniczo ważne jest, aby wziąć pod uwagę, że aby

---

[328] Edmund Husserl, *Medytacja kartezjańska: An Introduction to Phenomenology,* trans. by Cairns D,. Haga: Martinus Nijhoff, 1960, 107.

[329] Według współczesnej metafizyki naukowej i technologicznej możemy spotykać się z *innymi* i tworzyć świat międzypodmiotowy poprzez proces rozumowania i analogii, o ile jedność *drugiego - na* przykład stan uczuciowy *drugiego* - nie może być nigdy uchwycona w odniesieniu do bezpośredniego doświadczenia. Jedność *drugiego człowieka* możemy poznać jedynie na podstawie *jego* ekspresyjnego cielesnego gestu lub tonu, które mają być

technologia dobrze służyła naszej międzypodmiotowości, wymaga właściwego osądu, aby z niej korzystać, nie dając się przy tym manipulować i wykorzystywać.

4.4 Śmierć w mentalności naukowej i technologicznej podmiotu współczesnego

W rozdziale drugim wskazałem, że dla Heideggera śmierć jest podstawowym faktem w strukturze egzystencjalnej człowieka. Wskazałem również, że zostanie on szczegółowo omówiony w tym rozdziale, określając jego związek z odtworzeniowym i restrukturyzacyjnym charakterem nowoczesnych technologii. Twierdzę, że śmierć, jako wewnętrzna relacja międzyludzka, jest warunkiem sensowności życia, a technologia ma tendencję do podważania roli, jaką śmierć odgrywa w strukturze egzystencjalnej człowieka. Twierdzenie to opiera się na fakcie, że w naszym zmodernizowanym świecie, poprzez naukę i technikę, istnieje ciągła tendencja do prób kontrolowania nie tylko narodzin naszych dzieci, chorób, którymi będziemy dotknięci, formy naszego ciała i tak dalej, ale nawet faktu śmierci. Dziś, wraz z technologią medyczną, ten podstawowy fakt ludzki stał się materią naukową i technologiczną; został on określony ilościowo jako zjawisko zewnętrzne, a jego znaczenie i przeznaczenie są obecnie przekazywane nie tyle w ręce osoby doświadczającej, co pod kierownictwem lekarza, co podważa jego podstawową wartość.

Aby zrozumieć, co rozumiem przez "zarządzanie śmiercią", wystarczy spojrzeć na powszechnie używane dziś pojęcia językowe: *przedwczesna śmierć*, śmierć *pożądana* i *śmierć z wyboru*, *prawo do śmierci* itp. Koncepcje te niosą w sobie postawę współczesnego człowieka wobec śmierci i nabrały szczególnych znaczeń i uwagi, które prowadzą do ich częstego stosowania zarówno w publicznym, jak i indywidualnym kontekście odnoszenia się do śmierci. Ich znaczenie można zrozumieć jedynie poprzez odniesienie się do tego kontekstu *zarządzania śmiercią*. Za nimi kryją się inne kwestie związane z kontrolą śmierci, w szczególności dotyczące rodzaju opieki, jaką należy okazać na końcowych etapach życia fizycznego, gdzie najwyraźniej postrzegamy śmierć jako porażkę i klęskę.

Ta technologiczna próba radzenia sobie ze śmiercią stanowi problem dla Heideggera, ponieważ śmierć jako fakt ludzki i jako struktura ludzkiej egzystencji jest manipulowana i nie jest uznawana za wewnętrzny proces ludzkiego wzrostu, ale raczej jest postrzegana jako coś zewnętrznego w stosunku do siebie. Innymi słowy, śmierć została *uprzedmiotowiona* i

---

analogiczne do naszych stanów ducha. W ten sposób wiedza *innych* jest możliwa poprzez wnioskowanie w drodze mediacji.

oddzielona od nas, tworząc rodzaj egzystencjalnego niezrozumienia jej ontologicznego znaczenia. Stała się ona przedmiotem badań naukowych, których czołówką stała się rozpaczliwa walka, *wewnętrzna pacyfikacja,* czy też postawa pocieszenia wobec życia i śmierci. Jednocześnie śmierć jest postrzegana jako zbliżająca się agresja w kierunku życia, którą należy przezwyciężyć środkami naukowymi i technologicznymi. Z perspektywy Heideggera, śmierć w mentalności współczesnego człowieka jest ukryta w fałdach codziennej, praktycznej świadomości, odizolowana, sprywatyzowana, zbiurokratyzowana, zmedykalizowana, hospitalizowana, *odczłowieczona i* w konsekwencji niepożądana rzeczywistość.[330] Cała praktyka nowoczesnej medycyny polega na wzmacnianiu życia poprzez oddzielenie go od śmierci, a nie na traktowaniu tych dwóch rzeczy jako jednej jednostki jednej istoty zwanej człowiekiem. Tam, gdzie myśli się o nich wspólnie, rola medycyny jest postrzegana jako promowanie obu (dobrego życia i tego, co określa się mianem *pokojowej śmierci*) poprzez technologiczne zarządzanie stanem i okolicznościami śmierci: jej czasem i sposobem jej wystąpienia.[331] To, co widzimy w technice medycznej, to ucieczka współczesnego człowieka od śmierci, prowadząca do zaprzeczenia fundamentalnemu aspektowi ludzkiej rzeczywistości, z którego mamy wiele do nauczenia się.

Dlatego nie wystarczy mieć naukowe i epistemologiczne rozumienie śmierci, ale trzeba też uznać śmierć za ontologiczny lub zasadniczy składnik życia. Ale pytanie brzmi: Jak możemy zrozumieć, że życie i śmierć to dwa aspekty tej samej istoty zwanej człowiekiem? W kolejnych rozdziałach omawiam, jak śmierć odnosi się do życia i jak w mentalności technologicznej współczesnego człowieka, nauka i technika oddzielają je od siebie i dają pocieszenie tym, których spotyka śmierć.

4.4.1 Śmierć jako Fact of Human Existence

Człowiek, ze względu na swoją otwartość na siebie, czyni z całego swojego życia projekt samofilozoficzny. Rozumiem przez to, że współczesny człowiek zajmuje się swoim życiem i śmiercią w większym stopniu niż jego zwierzęcym odpowiednikiem. Dla Heideggera, nie-ludzie (zwierzęta nieracjonalne) nie mają tego rodzaju obaw, bo nie istnieją, ani nie umierają. Nie można ich wyrywać z miejsca w świecie, aby zdać sobie sprawę, że są one samą

---

[330] Franco Carnevale, "Palliation of Dying. A Heideggerian Analysis of the 'Technologization' of Death", *The Indo-Pacific Journal of Phenomenology*, Vol.5, 1st edition (2005), 1-12.
[331] Fransces Cairncross, *The Death of Distance: How the Communications Revolution is Changing our Lives*, Op. Cit., 174-5.

tymczasowością, przez którą światy same przebiegają. Według Heideggera nieracjonalne zwierzęta nie umierają, cierpią na biologiczną sukcesję lub giną;[332] w nich następuje jedynie utrata biologicznej witalności. Heidegger, rozumie śmierć jako coś zarezerwowanego tylko dla ludzi[333]; to tylko ludzie umierają i tylko ludzie, których istota jest *towarem-śmiercią*. Heidegger twierdzi to wprost:

"Śmierć to możliwość absolutnej niemożliwości *Daseina*. Tak więc śmierć objawia się jako ta *możliwość, która jest najbardziej własna, która jest nierelatywna i która nie może być przekroczona*. Śmierć jako taka jest czymś *wyraźnie* nadchodzącym."[334]

Heidegger ma tu na myśli to, Ie tak samo *bycie - w świecie* i *bycie - jest konstytutywne dla* ontologicznej struktury człowieka, tak samo jak *śmierć jest konstytutywna dla* bytu człowieka, w tym, Ie jego ostateczność jest konstytutywna dla samego istnienia.[335] Od chwili moich narodzin, śmierć jest nieuchronną możliwością mojego bytu, której nieuchronnie doświadczę. Już teraz jestem "rzucony" w tym kierunku jako fakt; liczy się jednak to, jak się do niego odnoszę, jeśli chodzi o jego znaczenie dla mojej struktury egzystencjalnej. Kiedy Heidegger mówi, że śmierć nie może być przekroczona, to znaczy, że nie można jej uniknąć, ponieważ jest to nasza nadciągająca możliwość, której nie można przekroczyć[336]; musimy patrzeć na śmierć jako na niezbędny fakt o nas. Stoi ona przed nami jako coś, czego jeszcze nie ma; ma ją uznać za jedną z naszych różnych możliwości istnienia.[337]

Nawet gdy zbliżamy się do jej urzeczywistnienia w procesie zbliżania się do możliwości, jaką jest konkretny fakt ludzki, śmierć jest zawsze możliwością. Heidegger zwięźle wyjaśnia ten punkt, kiedy mówi: "bliskość, jaką można mieć w *byciu-śmiercie* jako możliwość, jest jak najdalsza od wszystkiego, co rzeczywiste".[338] Błędem technologii medycznych jest wyobrażenie sobie śmierci nie jako możliwości, ale jako zewnętrznego i zobiektywizowanego faktycznego zdarzenia. W sensie heideggerowskim śmierć nie może być urzeczywistniona; po jej urzeczywistnieniu przestaje ona być możliwością, którą nosimy ze sobą. Co więcej, nie chodzi tylko o to, że ludzie umierają i że zależy im na uniknięciu śmierci; wszystkie zwierzęta wydają się mieć instynkt samozachowawczy. Ludzie mają tę możliwość

---

[332] Martin Heidegger, *Being and Time,* Op. Cit., 284.
[333] Ibid., 291.
[334] Ibid., 294, 303.
[335] Tom Greaves, *Począwszy od Heideggera,* Op. Cit., 114-5.
[336] Paul Edwards, *Heidegger's Confusions*, Nowy Jork: Prometheus Books, 2004, 84ff.
[337] Martin Heidegger, *Being and Time*, Op. Cit., 258, 303; Philipse Herman, *Heidegger's Philosophy of Being: A Critical Interpretation, Op*. Cit., 353; Mark Wrathall, *How to Read Heidegger,* Op. Cit., 65.
[338] Martin Heidegger, *Being and Time,* Op. Cit., 306.

również jako wewnętrzne wyzwanie dla sensownego życia, jako coś, z czym muszą się pogodzić, jeśli mają nadzieję na dalsze życie jako ludzie. To właśnie dlatego, że każda próba myślenia o naszym życiu jako całości, dla Heideggera, wymaga od nas pozytywnego nastawienia do naszej śmierci. Rozwinę ten punkt w następnych podpunktach.

4.4.2 Postawa współczesnego człowieka wobec śmierci

Konwencjonalny stosunek do śmierci polega na myśleniu o niej w sposób abstrakcyjny, uniwersalny i syllogistyczny. Na przykład:

P1. Wszyscy śmiertelnicy umierają w pewnym momencie swojego fizycznego istnienia.
P2. Jestem śmiertelnikiem zmagającym się z faktami mojego istnienia
C. Dlatego też, umrę w pewnym momencie mojego fizycznego istnienia.

Ten uproszczony i dedukcyjny sposób traktowania śmierci prowadzi nas do jej uprzedmiotowienia, do traktowania jej jako zjawiska zewnętrznego, które postrzega nasze życie jako część natury, która jest tylko skończona: która jest ograniczona i ma granice. W przypadku tego dochodzenia nowoczesna nauka i technologia, w swoim *ontycznym* odniesieniu do śmierci, są postrzegane jako oddzielenie życia od śmierci; dwie rzeczywistości, które są nierozerwalnie związane, są rozdzielone. Nauka i technologia sprzyjają myśleniu, że istnieje jedna rzecz zwana śmiercią, a druga życiem, próbując chronić życie i zaprzeczać śmierci, zabezpieczyć chwile, w których możemy czuć się zorganizowani i kontrolować nasze życie. Cały ten proces sprawia, że postrzegamy śmierć jako zjawisko zewnętrzne, które ujawnia się przed nami, odsuwając nas od siebie, od świata codziennych trosk i od naszych planów na przyszłość.[339] Ponadto sprawia, że żyjemy śmiercią nie jako konstytutywny element naszej struktury egzystencjalnej, ale jako zewnętrzne zagrożenie dla naszej egzystencji, pozbawione jakiegokolwiek znaczenia dla życia.

Wielu ludzi uważa, że śmierć jest złem: prowadzi się wiele badań naukowych nad technologiami ulepszania życia i nieśmiertelności, ludzie pragną żyć wiecznie, angażując się w zarządzanie śmiercią.[340] W naukowej i technologicznej mentalności współczesnego człowieka te dwie rzeczywistości, życie i śmierć, są podzielone. Stwarza to ogromne, ciągłe

---

[339] Tom Greaves, *Począwszy od Heideggera,* Op. Cit., 111.
[340] Franco Carnevale, "Palliation of Dying. A Heideggerian Analysis of the 'Technologization' of Death', in *The Indo-Pacific Journal of Phenomenology*, Vol.5, 1st edition (2005), Op. Cit., 1-12.

nagromadzenie strachu przed śmiercią, tak że w końcu tworzymy w naszym umyśle i w naszej strukturze egzystencjalnej porządek, który stwarza *w* nas i *wokół* nas więcej zaburzeń lęku przed śmiercią, co nie pozwala nam na refleksję nad jej ontologicznym znaczeniem. W związku z tym zmuszeni jesteśmy myśleć, że jedynym sposobem, aby uciszyć się na śmierć, jest zaprzeczenie, uniknięcie, ukrycie i obiektywizowanie jej, czasami nie tyle mojej własnej śmierci, co śmierci drugiego człowieka. Heidegger robi bezpośrednią obserwację:

> "Oni" zajmują się przekształcaniem tego lęku w strach w obliczu nadchodzącego wydarzenia. Co więcej, lęk, który stał się dwuznaczny jako strach, jest przekazywany jako słabość, z którą nie może się zaznajomić żadna pewna siebie *Dasein"*.[341]

Heidegger sugeruje, że większa ilość naukowych i technologicznych środków zarządzania śmiercią zdaje się świadczyć o naszej próbie ucieczki od śmierci.[342] Technologie, których używamy do zarządzania śmiercią, nie pozwalają nam przyjąć śmierci jako podstawowego faktu ludzkiego. Mam na myśli technologie zapobiegające starzeniu się, które mają na celu przedłużenie życia ludzkiego i zachowanie wyglądu młodości. Technologie te, oddzielając śmierć od życia, tworzą fałszywy obraz nas samych, że nasz cykl życia może zostać znacznie wydłużony, tak jakbyśmy byli jedynymi istotami, które mają zaludniać świat przyrody.[343] Naukowe próby przechytrzania śmierci obezwładniają nas w całym procesie uznawania śmierci za niezbędny fakt o nas; tak jakby było to zjawisko zewnętrzne, które musimy wyeliminować. Julian Young w swoim komentarzu do Heideggera argumentuje, że we współczesnym świecie nauki człowiek unika śmierci, traktując ją raczej jako przypadek, niż jako istotną cechę ludzkiej kondycji.[344] Tam, gdzie jest akceptowana, ma być natychmiastowa i dyskretna.[345]

W opozycji do wszystkich obiektywizujących kwestii związanych ze śmiercią, Heidegger uważa, że śmierć nie jest czymś *obecnym,* ani *gotowym,* co się nam przedstawia, domagając się postawy reakcji. Śmierć jest raczej "możliwością naszego *istnienia*". Nauka uważa ją za *istniejącą* lub *gotową do działania* istotę, która doprowadza do naszego upadku, co z kolei pozbawia nas samego podłoża naszego istnienia.[346] Ten sposób, w jaki my

---

[341] Martin Heidegger, *Being and Time*, 298.
[342] Philip Hefner, *Technology and Human Becoming,* Op. Cit., 37.
[343] Harman Graham, *Heidegger wyjaśniony: Od Fenomenu do Rzeczy,* Op. Cit., 71.
[344] Julian Young, *Heidegger's Later Philosophy,* Cambridge: Cambridge University Press, 2002, 65.
[345] Anthony Giddens, *Modernity and Self-Identity,* Op. Cit., 162.
[346] Martin Heidegger, *Being and Time,* Op. Cit., 305.

moderujemy milcząco regulujemy nasze współczucie do śmierci, wyjaśnia Heidegger w następujący sposób:

> "...to już kwestia akceptacji społecznej, że "myślenie o śmierci" jest tchórzliwym strachem, oznaką braku bezpieczeństwa ze strony *Daseina* i ponurą drogą ucieczki od świata.[347]

Myślenie o śmierci jako o wydarzeniu doprowadziło nas do odwołania się do wszelkiego rodzaju możliwych naukowych i technologicznych sposobów uniknięcia jej lub całkowitego unicestwienia, ze wszystkimi jej możliwościami, jak to ma miejsce obecnie w przypadku technologii genetycznej, która ma tendencję do zaprzeczania naszej śmiertelności poprzez walkę o jej przedłużenie. Nie sugeruję tutaj, że radykalnie śmiertelne życie jest nadrzędne, ale że nasza śmiertelność jest kluczowa dla naszego zrozumienia, kim jesteśmy jako ludzie.

Praktyki nowoczesnej nauki i techniki, zamiast umożliwić nam dostęp do znaczenia śmierci, uczyniły z niej odrażającą przeszkodę egzystencjalną, zjawisko, z którego nic nie można się nauczyć. Ogranicza to potencjał pozytywnego nastawienia do śmierci jako podstawowego faktu życia, który pomaga zrozumieć sens własnej doczesności. Te praktyki ograniczają to, co możemy myśleć, czuć i troszczyć się o to, a także sposób, w jaki możemy komplikować się na śmierć. Przedłużanie wegetatywnego rodzaju życia poprzez nieśmiertelność, długowieczność i technologie ulepszania człowieka, a także wiele innych naukowych i technologicznych środków, to wyraziste sposoby ukrywania ontologicznego znaczenia śmierci. Byłoby to nieautentyczne i zraziłoby nas do rzeczywistości śmierci jako naszej egzystencjalnej struktury.[348]

Podsumowując, należy zauważyć, że myśląc o śmierci jako konstytutywnej możliwości naszego bytu, Heidegger próbuje podważyć konwencjonalne, negatywne naukowe konotacje związane ze śmiercią. Przypomina nam, że fundamentalne znaczenie ma świadomość naszej śmierci i zawsze odczytywanie znaczenia całej naszej egzystencji z tego punktu widzenia, a nie unikanie jej. Ludzie odnoszą się do siebie jako do poddanych śmierci; śmierć stanowi nieusuwalny aspekt ich własnego zrozumienia, którego nie można sprowadzić do zwykłego zdarzenia medycznego. To sprawia, że rozumieją się jako odnoszące się do ich własnego przyszłego ukończenia. Śmierć jest punktem końcowym, w którym kończy się samo przęsło egzystencji, a także punktem własnego nieistnienia, nie *bycia dłużej* - śmierci. W kolejnej

---

[347] Ibidem, 298.
[348] Ibid., 296.

części omawiam związek między śmiercią a życiem, wyraźnie argumentując, że śmierć jest warunkiem sensowności życia.

4.4.3 Ontologiczne znaczenie śmierci

Heidegger w swoim dramatycznym wyrazie wprowadza pojęcie *bycia-towards-śmierci*[349] lub co nazywam *death-akceptance* (*DA*) jako ontologiczny sposób łączenia życia i śmierci. Jest to wyrażenie, które pomaga nam widzieć życie i śmierć jako jedność jednego podmiotu zwanego człowiekiem. Graham Harman twierdzi, że to nie sama śmierć interesuje Heideggera, ale *bycie twardą śmiercią*[350]. *DA*, dla Heideggera, jest pozytywną postawą ontologiczną, którą powinniśmy mieć przy sobie, nawet jeśli śmierć jest ukrywana przez technologie medyczne, które mają tendencję do zaprzeczania jej ontologicznego znaczenia. Zasadniczo ważne jest, aby zrozumieć, że *DA* nie powinna być pojmowana w sposób naukowy i technologiczny, jako aktualizowanie śmierci jako *możliwości,* jak wskazano w poprzednich rozdziałach; w przeciwnym razie samobójstwo byłoby najbardziej pozytywną autentyczną ludzką decyzją, jaką należy podjąć w obliczu śmierci. Nie ma też sensu sądzić, że mogę przewidzieć własną śmierć jako *możliwość* dla mnie. Byłoby to nieautentyczne zrozumienie doświadczenia śmierci. *DA*, dla Heideggera, nie jest wydarzeniem, które należy świętować, jak to widzimy w niektórych tradycyjnych kulturach, ani nie należy go unikać. Śmierć należy raczej uznać za zjawisko ludzkie, które w wyjątkowy sposób ukrywa znaczenie mojego istnienia.[351] Wyjaśnię to twierdzenie dokładniej w dalszej części.

Kiedy Heidegger mówi, że nasza istota jest *ku śmierci*, nie oznacza to, że powinniśmy opowiadać się za tym, aby ludzie byli szczęśliwi ze świadomości swojej własnej śmierci. Nie ma on na myśli "śmierci", śmierci na łożu śmierci; nie sugeruje nawet, że po tym, jak już przeżyliśmy nasze życie, w końcu, kiedy dotrzemy do łoża śmierci, nastąpi ujawnienie i uświadomienie sobie sensu życia. Nie oznacza on również, że życie staje się sensowne, jakby stało się zrozumiałe, na łożu śmierci, doprowadzając do końca historię życia. Heidegger ma na myśli to, że świadomość śmierci, jako części stanu, w którym życie nabiera sensu, sprawia, że odnosimy się do swojego życia jako procesu zmierzającego do jego skończonego końca. Baillie

---

[349] Ibid., 289.
[350] Harman Graham, *Heidegger wyjaśniony: Od Fenomenu do Rzeczy,* Op. Cit., 71.
[351] Martin Heidegger, *Being and Time, Op.* Cit., 291-3; William Large, *Heidegger's Being and Time,* Op. Cit., 77.

zauważa to twierdzenie, gdy mówi: "To śmierć zmusza nas do stawienia czoła kwestii odpowiedniego rozwoju treści w naszym życiu".[352]

Heidegger, w swoim twierdzeniu o *DA*, uważa śmierć za ontologiczny sposób pojmowania naszej ludzkiej egzystencji jako całości, a nie jako pakiety różnych *możliwości* lub projektów, które mają być zrealizowane w ramach strategicznego programu lub decyzji w momencie jego prezentacji. Uważa on śmierć za najbardziej niezbędną *możliwość*, której musimy być świadomi i którą musimy zaakceptować. Podkreślając śmierć jako możliwość, Baillie zauważa dalej:

> "Śmierć jest przerwą w iteracji naszych dni; może, ale nie musi nastąpić teraz, więc uznanie naszej śmierci, naszej ostateczności, staje się dla nas problemem".[353]

Jako niezbędny fakt o nas, i żyliśmy w uznaniu *możliwości*, nie możemy więc myśleć o tym w sposób uniwersalny, naukowy i abstrakcyjny. Kiedy stajemy w obliczu faktycznej śmierci (albo przez śmierć przyjaciela, krewnego, albo nawet własną, w chwili nieszczęścia, jak wypadek, albo w chorobie), ontologicznie, zastanawiamy się nad nią, a całe nasze życie mija przed nami w sposób nieoczekiwany. Heidegger mówi, że śmierć zmusza nas do ucieczki przed samym *sobą,* co nie oznacza, że po prostu lub wyłącznie odnosimy się do siebie jako wyróżniający się w przyszłości. Oznacza to raczej, że kiedy stajemy przed śmiercią, widzimy całe nasze życie jako skończony projekt, który może być i będzie zrealizowany tylko przez nas samych. Przez większość czasu jesteśmy uwikłani w poszczególne zadania i obowiązki, nie myślimy o naszym życiu jako całości, ani go nie kwestionujemy. Ale kiedy stajemy w obliczu śmierci, *uciekamy przed sobą, zadając* sobie kilka podstawowych egzystencjalnych pytań; widzimy całe nasze życie indywidualnie. Innymi słowy, to co robi śmierć jako zasada indywiduacji, to otrząsa nas ze wszystkich naszych zadań; wyciąga nas z "oni sami", z konwencjonalnych i naukowych ram publicznych *das man,* i uwalnia nas od naszych własnych stref komfortu i lęków.[354] Śmierć uwalnia nas od "oni-ja" i uświadamiamy sobie, że są rzeczy, których inni nie mogą dla nas zrobić; i że nie jesteśmy zastępowalni, przynajmniej w głębszym stopniu. Guignon zauważa, że ta świadomość ludzkiej finezji niesie ze sobą świadomość, że to do nas należy określenie ogólnego kształtu naszego życia.[355]

---

[352] Harold Baillie, "Arystoteles i inżynieria genetyczna", w: Harold Baillie i Timothy Casey, *Czy ludzka natura jest przestarzała? Genetics, Bioengineering, and the Future of the Human Condition, Op*. Cit., 224.
[353] Harold Baillie, "Arystoteles i inżynieria genetyczna", w: Harold Baillie i Timothy Casey, *Czy ludzka natura jest przestarzała? Genetics, Bioengineering, and the Future of the Human Condition, Op*. Cit., 224.
[354] Mark Wrathall, *How to Read Heidegger,* Op. Cit., 69-70.
[355] Charles Guignon, *On Being Authentic,* Op. Cit., 133.

Jeśli śmierć jako *możliwość* sprawia, że *uciekamy przed samym sobą*,[356] oznacza to, że pewne pojęcie całości lub ukończenia jest nierozerwalnie związane z naszym pojmowaniem naszego istnienia. Śmierć sprawia, że nasze życie to spójna historia.[357] Przynosi ona intensywność indywidualnej sztuki wyrażania siebie. Faktyczna śmierć pozwala nam *uciec przed samym sobą,* doświadczyć naszego świata i naszego życia jako zbliżającego się ostatecznego końca. Nie możemy dzielić się tym doświadczeniem z nikim innym, ponieważ jest ono nierelacyjne; nikt nie może za nas umrzeć; śmierć jako wewnętrzna relacja jest naszą *najbardziej własną,* która nas indywidualizuje. W[358] związku z tym nie powinniśmy postrzegać śmierci jako rodzaju porażki w naszej strukturze egzystencjalnej; czegoś, czego należy unikać technologicznie poprzez opanowanie. Zamiast tego powinna być postrzegana jako możliwa rzeczywistość, która przyczynia się do całego naszego istnienia.

Miałem bardzo bliskiego przyjaciela, rdzennego lekarza, który pracował w różnych miejscach w Kenii. Czasami podczas wakacji zgłosił się na ochotnika, aby udać się na pomoc do ubogich obozów dla uchodźców w północnych i północno-wschodnich suchych rejonach kraju. W całym swoim życiu, jako lekarz, był cały czas otoczony śmiercią. Niestety, pewnego dnia miał poważny wypadek drogowy i został przyjęty do szpitala w Nairobi. Przez kilka tygodni był w poważnym stanie, na intensywnej terapii. Później, kiedy odzyskał przytomność, poszłam go odwiedzić. W krótkiej rozmowie, którą z nim odbyłem, powiedział mi coś bardzo interesującego o śmierci. "Wiesz co, Anthony?" - powiedział mi - "w moim życiu widziałem, jak ludzie umierają w tysiącach, a wielu umiera z moich rąk, ale nigdy nie sądziłem, że kiedykolwiek mi się to zdarzy. Teraz, po raz pierwszy, stoję w obliczu mojej możliwej śmierci. W smutny sposób, mam teraz inny sposób patrzenia na siebie."

Ponieważ nie doświadczyliśmy własnej śmierci,[359] myślę, że to, co powiedział mi lekarz, odnosi się do rodzaju przemiany, którą Heidegger ma na myśli, kiedy twierdzi, że dowiadujemy się o własnej śmierci poprzez śmierć innych,[360] jak to się zdarza.[361] Kiedy stajesz w obliczu śmierci, wstrząsa tobą, sprawia, że widzisz swoje życie jako całość w taki sposób, że nic innego nie może zrobić, zabiera cię do możliwości własnego bytu[362] i sensu twojego

[356] Martin Heidegger, *Being and Time,* Op. Cit., 306.
[357] Charles Guignon, *On Being Authentic,* Op. Cit., 133.
[358] Martin Heidegger, *Being and Time,* Op. Cit., 303; Philipse Herman, *Heidegger's Philosophy of Being: A Critical Interpretation, Op.* Cit., 353ff; Mark Wrathall, *How to Read Heidegger,* Op. Cit., 64-5.
[359] Stephen Mulhall, "Human Mortality: Heidegger on How to Portray the Impossible Possibility of *Dasein"*, w *A Companion to Heidegger, Op.* Cit., 300ff; William Large, *Heidegger's Being and Time,* Op. Cit., 75.
[360] Martin Heidegger, *Being and Time,* Op. Cit., 281-5; Harman Graham, *Heidegger Explained: Od Fenomenu do Rzeczy,* Op. Cit., 71.
[361] Martin Heidegger, *Being and Time,* Op. Cit., 301.
[362] Martin Heidegger, *Being and Time, Op.* Cit., 293-6; William Large, *Heidegger's Being and Time,* Op. Cit., 77.

istnienia. Tak więc, *bycie-nie-śmierć* lub "akceptacja śmierci" działa jak bodziec, rodzaj kuksańca, który wyrzuca nas z naszego upadłego stanu, z naszej nieautentycznej egzystencji jako *das-man* i zmusza nas do postrzegania siebie i naszego życia jako jedynej i niepowtarzalnej jedności; uczymy się oceniać i brać siebie jako całość z puli możliwych doświadczeń i widząc siebie w kategoriach naszej śmiertelności, stajemy się tym, co Heidegger nazywa *stanowczym*, co oznacza zaangażowanie w naszą własną egzystencję, ponieważ zawsze żyjemy naszą śmiercią jako *możliwością*.

W technice medycznej, zwłaszcza w technologiach zorientowanych na nieśmiertelność, widzę pragnienie życia wiecznego, chęć ucieczki od śmierci, przedłużenia życia w nieskończoność, a nawet pragnienie życia wiecznego, wyrażone w technologiach inżynieryjnych. Wszystkie te technologie, po pierwsze, są technologicznymi próbami opanowania śmierci, a po drugie, uniemożliwiają nam zmierzenie się z ontologicznym znaczeniem śmierci. Takie technologie, zamiast pomagać nam w podejściu do życia i śmierci jako do jedności, z pokorą, alienują nas od siebie, oddzielając je od siebie. My, współcześni poddani, poszukujemy naukowego traktowania śmierci, opierając się na założeniu, że im bardziej kontrolujemy śmierć jako wydarzenie, tym lepiej dla nas, a jednocześnie podważamy jej ontologiczne znaczenie.[363] Obliczeniowe myślenie naukowe i technologiczne, jak wyjaśniłem wcześniej, przeniknęło do rzeczywistości całego życia człowieka, w tym do śmierci, podważając całą strukturę egzystencjalną podmiotu ludzkiego jako ujawnienie znaczenia jego istnienia.

Podsumowując, Heidegger wzywa nas do autentycznej postawy wobec śmierci, do zrozumienia jej jako *możliwości* i jako koniecznego faktu o nas, który musimy przyjąć i zintegrować w naszym życiu jako wewnętrzną relację, z której mamy się czegoś nauczyć. Śmierć jako fakt naszej egzystencjalnej struktury odnosi się do całego naszego życia i przekształca je,[364] ponieważ jest naszym *największym* potencjałem życiowym, który stale jest dla nas kwestią[365], której znaczenia nie należy pozostawiać wyłącznie naukowcom i technologom, aby określić, nie mówiąc już o anonimowych systemach technologicznych służących *przedłużaniu życia*. Za każdym razem, gdy pozwalamy, by nauka i technologia urzeczywistniały tę *możliwość* naszego bytu, nie jesteśmy już dłużej autentycznymi ludźmi, w koncepcji Heideggera. Innymi słowy, nie możemy żyć śmiercią jako aktualizacją. Musimy się

[363] Jean Bethke Elshtain, "The Body and the Quest for Control", w: Harold Baillie i Timothy Casey, Is *Human Nature Przestarzała? Genetyka, Bioinżynieria, a przyszłość kondycji człowieka, Op*. cit., 164.
[364] William Large, *Heidegger's Being and Time,* Op. Cit., 78.
[365] Martin Heidegger, *Being and Time,* Op. Cit., 299; Philipse Herman, *Heidegger's Philosophy of Being: A Critical Interpretation,* Op. Cit., 353ff.

do niej dostosować jako do *możliwości* nieukrywania jej ontologicznego znaczenia,[366] którego nauka i technologia, mimo wszystkich swoich cudów, nie są w stanie dać. Nauka i technika wpłynęły na to, że śmierć postrzegamy jako wydarzenie ontologiczne, a nie jako znaczącą ontologiczną (egzystencjalną) strukturę naszego bytu, z której mamy się czegoś nauczyć.[367]

4.5 Wniosek

Heidegger, w swoim eseju *DOT* dość dobrze podsumowuje trzy obawy tego rozdziału: *Tomografia komputerowa, międzypodmiotowość* i *śmierć*. Heidegger mówi: "W dzisiejszych czasach przyjmujemy wszystko w najszybszy i najtańszy sposób, tylko po to, by zapomnieć o tym równie szybko, natychmiast", a[368] zwłaszcza o jego konsekwencjach. Przekonywałem, że mimo że tomografia *komputerowa ma* wielką wartość w naszym świecie nauki i techniki, to ma ona także alienujące skutki. Ma on tendencję do manipulowania i organizowania ludzkich faktów (międzypodmiotowość i zjawisko śmierci, itp.) poprzez aktywność umysłu, czyniąc te fakty obiektami myśli na *ontologicznym* poziomie bytu, jednocześnie podważając ich ontologiczne znaczenie. Czyni to, narzucając im koncepcyjne rozumienie, alienując człowieka w jego obcowaniu ze światem i z samym sobą. Jest to zatem myślenie minimalistyczne: sprowadza nas do zwykłego myślenia *kalkulacyjnego*, wpływającego na naszą zdolność do naprawdę krytycznego myślenia, rodzaj ucieczki od *ET*, która określa nasze pełne szacunku relacje z podmiotami na świecie.[369]

Ponadto argumentowałem, że międzypodmiotowość w swojej podstawowej i ogólnej formie jest wewnętrzną relacją i podstawą, na której jednostki odnoszą się do siebie nawzajem.[370] Wyjaśniłem, że dla Heideggera międzypodmiotowość jest wewnętrzną relacją zbudowaną na *byciu - z innymi,* jako pierwotna i egzystencjalna podstawa, dzięki której możemy zrozumieć autentyczne ludzkie relacje. Jako związek wewnętrzny Heidegger pokazał, że ludzie angażują się w relacje międzypodmiotowe nie dlatego, że są samotni i muszą je przezwyciężyć, ale raczej dlatego, że jednostka, jako *bycie w świecie,* od urodzenia jest zasadniczo istotą - *z innymi.* Dlatego moje wchłanianie w świecie ma charakter bycia podejmowanym przez związki, które promują nie tylko moją istotę, ale także istotę *drugiego*

---

366 Martin Heidegger, *Being and Time,* Op. Cit., 305-7.
367 Stephen Mulhall, "Human Mortality: Heidegger on How to Portray the Impossible Possibility of Dasein", w *A Companion to Heidegger,* Op. Cit., 304.
368 Martin Heidegger, *Discourse On Thinking,* Op. Cit., 45.
369 Ibidem, 46.
370 Dan Zahavi, *Subjectivity and Selfhood: Investigating the First-Person Perspective,* Op. Cit., 169 -70.

człowieka; nie w spustoszonym traktacie, ale między *innymi w poszukiwaniu* ja relacyjnego, którym jestem lub mogę się stać. Twierdziłem jednak również, że ta istota - *z innymi* - *była pod* wpływem technologicznym, gdzie technologia manipulowała naszymi międzypodmiotowymi doświadczeniami, szczególnie aspektami niewerbalnymi, prowadząc do ich ewentualnego zniknięcia w polu międzypodmiotowym, utrudniając autentyczne relacje. Nawet jeśli technologiczne gadżety międzypodmiotowe mogą w jakiś sposób wzmocnić nasze relacje z *innymi*, to jednak zasadniczo należy zauważyć, że nie są one w stanie zastąpić konkretnego doświadczenia *bycia* - *z* tym, że przeżywa się je jedynie poprzez odniesienie się do innych osób osobiście, a nie poprzez technologię wykorzystywaną do przekazywania tego doświadczenia.

Wreszcie, argumentowałem, że współczesna naukowa i technologiczna tomografia *komputerowa posunęła się za* daleko, aby manipulować i przekształcać nasze doświadczenie śmierci jako podstawowego faktu ludzkiego. Mówiąc o myśli Heideggera, wyjaśniłem, że śmierć i lęki życia pełnią funkcje ontologiczne; pomagają nam uznać, że tajemnica życia jest ściśle związana z konfrontacją jednostki z tymczasowym charakterem jej egzystencji i jej rozważaniami. Śmierć sprawia, że zastanawiamy się nad tajemnicami naszej egzystencji, nad naszym przeznaczeniem i światem, a także stale przypomina nam, że życie musi być przeżywane w kontekście czasu i przestrzeni. Jest to warunek sensowności życia. Niestety, dzisiaj wielu ludzi nie widzi tego w ten sposób; uważają, że śmierć nie ma znaczenia dla ich życia. Dzieje się tak przede wszystkim dlatego, że problem współczesnego człowieka polega na oddzieleniu śmierci od życia; nie widzimy, by te dwie rzeczy tworzyły jedną całość. Aby stawić czoła problemowi naszej tymczasowości, zwracamy się do technologii medycznej, gdzie staramy się przezwycię yć to fundamentalne zjawisko naszej struktury egzystencjalnej lub przynajmniej zminimalizować związane z nim cierpienie, wykreślając tym samym jego ontologiczne znaczenie. Technologie medyczne mają tendencję do obiektywizowania śmierci, uznając ją za relację zewnętrzną, która pozbawia nas przyjemności w tym świecie, którą należy pokonać wszelkimi sposobami. Jego znaczenie i przeznaczenie są teraz oddane nie tyle w ręce osoby doświadczającej, co w sferze zawodu lekarza, aby decydować i być traktowanym jako relacja zewnętrzna pozbawiona ontologicznego znaczenia.

ROZDZIAŁ CZWARTY

TRANSCENDENTALNY CHARAKTER TECHNOLOGII W HEIDEGGERZE I FEENBERGU

5.1 Wprowadzenie

W poprzednich rozdziałach wyjaśniłem filozofię technologii Heideggera, a zwłaszcza sposób, w jaki współczesny instrumentalny stosunek do technologii odtwarza i restrukturyzuje podmiot ludzki, do tego stopnia, że podważa i zaciemnia inne, nieobliczalne, istotne aspekty jego podmiotowości. Oczywiście, jak każdy inny filozof, Heidegger nie jest wolny od krytyki. Jest wielu krytyków Heideggera. W tym rozdziale koncentruję się szczególnie na Feenbergu za jego samozidentyfikowany technologiczny konstruktywizm oraz za konsekwentną krytykę głębokiego wglądu Heideggera w transcendentalną ontologię nowoczesnej technologii. Jak już wyjaśniono w poprzednich rozdziałach, Heidegger zajmuje się technologią jako wewnętrzną relacją, która działa na ontologicznym poziomie przekształcania natury i ludzkości jako części natury. Jego rozważania na temat technologii jako relacji wewnętrznej wywołuje fakt, że my, moderni, traktowaliśmy jako zewnętrzne to, co w rzeczywistości jest fundamentalnie związane z nami samymi, tak że to, co jest nasze, w naszym kontrolnym zachowaniu i postawie, przerosło naszą świadomą mediację, aby z kolei kontrolować nas. Jednakże, jak sądzi Heidegger, temu niepowodzeniu można zaradzić poprzez świadome odzyskanie władzy indywidualnego podmiotu nad technologicznym monopolem; potrzebujemy subiektywnego opanowania technologii.

W odpowiedzi na ontologiczną relację Heideggera o technologii, Feenberg oskarża go o bycie *techno-fobicznym*[371], *esencjalistą*[372] i *deterministą*[373], który proponuje nieelastyczną i ponurą filozofię technologii, zamiast ją reformować. To, co Feenberg uważa za złe z

[371] Andrew Feenberg, *Technologia przesłuchań,* Op. Cit., 151.
[372] *Essencjalizm* jest teorią technologiczną, która twierdzi, że technologia ma tylko jedną "istotę" odpowiedzialną za wielkie problemy nowoczesności; że technologia sprowadza wszystko do funkcji i surowców, a procesy lub praktyki technologiczne, które są zorientowane na cel, zastępują praktyki symbolizujące ludzkie znaczenie. Andrew Feenberg, *Technologia przesłuchań,* Op. Cit., 3.
[373] Zamiast być produktem społeczeństwa i jego integralną częścią, *determinizm* postrzega technologię jako "autonomiczną": niezależną, samokontrolującą się, samostanawiającą się, samonapędzającą się, samonapędzającą się i samonapędzającą się siłę, która wymyka się spod kontroli człowieka, zmieniającą się pod własnym wpływem i "na ślepo" kształtującą społeczeństwo. Andrew Feenberg, *Transforming Technology: A Critical Theory Revised,* Op. Cit., 138.

technologicznym *esencjalizmem* i *determinizmem,* o co oskarża Heideggera, to fakt, że technologia jest przedstawiana jako autonomiczna, posiadająca własną dynamikę działania. Oznacza to całkowitą akceptację lub podporządkowanie się technologicznemu losowi, w którym znajdujemy się w pułapce. Zarówno w przypadku *esencjalizmu*, jak i *determinizmu*, wszelkie przemiany społeczne i kulturowe są uważane za zwykłe konsekwencje, nie społeczeństwa, ale drogi inspirowanej technologicznie. W związku z tym opór wobec technologii, czy to społecznej, czy politycznej, jest uważany za niepraktyczny, dla *esencjalizmu* i *determinizmu.*

Widzimy zatem, że reakcja Feenberga przeciwko *esencjalizmowi* i *determinizmowi jest* umotywowana chęcią odzyskania znaczenia społecznego lub społecznej kontroli nad technologią, która została zdewaluowana przez wewnętrzne, ontologiczne traktowanie technologii przez Heideggera. Feenberg uważa, że Heidegger nie zajmuje się społecznym kontekstem technologii, tak że jednostka jest pozostawiona sama sobie w walce z jej odbudowującą się siłą. Podobnie jak Heidegger, Feenberg dostrzega problem technologii w takim stopniu, w jakim jego zdaniem może on wymknąć się spod naszej kontroli. Ale on różni się od Heideggera poziomem i rodzajem kontroli, które musimy wzmocnić. Dla Feenberga kontrola powinna obejmować nie indywidualne, lecz społeczne upodmiotowienie. Innymi słowy, Feenberg uważa, że indywidualny, wewnętrzny i subiektywny stosunek Heideggera do technologii nie jest wystarczający i że istnieje potrzeba ponownego rozważenia technologii z zewnętrznego punktu widzenia relacji, aby wzmocnić pozycję nie poszczególnych jednostek, ale szerszej publiczności.

Aby zrealizować swój zamierzony zewnętrzny stosunek do technologii, Feenberg proponuje społeczno-polityczną teorię technologii, która obejmuje społeczne wymiary systemów technologicznych, wzywając do bezpośredniego udziału społeczeństwa w systemach projektowania technologicznego poprzez ich relacje z przedmiotami materialnymi, które są składnikami tych systemów.[374] Robi to poprzez przywłaszczenie sobie kilku spostrzeżeń Heideggera, włączając je do swojej własnej krytycznej teorii technologii. Stwarza to jednak problem: Feenberg wyznacza relacje *podmiot-przedmiot, w* których pośredniczy, gdzie pojmuje technologię jako zobiektywizowaną rzeczywistość, oddzieloną od podmiotu ludzkiego. Heidegger natomiast, jak wyjaśniłem w poprzednim rozdziale, pojmuje technologię jako relację wewnętrzną. Ponadto, w swoim zawłaszczeniu Heideggera, Feenberg nie dostrzega lub nie uznaje: a) że *kontrola*, którą stara się odnaleźć, nie istnieje, i b) problem

---

[374] Andrew Feenberg, *Technologia przesłuchań,* Op. Cit., 135.

technologii leży, jak twierdzi Heidegger, w nas, tak że nasze *własne* dyspozycje kontrolne wypaczyły naszą relację z technologią. Rachunek społeczny Feenberga nie uwzględnia tych kluczowych punktów.

W tym rozdziale twierdzę zatem, że socjaldemokratyzacja technologii przez Feenberga, bez uprzedniego krytycznego przesłuchania fetyszyzmu kontroli technologicznej, tylko pogorszyłaby pierwotną przyczynę problemu, odraczając go i odtwarzając, bez podważania jego kluczowego znaczenia, które Heidegger stara się wyjaśnić w swoim FO technologii. Moim celem, argumentując przeciwko demokratycznej relacji Feenberga o technologii, jest rekonstrukcja i podkreślenie FO technologii w Heideggerze, z którym Feenberg wydaje się nie być zaznajomiony, w celu skorygowania jego błędnej interpretacji Heideggera. Innymi słowy, uważam, że krytyka Feenberga dotycząca Heideggera opiera się na niezrozumieniu FO technologii Heideggera, co jest dla niego trudne do zrozumienia. W rzeczywistości, sam Feenberg przyznaje się do trudności transcendentnej filozofii technologii Heideggera:

> "Krytyka Heideggera dotycząca technologii jest ontologiczna, a nie socjologiczna. Ta ontologia jest tak sprzeczna ze zdrowym rozsądkiem, że jest bardzo trudna do zrozumienia. Mamy tendencję do myślenia, że rzeczywistość jest "na zewnątrz", podczas gdy nasza świadomość jest wewnętrzną domeną, która zyskuje dostęp do rzeczy poprzez zmysły. Heidegger odrzuca ten model. Wymyśla własne słownictwo, w którym terminy takie jak ujawnianie, ujawnianie, *Dasein* i świat zastępują pojęcia takie jak percepcja i świadomość, kultura i natura".[375]

FO technologii Heideggera jest fenomenologią egzystencjalną, która, jak już mówiłem, bada sposoby, w jakie poprzez technologię rzeczywistość jest interpretowana i uobecniana dla człowieka. Jednakże, forsując własną teoretyczną relację o demokratyzacji technologii, Feenberg ma trudności z osiągnięciem transcendentalnych i ontologicznych standardów, na których Heidegger buduje swoją transcendentalną filozofię technologii. W rzeczywistości, uznając technologię za zewnętrzne, socjologiczne zjawisko, którego zalety mogą być społecznie określone, socjopolityczna relacja Feenberga o technologii (ze względu na trudności, jakie napotyka w ontologii technologii Heideggera) wydaje się wymykać się pierwotnej przyczynie transcendentnej natury człowieka, przejawiającej się w samej technologii. Zaniedbuje on niestrudzone dążenie do znaczenia, poprzez które dochodzimy do metafizycznych prawd współczesnej techniki. Co więcej, traktowanie przez Feenberga

---

[375] http://www.sfu.ca/~andrewf/Heideggertalksfu.htm

technologii jako relacji zewnętrznej skłoniło go do myślenia, że społeczeństwo może przeprojektować technologię i w ten sposób odzyskać kontrolę i kierować nią. Ale to jest rozważenie technologii w trybie *technologicznym* lub *instrumentalnym*, jako czegoś, co odnosi się do dziedziny ekspertów. Nie jest to filozofia i pogłębia problem, do którego ma się odnieść. Wyjaśnię te nieporozumienia z Feenbergiem w odpowiadających im argumentach w kolejnych podpunktach.

Aby przedstawić spójny argument z Feenbergiem, zaczynam od potwierdzenia transcendencji jako podstawowego faktu ludzkiego i twierdzę, że Heidegger nie jest *esencjalistycznym* i *deterministycznym filozofem technologii*, ale *innowatorem* i *umiarkowanym esencjalistycznym* filozofem technologii, który działa na transcendentalnym i ontologicznym poziomie, który różni się od społeczno-politycznego, instrumentalnego opisu technologii Feenberga. Ponadto, aby twierdzić, że Heidegger jest technologicznym *esencjonalistą, należy* przyznać, że technologia ma swoją własną istotę. Ale Feenberg nawet nie mówi nam jasno, co według niego jest istotą nowoczesnej technologii, co skłania go do krytyki Heideggera jako *esencjalisty* i proponowanej przez niego demokratyzacji technologii jako rozwiązania dla jej rekonstrukcyjnych efektów. Twierdzę również, że proponując demokratyczną racjonalizację technologii, Feenberg nie rekompensuje podstawowych transcendentalnych aspektów technologii i w związku z tym proponuje immanentną filozofię technologii, która opiera się jedynie na jej korzyściach, podczas gdy on nie tylko odmawia integracji jej skutków, ale również unika jej filozoficznych podstaw. Wreszcie, w przeciwieństwie do Feenberga, będę twierdził, że twierdzenie Heideggera, że technologia jest *przeznaczeniem* współczesnego świata, nie jest rezygnacją z jego władzy, ale dotyczy transcendentnych działań nowoczesnej technologii, która domaga się zarówno ludzi, jak i natury.

Zanim przejdę do powyższych stwierdzeń, należy przyjąć krytyczne założenie, które wymaga wyjaśnienia. Twierdziłem, że transcendencja jest podstawowym faktem ludzkim i że społeczno-polityczne ujęcie technologii przez Feenberga wydaje się unikać transcendentnej natury człowieka przejawiającej się w technologii. Moim celem w analizie transcendencji jako niezbędnego faktu ludzkiego jest ustanowienie zasady, poprzez którą krytycznie obalę roszczenia Feenberga wobec Heideggera i pokażę, że nowoczesna technologia jest sama w sobie formą transcendencji. Twierdzę, że ta forma transcendencji nie może być zredukowana do zwykłego publicznego konsensusu na poziomie immanentnej egzystencji.

5.2 Transcendencja jako podstawowy fakt ludzki

Dosłowne i konwencjonalne znaczenie transcendencji *wykracza poza*, przekracza, *pokonuje*, *przekracza* itp. Należy jednak zauważyć, że pojęcia te nie są jedynie sposobami na odróżnienie się od naszych odpowiedników w królestwie zwierzęcym, lecz są sposobami na to, by stać się lepszym, w sensie przezwyciężenia lub postępu. Dosłowne[376] znaczenie tych pojęć (wychodzenie poza nie, przeskakiwanie, itp.) świadczy o tym, że człowiek jest obdarzony zdolnościami i istotną potrzebą wejścia w związek z tym, co przekracza widzialne lub fizyczne wymiary jego istnienia. Odnosi się do obszaru *inności*, do tego, co leży poza samym "ja" fizycznym, do rodzaju dążenia do czegoś innego niż "ja".

Heidegger, w swoim znakomitym monecie, odwraca się od konwencjonalnego znaczenia transcendencji, nadając jej bardzo istotne znaczenie fenomenologiczne. Uważa on, że konwencjonalne rozumienie transcendencji jest mylące. Tak naprawdę, dla niego nie ma nic transcendentalnego w tym, że wykracza *poza* wcześniejsze sytuacje. Heidegger twierdzi, że błędem jest myślenie o transcendencji jako o czymś w rodzaju wyjścia z pudełka, gdzie głównym pytaniem jest, jak *przekroczyć* zamkniętą sferę immanentnej podmiotowości, aby osiągnąć *zewnętrzną* obiektywność poza podmiotem ludzkim.[377] Heidegger zwięźle mówi:

> "Transcendencja... nigdy nie powinna być utożsamiana i utożsamiana z intencjami; jeśli tak się dzieje, jak to często bywa, udowadnia się jedynie, że jest daleki od zrozumienia tego zjawiska i że nie można go od razu zrozumieć."[378]

To, co Heidegger wskazuje w tekście, to fakt, że jedynie *ontyczne* podejście do transcendencji mija się z celem, ponieważ wprowadza ono kartezjańską i husserlijską ideę celowego, premedytacyjnego odniesienia do "poza" (pojęcie, któremu jest przeciwny, jak wyjaśniono w rozdziale drugim), gdzie zastanawiamy się nad subiektywnymi warunkami, które czynią transcendencję zewnętrznym przedmiotem refleksji. Heidegger uważa to za "błędne obiektywizowanie" *intencjonalności*. Błędem jest rozumienie *intencjonalności* jako zewnętrznej "relacji między dwiema rzeczami",[379] gdzie podmiot potrzebuje przedmiotu, aby mieć intencjonalną relację i na odwrót.[380] Jeśli usuniemy jeden, przedmiot lub obiekt, to celowy

---

[376] John J. Stuhr, *Pragmatyzm, Postmodernizm i Przyszłość Filozofii,* Nowy Jork: Routledge, 2003, 192.
[377] Martin Heidegger, *The Metaphysical Foundations of Logic,* Op. Cit., 160 -1.
[378] Martin Heidegger, *The Metaphysical Foundations of Logic,* Op. Cit., 168.
[379] Martin Heidegger, *Basic Problems of Phenomenology,* Op. Cit., 60.
[380] Proszę odnieść się do koncepcji *celowości* Edmunda Husserla w rozdziale drugim niniejszego dochodzenia.

związek zniknie. Problemem Heideggera z tą zewnętrzną interpretacją jest to, że "bierze ona za celową relację coś, co za każdym razem narasta na podmiot w związku z pojawieniem się rozległości przedmiotu". Zamiast[381] tego, dla Heideggera *intencjonalność* jako przejaw ludzkiej transcendencji jest zjawiskiem żywym i osadzonym. Innymi słowy, *intencjonalność* jest "ugruntowana ontologicznie w podstawowej konstytucji *Daseina*".[382] On bezpośrednio wyjaśnia:

> "*Dasein* jest sam w sobie przejazdem przez. A to oznacza, że transcendencja nie jest tylko jednym z możliwych komplementów [między innymi] *Daseina* wobec innych istot, ale jest raczej podstawową konstytucją jego bytu, na podstawie której *Dasein* może w ogóle odnosić się do istot".[383]

Dlatego też dla Heideggera, zamiast intencjonalnej relacji przewidującej transcendencję od podmiotu do przedmiotu, konieczna jest transcendencja ludzka lub oryginalna (zakorzeniona w podmiocie ludzkim) nawet dla możliwości *intencjonalności*. To rozumienie transcendencji stanowi podstawową cechę egzystencjalności, którą Heidegger charakteryzuje jako fundamentalne *bycie w świecie. W ten* sposób Heidegger pojmuje transcendencję jako nierozerwalnie związaną z głębszym doświadczeniem naszej jaźni lub *doświadczenia siebie*, przez które przekraczamy siebie w sposób bycia i odnoszenia się do rzeczy wokół nas. W eseju *Co to jest Metafizyka?* Heidegger, uwagi:

> "Ludzka egzystencja może odnosić się do istot tylko wtedy, gdy trzyma się w nicości. Wyjście poza istoty występuje w istocie *Dasein*. Ale to co wykracza poza metafizykę, to sama metafizyka. To oznacza, że metafizyka należy do "natury człowieka".[384]

To, co mówi Heidegger, wzmacnia to, o czym mówiłem w rozdziale drugim: że istnienie podmiotu ludzkiego jest "ziemią" dla transcendencji; jej istnienie jest zawsze ukierunkowane na przekraczanie fizycznych współrzędnych jej istoty poprzez ich ujawnienie. Ta transcendencja pozwala na odkrycie złożonej sieci i sieci znaczeń, w której mieszka podmiot ludzki. Podmiot ludzki *wykracza poza* lub *przekracza* lub *pokonuje to, co zostało mu*

---

[381] Martin Heidegger, *Basic Problems of Phenomenology*, Op. Cit., 60.
[382] Ibidem, 59.
[383] Martin Heidegger, *The Metaphysical Foundations of Logic, Op*. Cit., 165; Ibidem, *The Basic Problems of Phenomenology*, Op. Cit., 301-2.
[384] Martin Heidegger, "Czym jest metafizyka?" w "*Podstawowych pismach od bycia i czasu" (1927) do "Zadania myślenia" (1964), op*. cit., 57.

wcześniej dane, jest już i zawsze częścią jego bytu jako ujawnienie ontologicznego znaczenia bytów. Ta Heideggerowska koncepcja transcendencji oznacza znaczące odejście od rozważań o intencjonalności, rozumianej w świetle epistemologicznym, do rozważań o ontologicznym, w naszym doświadczeniu my, ludzie, nie tylko obserwujemy zjawiska i pozostajemy postawieni tak, jak widzimy ich lśniące pozory.[385] Zamiast tego zawsze wznosimy się ponad istoty pod względem doświadczenia i mamy pewne zrozumienie dla tych istot, jednocześnie przewidując przyszłość dla siebie jako siły pociągowej.[386] Heidegger mówi o tym jasno, kiedy mówi, że "wyjście poza istoty występuje w istocie *Daseina*".[387] Gdzie indziej, kiedy mówi, obserwuje to osadzenie transcendencji w ludzkiej naturze:

> "Transcendencja jest raczej pierwotną konstytucją podmiotowości podmiotu. Podmiot wykracza poza qua podmiot; nie byłby podmiotem, gdyby nie wykroczył. Być podmiotem oznacza przekroczyć."[388]

W *BT*, Heidegger, dalej zauważa, że człowiek jest *bytem-toward*[389] i *nie-yet*[390]. Oznacza to, że jako ludzie jesteśmy projektami otwartymi, w sensie bycia otwartymi na siebie i na świat poprzez ujawnianie go i zawsze gotowymi do nauki w celu doskonalenia siebie. Heidegger czyni ten argument wyraźnym w *Metafizycznych podstawach logiki,* gdy stwierdza, że transcendencja jest egzystencjalnym (ontologicznym) twierdzeniem, a nie egzystencjalnym *(ontycznym)* twierdzeniem.[391] Wysuwając takie twierdzenia, Heidegger czyni transcendencję istotną częścią struktury egzystencjalnej podmiotu ludzkiego, przedstawiając ją jako nieodłączną część ludzkiego życia. Innymi słowy, tylko człowiek jest tym, co transcendentne; eksterminanci tego nie robią, ponieważ nie są świadomi swojego istnienia; transcendencja jest koniecznym, wbudowanym faktem ludzkiej subiektywności refleksyjnej, w której ja jest w istocie samoistnie transcendentne w poszukiwaniu sensu. Jako egzystencjalne twierdzenie, zauważa Viktor Frankl:

> "Prawdziwy cel ludzkiej egzystencji nie może być znaleziony w tym, co nazywa się samorealizacją. Ludzka egzystencja jest zasadniczo auto-transcendencją, a nie

---

385 Harman Graham, *Heidegger Explained From Phenomenon to Thing,* Op. Cit., 51.
386 Trish Glazebrook, *Heidegger's Philosophy of Science,* Op. Cit., 127.
387 Marin Heidegger, "Czym jest metafizyka?", w *Podstawowych pismach od Bytu i czasu (1927) do Zadania myślenia (1964), op.* cit., 57; Ibidem, *Metafizyczne podstawy logiki,* op. cit., 166.
388 Martin Heidegger, *Metaphysical Foundations of Logic,* Op. Cit., 165, 211.
389 Martin Heidegger, *Being and Time,* Op. Cit., 197.
390 Ibid., 286.
391 Martin Heidegger, *The Metaphysical Foundations of Logic,* Op. Cit., 170.

samorektyfikacją...; samorektyfikacja nie może być osiągnięta, jeśli jest celem samym w sobie, ale tylko jako efekt uboczny auto-transcendencji".[392]

Frankl ma na myśli to, że ludzka egzystencja to nie tylko realizacja własnego potencjału i możliwości życiowych poprzez poszukiwanie sensu własnego istnienia w rzeczach materialnych, aby odnieść sukces. Jest to raczej autotranscendencja, która jest bezpośrednim doświadczeniem fundamentalnej więzi, harmonii lub jedności z innymi i ze światem jako naszą sferą ontologiczną dla naszej ekspresji własnej. Jest to głębsze doświadczenie siebie samego jako części większego świata, w którym człowiek jest w domu z samym sobą i z rzeczami, które go otaczają, nie będąc przez nie determinowanym.

Centralnym punktem Frankl'a jest więc fakt, że samo-transcendencja jest istotnym faktem istnienia człowieka; ale problem, na który Frankl zwraca uwagę (który przeniesie nas później do naszego fundamentalnego argumentu o technologii i transcendencji zarówno w Feenbergu, jak i Heideggerze) polega na tym, że współczesny człowiek, w swoim poszukiwaniu sensu, jest uwikłany w paradoks między *samorealizacją* a *samo-transcendencją*. Zamiast przyjmować *samorealizację*, której poszukuje w rzeczach materialnych jako warunkowy fakt, który powinien prowadzić do jego *auto-transcendencji*, współczesny człowiek uważa ją za ostateczny koniec swojej auto-transcendencji. To błędne postrzeganie technologii jako spełniającego się celu jest podstawą kwestionowanego przez Heideggera twierdzenia, że technologia jest *przeznaczeniem* współczesnego świata, co wyjaśnię na końcu tego rozdziału.

Zgodnie z powyższą uwagą Frankl'a, jeśli człowiek ma się w pełni realizować jako transcendentny, to nie może szukać jedynie *samorealizacji* we współczesnej technologii. Zamiast tego musi wkroczyć w ontologiczne i strukturalne działania technologii i wyjść poza to, co jest w niej dane, szukając osobistej *autotranscendencji,* aby nawiązać swobodną relację z tym, co go otacza, zwłaszcza z technologicznymi artefaktami. Dyskusja Frankl'a na temat *autotranscendencji* nad *samorealizacją* może być jeszcze bardziej oświecona tym pytaniem: Czy człowiek jest stworzony do szukania jedynie *samozadowolenia* w materialnych współrzędnych swojego życia? Albo pozostawia się to pytanie bez żadnego prawdziwego filozoficznego dociekania, albo otwiera się nowy rozdział egzystencjalnego dociekania, że człowiek nie tylko chce przekroczyć samego siebie, ale także, że w człowieku istnieje coś innego, co wykracza poza jego materialną pielęgnację; jakaś rzeczywistość czy sposób bycia,

[392] Viktor E. Frankl, *Man's Search for Meaning: Wprowadzenie do Logoterapii*, Nowy Jork: Pocket Books, 1963, 112-113.

który wypiera techno-ludzkie postrzeganie ludzkiej egzystencji, na które człowiek jest również ukierunkowany.

Mój wniosek jest taki, że doświadczenie transcendencji jako *wyjście poza* jej dosłowny sens i przekształcone przez Heideggera, nie jest transcendencją samego doświadczenia, lecz ciągłym, przeżywanym doświadczeniem ludzkiej transcendencji. Dla Heideggera, siła transcendencji jest nieodłącznym elementem ludzkiego doświadczenia i konstytucji. Nie pojmuje on ludzkiej egzystencji jako czegoś, co istnieje tylko teraz, albo w przeszłości, która prowadzi do teraźniejszości; ludzka egzystencja zawsze antycypuje przyszłość. Transcendencja nie może być obiektywizowana ani redukowana do czysto ludzkiego, materialnego doświadczenia,[393] ponieważ jest ontologicznie zawarta w kondycji człowieka. Nie jest to coś, co jest po prostu obecne w świecie, ale pojawia się wszędzie tam, gdzie istnieje ludzka egzystencja, ponieważ, znów echo Heideggera, ludzie są istotami zasadniczo transcendentalnymi.

W kolejnych punktach, jak chciałem pokazać, fundamentalne znaczenie ma uznanie *otwartości* podmiotu ludzkiego na technologię, jako przejawu jego transcendencji. Jej ciągła tęsknota za znaczeniem w technologii jest sama w sobie przejawem jej transcendentnej natury jako wewnętrznej relacji.[394] Transcendencja rozumiana w ten sposób nie stanowi niczego podobnego do dowodu na istnienie Boga *qua* nieskończonej substancji, ale raczej duch naukowy i technologiczny jest sam w sobie przejawem tej ludzkiej transcendencji.

Dlatego, po wyjaśnieniu oceny transcendencji jako niezbędnego faktu ludzkiego, omawiam teraz technologię jako formę transcendencji, broniąc FO technologii Heideggera przed teorią społeczno-polityczną Feenberga.

5.3 Na poparcie Heideggera przeciwko podejściu zewnętrznemu Feenberga

Podstawowe znaczenie ma uznanie, że Feenberg bierze pod uwagę obawę Heideggera, iż technologia jest najważniejszą kwestią naszych czasów i że jako problem transcendentalny nie został on wystarczająco i krytycznie przemyślany. Jako główny składnik naszych czasów, technologia jest ściśle powiązana z polityką, ekonomią, kulturą i wszystkimi formami życia społecznego i osobistego. Uważa on, że do tego właściwa procedura krytycznej refleksji (unikająca mrocznego faszystowskiego, totalitarnego nazizmu, do którego pociągnął duszę

---

[393] Przedstawić rozdział trzeci dotyczący *podstawowej struktury podmiotu ludzkiego.*
[394] Martin Heidegger, *The Metaphysical Foundations of Logic,* Op. Cit., 160.

Heideggera), musi pociągać za sobą wolny i otwarty sentyment do wolnych, demokratycznych (amerykańskich) rozważań. W tym względzie Feenberg skupia się na konstruktywistycznych teoriach techniki i pyta o różne sposoby, w jaki jednostki i grupy mogą zrekonstruować technologię, aby służyła bardziej ludzkim i demokratycznym celom. W związku z tym opowiada się za demokratyczną racjonalizacją technologii, która respektuje nie-deterministyczny rozwój technologii w zależności od czynników społecznych. Aby zrealizować swoje marzenie, przywłaszcza sobie kilka spostrzeżeń Heideggera, włączając je do swojej własnej krytycznej teorii technologii. W swoim zawłaszczeniu Heideggera i zamiarze wdrożenia jego demokratycznej teorii, Feenberg błędnie krytykuje Heideggera za bycie technologicznym *esencjonalistą*, *deterministą* i *pesymistą*. Jednak jego błędna lektura i krytyka Heideggera zawiera szereg kwestii, które czynią jego teorię mało wiarygodną, co pokażę w kolejnych rozdziałach. Zacznę od stwierdzenia, że Heidegger nie jest *esencjalistycznym*, *deterministycznym* i *pesymistycznym* filozofem technologii, ale raczej innowatorem, modyfikatorem, umiarkowanym i reformatorskim filozofem technologii. Poszukuje filozofii, która może pomóc nam zrozumieć i wewnętrznie powiązać się z technologią.

5.3.1 Heidegger: Innowator, modyfikator i Reformator Filozofii Technologicznej

Heidegger optuje za innowacyjnością na swój własny sposób, zwłaszcza poprzez traktowanie technologii jako ontologicznego i transcendentalnego paradygmatu, poprzez który rozumiemy jej właściwą istotę i nasze miejsce w niej. Mój argument opiera się na tym, co pisze sam Heidegger:

> "Technologia nie jest równoznaczna z istotą technologii... Podobnie, istota technologii nie jest w żaden sposób technologiczna."[395]

Podważając instrumentalne znaczenie technologii, Heidegger chce przedstawić swoje transcendentne ujęcie technologii jako zagadnienia, które nie powinno być traktowane jedynie w ramach ekspertyzy technologicznej. Jak wyjaśnił wcześniej, argumentuje on, że *istotą* nowoczesnej technologii jest ujawnienie "które stawia przed naturą nieracjonalne zapotrzebowanie na energię, która może być wydobywana i przechowywana jako taka".

[395] Martin Heidegger, *The Question Concerning Technology and Other Essays,* Op. Cit., 4.

Oznacza to,[396] że złożona natura technologii nie może być właściwie rozumiana jedynie przez jej użyteczność, ale musi być rozumiana, w sposób bardziej pierwotny, przez jej manipulacyjny związek ze światem, tak aby rzeczywistość stała się *rezerwatem*. Teksty te są często wykorzystywane przez Feenberga, aby oskarżyć Heideggera o bycie *esencjalistą* i *deterministą*, który posiada tę technologię, jest zasadniczo zorientowany na pewne cele, niezależnie od chęci użytkownika. W rzeczywistości, w kontestacji z Heideggerem, Feenberg nie wyjaśnia, na czym *polega istota* technologii, ale argumentuje za *determinizmem* w Heideggerze, który uważa, że działanie technologicznych artefaktów jest niezależne od wpływów społecznych. To zderza się z wewnętrzną relacją o transcendencji i naszym ontologicznym związku z technologią, za którą dotychczas argumentowałem. Feenberg argumentuje dalej, że *deterministki zawężają* korekty granic sfery technicznej, a także sposób jej reformy. Twierdzi on, że Heidegger "nie rozwija niezależnej teorii technologii"[397], a zatem "nie oferuje żadnych kryteriów dla konstruktywnej reformy".[398] Jako reformator technologii Feenberg uważa demokratyzację technologii za konieczną. Uważa on, że jego demokratyczne rozwiązanie oferuje kontrolę i reformę technologii, gdzie społeczeństwo powinno być zaangażowane w projektowanie technologii oraz w tworzenie grup protestu i kodeksów technologicznych, które mogłyby umożliwić lub uniemożliwić rozwój i stosowanie niektórych technologii, a tym samym umożliwić kształtowanie i kierowanie technologią lepiej służącą celom ludzkim. Feenberg argumentuje:

> We wszystkich... demokratycznych interwencjach, eksperci współpracują ze świeckim społeczeństwem w przekształcaniu technologii."[399]

W swojej pracy filozoficznej *Transforming Technology*, Feenberg zauważa:

> O tym, czym są i czym się staną ludzie, decyduje kształt naszych narzędzi nie mniej niż działanie męża stanu i ruchów politycznych. Projektowanie technologii jest więc decyzją ontologiczną, która ma konsekwencje polityczne. Wyłączenie zdecydowanej większości z udziału w tej decyzji jest głęboko niedemokratyczne".[400]

Zdaniem Feenberga, uznanie zakresu, w jakim czynniki polityczne wpływają na doświadczenie technologii sprawia, że *esencjalistyczny* i *deterministyczny* pogląd Heideggera (m.in.) jest nie

---

[396] Ibidem, 14.
[397] Andrew Feenberg, *Technologia przesłuchań,* Op. Cit., 207.
[398] Ibid., 189.
[399] Ibid., xv, 138.
[400] Andrew Feenberg, *Transforming Technology,* Op. Cit., 3.

do utrzymania i uważa, że czynniki społeczno-polityczne odgrywają decydującą rolę we wdrażaniu i wpływie technologii. Uważam, że twierdzenie Feenberga o braku poważnej oceny złożonej transcendentalnej i nieskrępowanej natury nowoczesnej technologii, na którą Heidegger stara się zwrócić uwagę. W powyższych tekstach Heidegger nie zajmuje się fachową wiedzą techniczną, która wymagałaby współpracy ze strony społeczeństwa w celu przeprojektowania wydajnych i odpowiednich technologii, aby sprostać ludzkim wymaganiom; nie myśli nawet o technologii jako o działalności, którą ani eksperci, ani społeczeństwo mogą technicznie zarządzać. Jako filozof, Heidegger zajmuje stanowisko, by dać transcendentne wyjaśnienie technologii jako sposobu na *ujawnienie*, który przekształca nasze postrzeganie rzeczywistości, w tym naszych samych siebie; technologia w swojej operacyjnej strukturze odtwarza i restrukturyzuje rzeczywistość na poziomie transcendentalnym.

W rzeczywistości, twierdząc, że istota technologii w *żadnym wypadku nie jest technologiczna* i twierdząc, że istota technologii jest *objawieniem,* które rzuca wyzwanie wszystkiemu do *rezerwatu,* Heidegger, jako innowator, przenosi technologię z domeny technologicznych "ekspertów" i otwiera nową dyskusję, transcendentalną i metafizyczną dyskusję pomiędzy człowiekiem a technologią. Wykracza to poza instrumentalną i prozaiczną obawę Feenberga, ukierunkowaną na osiągnięcie odpowiednich korzyści, udaremniając problemy demokratycznej odpowiedzialności na podstawie tego nieporozumienia dotyczącego wewnętrznego i transcendentnego charakteru technologii. To przesunięcie technologii z pola *ekspertów* na metafizykę przybliża Heideggera do pozycji *konstruktywisty* niż *esencjalisty,* w głębszym sensie niż może to przyjąć stanowisko Feenberga dotyczące technologii. W rzeczywistości, w przypadku Heideggera, refleksyjne wykorzystanie technologii musi również odróżniać samorozumienie ekspertów naukowych i technicznych od zewnętrznych implikacji ich działań technologicznych, które trudno będzie odróżnić od ponownego projektowania technologii. Dlatego też twierdzenie Heideggera dotyczące istoty nowoczesnej technologii, w odróżnieniu od Feenberga, przesuwa dyskusję o technologii na filozofię; coś, co można uznać za dość pradawne w jego czasach, gdy czytamy to z zalewu charakterystycznych technologii, które mamy dzisiaj, obejmujących niemal każdy aspekt naszego istnienia.

Oprócz przeniesienia dyskusji na filozofię, jako innowator i filozof, Heidegger stara się również pomóc każdemu z nas, kto korzysta z technologii, przemyśleć na nowo nieuchwytny, transcendentny charakter nowych wyzwań techniczno-filozoficznych XXI wieku, wieku technologicznie przekształconego świata. Zachęca nas do zajęcia alternatywnego stanowiska wobec demokratycznie zapośredniczonego, instrumentalnie zorientowanego sposobu refleksji

Feenberga, który pozostaje w tyle za potrzebami materialnymi i nie uwzględnia w wystarczającym stopniu podstawowych transcendentalnych aspektów technologii, wykraczających poza działalność człowieka. Kontekst ontologiczny Heideggera rozpoznaje więcej niż tylko to, co jest realizowane w procesie projektowania i poprzez demokratyczną, racjonalną kontestację, to znaczy, że widzi do formy *odkrywania,* poprzez którą rzeczywistość (łącznie z samym człowiekiem) zostaje odtworzona w zasób zasobów, który czeka na optymalizację człowieka. W ten sposób Heidegger daje nam fundament filozoficzny, który stanowi podstawę do refleksyjnej, rosnącej transcendentnej oceny, na której może się opierać każda poważna filozofia technologii. Konto Heideggera jest bardziej skłaniającym do myślenia roszczeniem niż pozwala na to Feenberg, wyraźnie uznając technologię za warunek wykraczający poza mechanikę, *ekspertów* i poza wszelkie instrumentalne i techniczne rekonstrukcje. Innymi słowy, mimo że człowiek angażuje się w przeprojektowanie technologiczne, jak proponuje Feenberg, nie uznaliśmy jeszcze technologii za nieuchwytne zjawisko ontologiczne, z wadą, która stawia nas na samozwańczym kursie. Bez względu na to, w jaki sposób technologia zostanie właściwie i demokratycznie przeprojektowana, zawsze będą istniały towarzyszące jej problemy, które wymagają głębszej refleksji filozoficznej nad omawianym tematem.

5.3.2 Heidegger: Filozof technologii "realistyczny" i "umiarkowanie esencjonalistyczny

Feenberg oskarża Heideggera o przejawianie defetystycznego ducha w jego filozofii technologii, co czyni go niezdolnym do reform. Uwagi Feenberga:

> "Heidegger nie widzi wyjścia z tej sytuacji. ...rozpacz Heideggera może w końcu być bardziej realistyczną wskazówką na nędzne reformy możliwe w tych ramach."[401]

Chcę podkreślić, że sytuując technologię na polu filozoficznym, jak wyjaśniłem w poprzednim rozdziale, Heidegger nie odrzuca kwestii technologii, tak jak radykalni *esencjalistyczni* i *deterministyczni* filozofowie technologii, tacy jak Winner i Ellul, którzy postrzegają technologię jako autonomiczną. Nie poddaje się też *enframingowej* naturze technologii, ani nie myśli o technologii jako o zjawisku transcendentnym, na które człowiek nie ma wpływu i nie może mu zaradzić. To niepoddające się technologii stanowisko przejawia się w jego

---

[401] Andrew Feenberg, *Technologia przesłuchań,* Op. Cit., 209.

transcendentnych rozwiązaniach problemów technologii, które omówię w następnym rozdziale. To, czego Heidegger szuka, to jak rozwiązać głęboki ontologiczny problem technologii. Nie chodzi mu o techniczną reformę technologii, ale przede wszystkim o zrozumienie jej różnych sposobów autoprezentacji: jako instrumentu i jako *odkrycia*, które stawia na naturę, a na ludzi jako pule zasobów do dominacji i optymalizacji. Tylko dzięki zrozumieniu nieuchwytnej natury technologii będzie można ją zreformować.

Nie rozumiejąc Heideggera, Feenberg nadal postrzega go jako wrogo nastawionego do technologii, przedstawiając ponurą przyszłość technologii[402], która "nie pozostawia miejsca na lepszą przyszłość technologiczną". Twierdzę[403] jednak, że Heidegger nie tylko argumentuje przeciwko niszczycielskiej sile nowoczesnej technologii, ale także jako *realistyczny* i *umiarkowany* filozof technologii, uznaje dobro technologii i jednocześnie opowiada się za wyjściami z jej wybitnych zagrożeń, o których była mowa w poprzednich rozdziałach. Heidegger potwierdza swoje stanowisko, tak jak pisze:

> "Dla nas wszystkich, ustalenia, urządzenia i maszyny technologiczne są w mniejszym lub większym stopniu niezbędne. Głupotą byłoby ślepo atakować technologię. Byłoby krótkowzrocznością potępić to jako dzieło diabła."[404]

Heidegger uznaje fundamentalne znaczenie technologii i neguje wszelkie pesymistyczne stanowisko wobec niej. Oczywiście argumentuje on, że technologia to *przeznaczenie epoki nowożytnej* (wyjaśnię to pod koniec tego rozdziału); niepokojące spostrzeżenie, którego Feenberg nie potrafi uchwycić, jest jednak złożoną, transcendentną esencją nowoczesnej technologii, która zdaje się być ukierunkowana na manipulowanie tym, z czym się styka, niezależnie od tego, jak skutecznie jest zaprojektowana. Faktem jest, że nawet to, co dobre, jeśli nie jest właściwie używane, może okazać się szkodliwe dla jego użytkowników. Dlatego też, jak twierdzi Feenberg, techniczne przeprojektowanie technologii w tym zakresie niekoniecznie rozwiązuje problem. W rzeczywistości właśnie to Heidegger ma na myśli, *ukrywając się za technologią* (co zostało powtórzone w poprzednich rozdziałach), ponieważ nawet dobre technologie przynoszą w sobie niekonstruktywne efekty.

Co więcej, pomimo manipulacyjnej natury technologii, Heidegger w swojej pragmatycznej refleksji oferuje również relację o jej *oszczędnościowej mocy*. W rozdziale

---

[402] Ibidem, 17.
[403] Ibid. 16, 187.
[404] Martin Heidegger, *Discourse On Thinking*, op. cit., 19; Richard Wisser, *Martin Heidegger w Conversation*, New Delhi: Arnold-Heinemann, 1970, 43.

trzecim argumentowałem, że Heidegger wzywa do odtworzenia "oryginalnej greckiej istoty technologii". Odbudowa ta pociągnęła za sobą odejście od współczesnych wysiłków na rzecz kontroli nad przyrodą poprzez badania naukowe i technologiczne oraz powrót do starożytnego greckiego rozumienia made or *techné,* które, jak twierdzi, działało we współpracy lub w partnerstwie z naturą. Powrót do greckiej koncepcji technologii nie oznacza, że Heidegger preferuje prosty powrót do nostalgicznego świata wiejskiego rolnika ze Schwarzwaldu lub autentycznego starożytnego rzemieślnika pracującego w swoim warsztacie. Mimo że Heidegger często kontrastuje drewniane mosty z tamami hydroelektrycznymi i chłopskie rolnictwo z górnictwem odkrywkowym, to jego kluczowym punktem nie jest to, *co budujemy*, ale *dlaczego to* robimy. Dla Heideggera, technologia, właściwie zastosowana, ma pomóc nam osiągnąć *mieszkanie*, w domu z nami w świecie. Dla niego mosty i wieszaki, stadiony i elektrownie to budynki, ale nie mieszkania; dworce kolejowe i autostrady, tamy i hale targowe są budowane, ale nie są miejscami mieszkalnymi, itp. To, co jest zasadniczo ważne, to nie to, co jest zbudowane, ale nasza relacja z nim, która powinna towarzyszyć poczuciu, że zawsze wracamy do siebie jako ludzie z rzeczy, bez porzucania ich. Jest to relacja *mieszkania* z podmiotami poprzez przekazanie im znaczenia wykraczającego poza zakres technologicznego myślenia kalkulacyjnego. Jednocześnie jest to głębsze doświadczanie rzeczy, bez bycia przez nie definiowanym.

Ponadto, w swoich rozważaniach filozoficznych Heidegger *postrzega* technologię jako wyzwanie dla człowieka, aby zagłębić się głęboko w siebie w epoce nowożytnej; aby stosować technikę z własnej *perspektywy* i pokazać jej transcendentny wpływ i odpowiedzialność: *wrodzona* orientacja ludzkości na świat poprzez technikę uwidacznia odpowiedzialność, jaką człowiek ponosi wobec świata i siebie samego. Jako ludzie jesteśmy w stanie wyjść poza odtwórczą moc technologii, ponieważ to my ją wprowadzamy w życie. W rzeczywistości, uznając technologię za paradygmat zakorzeniony w samorozumieniu podmiotu ludzkiego, Heidegger w swoim *wewnętrznie zorientowanym* podejściu (które niszczy bezpodstawne twierdzenie Feenberga przeciwko Heideggerowi o ponurej filozofii technologii) twierdzi, że do zmiany potrzebna jest ludzkość, a nie technologia, ponieważ ta sama ludzkość ma zdolność przekraczania *enfragmentacji* i wprowadzania zmian. Znajduje to odzwierciedlenie w tym, co mówi, że "przybycie technologii nie może być doprowadzone do zmiany jej przeznaczenia bez współpracy z przybyciem człowieka".[405]

---

[405] Martin Heidegger, *The Question Concerning Technology and Other Essays,* Op. Cit., 39.

Heidegger stawia fundamentalne pytanie poza Feenbergiem, że *nie* jest ważne, jak możemy uwolnić się od uścisku technologii poprzez jej techniczne przeprojektowanie. Liczy się raczej to, co możemy zrobić z technologią, ponieważ jesteśmy w stanie skonstruować świat sprzyjający naszej egzystencji, a nie tylko wykorzystać technologię jako narzędzie władzy, które wykorzystaliśmy do manipulowania całą rzeczywistością naszego subiektywnego doświadczenia. Ponadto, twierdząc, że obecność technologii wymaga współpracy człowieka, Heidegger uważa technologię za nieodłączną dla nas, ludzi, co w zamian wymaga wewnętrznej relacji z nią, aby przeciwdziałać jej ontologicznym efektom odtworzenia. Oczywiście Feenberg powiedziałby, że technologia powinna zostać przeprojektowana pod względem technicznym; ale samo to oznaczałoby, że poddając rozwiązanie projektowi instrumentalnemu, po prostu powtarzamy ten sam problem, który próbuje rozwiązać Heidegger. Oznacza to, że Feenberg pojmuje technologię jako instrument, który wymaga zewnętrznej relacji, tak jak odnosimy się do zewnętrznych przedmiotów lub technologicznych artefaktów. W rzeczywistości bardzo dobrze oddaje to kartezjańskie i husarskie podejście, ale brakuje w nim transcendentnej ontologii technologii Heideggera.

Jak wyjaśniłem, Heidegger nie postrzega technologii jako obiektu zewnętrznego, ani nie zaprzecza, że jakiekolwiek rozwiązanie dla wyzwań technologii może pochodzić spoza człowieka; uważa on, że po pierwsze, ludzkość musi poważnie potraktować to nowe transcendentalne zjawisko jako wewnętrzną relację, która rzuca nam wyzwanie i odbudowuje nas. W swojej głębszej relacji Heidegger nie traktuje technologii jako "problemu, dla którego musimy najpierw znaleźć materialne rozwiązanie (byłoby to podejście technologiczne, jak przeprojektowanie, które pozostawia *ekspertom*)". Powinniśmy raczej traktować je jako zjawisko ontologiczne, które wymaga najpierw zmiany naszych postaw w ramach technologicznych, poza zwykłym przeprojektowaniem istniejących technologii. To my, ludzie, doprowadziliśmy do tej sytuacji technologicznej i to my mamy dokonać transformacji, która najpierw musi pochodzić z naszego wnętrza, naszego stosunku do niej, a nie traktować ją jako zwykłe zewnętrzne zjawisko do odbudowy. Dlatego też uważam, że społeczna transformacja technologii, za którą opowiada się Feenberg, jest konsekwencją naszych zmienionych postaw, wynikających z odtworzenia i restrukturyzacji siły technologii, która w późniejszym czasie skieruje nas do pracy nad konkretną reformą technologiczną.

Na zakończenie, twierdzenie Heideggera, że technologia jest *nietechnologiczna,* czyni go *realistycznym* i *umiarkowanym* filozofem technologii. Nie zasługuje on na to, by Feenberg był technologicznym *deterministą,* który promuje filozofię nie pozostawiającą miejsca na elastyczność i uczestnictwo społeczne.[406]

5.3.3 Transcendentalny charakter technologii

W poprzedniej części, argumentując przeciwko zarzutom Feenberga, że Heidegger jest *esencjalistycznym* i *deterministycznym* filozofem technologii, pokazałem, że Heidegger nie jest żadnym z tych dwóch, ale jest umiarkowanie *realistycznym* filozofem technologii. W niniejszym podrozdziale omówię filozofię techniki Heideggera jako działającą z transcendentalnego i ontologicznego poziomu. Stoi to w sprzeczności z próbą Feenberga uznania technologii za problem, który należy kontrolować za pomocą społeczno-politycznych mechanizmów lub działań, co wymyka się głębokiemu transcendentnemu wglądowi Heideggera w technologię. Myślenie Heideggera jest egzystencjalne i metafizyczne, w którym podchodzi on do technologii nie jako do czegoś technologicznego, ale jako do sposobu *bycia w świecie*, poprzez który współczujemy sobie w stosunku do rzeczy w sposób, który ma fatalny wpływ nie tylko na same rzeczy, które pomaga kształtować, ale także na samo znaczenie i byt naszej człowieczeństwa.

W przeciwieństwie do Heideggera, Feenberg nie zagłębia się w filozoficzną refleksję nad transcendentną naturą technologii, lecz przyjmuje demokratyzację jako paradygmat, poprzez który władza nad technologią jest przekazywana społeczeństwu, nie stawiając nigdy żadnych pytań dotyczących ontologii takiej "władzy publicznej", demokracji, czy też sposobu jej funkcjonowania. Innymi słowy, choć Feenberg zwraca uwagę, że technologia jest środowiskiem, w którym rozwija się ludzki styl życia,[407] nie zagłębia się w analizę tego, jak rozwija się to życie, w kategoriach tego, co technologia może faktycznie *zrobić* z człowiekiem, odtwarzając cały zakres jego istoty, w tym emocje, przekonania, relacje międzypodmiotowe, śmierć i wiedzę jako całość. Feenberg uważa wszystkie te kwestie za oczywiste. Co więcej, zwykły standard legislacyjny zarządzania technologią nie może generować pełnowartościowych lub ucieleśnionych łożysk dla współczesnych trosk o technologię, które mogą być odpowiednio uwzględnione na podstawie indywidualnego traktowania technologii jako relacji wewnętrznej. Heidegger, odważnie sprzeciwiający się zewnętrznemu traktowaniu technologii, pisze:

---

[406] Andrew Feenberg, *Technologia przesłuchań,* Op. Cit., 187, 207.
[407] Andrew Feenberg, *Transforming Technology: A Critical Theory Revised,* Op. Cit., 8.

> "Żaden pojedynczy człowiek, żadna grupa ludzi, żadna komisja wybitnych mężów stanu, naukowców i techników, nie może złamać ani pokierować postępem historii w epoce atomowej". Nie tylko ludzka organizacja jest zdolna do zdobycia nad nią dominacji."[408]

Heidegger odrzuca jedynie *ontyczne* podejścia stosowane w radzeniu sobie ze zjawiskiem nowoczesnej technologii, właśnie z powodu jego nieuchwytnej transcendentalnej natury. W odpowiedzi Feenberg oskarża go o przypisywanie technologii autonomicznej władzy, podważając tym samym rolę kontroli technologicznej w społeczeństwie[409]. W bardziej zdecydowanym stwierdzeniu, pisze Feenberg:

> "Problemem z krytyką Heideggera jest jego bezwarunkowe twierdzenie, że nowoczesna technologia zasadniczo nie jest w stanie rozpoznać swojej granicy. Dlatego jest zwolennikiem uwolnienia się od niej, a nie reform."[410]

W innym miejscu Feenberg argumentuje, że filozofia Heideggera dotycząca technologii, zamiast reformować technologię, wycofuje się ze sfery technologicznej na rzecz religii, sztuki lub natury.[411] Jednak w świetle ontologii Heideggera proponowane przez niego systemy społeczno-polityczne i socjotechniczne służące kontroli technologii są samobójcze. Po raz kolejny, twierdząc, że technologia wymyka się spod kontroli, Heidegger nie przejawia żadnego defetystycznego ducha poddania się technologii. Uważam twierdzenia Feenberga za jego porażkę w krytycznej analizie ontologii nowoczesnej technologii, a zwłaszcza nieuchwytnego charakteru technologii, którą zajmuje się Heidegger, a której nie da się łatwo udomowić za pomocą zwykłych społeczno-politycznych i technicznych kontroli, takich jak demokratyczne kody projektowe. Twierdzenie Feenberga o reformie technologii poprzez działania techniczne, takie jak przeprojektowanie, stanowi odejście od krytycznej, filozoficznej refleksji nad technologiczną kondycją człowieka, która jest obecnie potrzebna. Zakłada on, że znamy już ontologiczny wpływ technologii na ludzi. Oczywiście częściowo prawdą jest, że technologia może zostać zreformowana poprzez udział społeczeństwa, jako technika pociągania naukowców i techników do odpowiedzialności za swoje wynalazki. Ale to nie jest zmartwienie Heideggera. Heidegger mówi o transcendentnej naturze technologii, za którą, jak

[408] Martin Heidegger, *Discourse On Thinking,* Op. Cit., 52.
[409] Andrew Feenberg, *Technologia przesłuchań,* Op. Cit., 209.
[410] Ibid., 198.
[411] Ibid., 152.

powiedziałem, tęskni Feenberg. Nawet jeśli technologia ma swoje granice, Feenberg nie mówi nam o granicach technologii, do których odnosi się w powyższym tekście.

Kiedy Heidegger twierdzi, że technologia wymyka się spod kontroli, odnosi się zasadniczo do jej transcendentnej struktury operacyjnej, która przekształciła się w *przeznaczenie* współczesnego świata. Jego twierdzenie jest takie, że my, ludzie, jako *przeznaczenie*, wprawiamy w ruch technologię jako nasz wynalazek lub stworzenie, a z powodu jej transcendentnego działania, szczególnie gdy używamy technologii do rozwiązywania naszych potrzeb, jesteśmy oszukiwani, że kontrolujemy ją. Ale faktem jest, że to samo zjawisko, z powodu swojej nieuchwytnej transcendentnej natury, wymknęło się nam z rąk. W rzeczywistości, z praktycznego, naukowego i technologicznego punktu widzenia, Heidegger ma rację: nie ma czasu w historii ludzkości, aby powiedzieć, że wszystko jest znane i rozwiązane. Naukowo-techniczny charakter wpływający na dążenie do wiedzy i postępu, jeśli jest on zgodny z własną naturą, toleruje zakończenie jego zadania. Innymi słowy, technologia jest zjawiskiem bezgranicznym i ponadczasowym. Co więcej, żaden prawdziwy naukowiec i technolog nigdy nie zgodziłby się z twierdzeniem, że "teraz nie ma nic więcej do powiedzenia". Dziedzina nauki i techniki jest ze swej natury dziedziną otwartą, pozbawioną ograniczeń. Dla zilustrowania tego punktu, kiedy krytycznie rozważamy postęp technologiczny, stwierdzamy, że jest on nieodłącznym napędem, który przestrzega własnych transcendentnych praw działania, przy czym późniejsza faza jest zawsze lepsza od poprzedniej[412]. Nie zakłóca on wewnętrznego ruchu systemu technologicznego, co prowadzi do jego coraz bardziej *zaawansowanych* etapów. Jest to proces, który przebiega bez ograniczeń w całym postępie technologicznym. To wyjaśnia argument Heideggera na temat nieograniczonej natury technologii. W przeciwieństwie do tradycyjnej koncepcji technologii, nowoczesna technologia jest przedsiębiorstwem, a nie posiadaniem, procesem, a nie państwem, dynamiczną siłą napędową, a nie zestawem urządzeń i umiejętności.

Intrygujące jest to, że ten brak granic współczesnej technologii jest nieokreślony, w tym sensie, że zwraca uwagę na transcendentną naturę człowieka przejawiającą się w jego ciągłym poszukiwaniu sensu. To właśnie nauka i technika konsekwentnie nie ukrywa przed nami nowoczesnych podmiotów. Jednak Feenberg ze swoją społeczną teorią technologii zdaje się sugerować, że nasze poszukiwania znaczenia w nauce i technologii oraz z nimi powinny być determinowane społecznie i politycznie (tj. ograniczone przez dyskretne, świadome,

[412] Hans Jonas, "W kierunku Filozofii Technicznej"*: The Technological Condition an Anthology, red.* Robert C. Scharff i Val Dusek, Op. Cit., 193.

przemyślane cele). Uważam takie podejście za naruszające same zasady nauki, w tym nasze poszukiwanie sensu w nauce, poprzez które nieustannie manifestujemy się jako istoty transcendentne. W rzeczywistości, nasza transcendentna natura objawia się przez większość czasu w naszym poczuciu niezadowolenia, nawet gdy korzystamy z technologii. Tak więc niezależnie od tego, czy technologia jest odpowiednio przeprojektowana, czy nie, zawsze jesteśmy zaangażowani w to poszukiwanie znaczenia, które nie powinno być zamiatane pod dywan w społeczeństwie politycznym lub w socjotechnicznych systemach kontroli technologicznej poprzez przeprojektowanie technologii.

Jako bezgranicznie trwający transcendentny proces "*ontycznego porządkowania*" lub strukturyzacji, technologia ujawnia uporządkowany świat zazębiających się *obiektów, w* tym ludzi jako zapasów, lub *Bestand.* Poza tym nowoczesne podmioty są również kwalifikowane jako istoty chętne lub pragnące, co jest znacznie bardziej podstawowym ontologicznym i metafizycznym zjawiskiem ludzkim, które zajmuje strukturę naszego istnienia. Tak więc technologia nie reprezentuje jedynie zobiektywizowanych i uzewnętrznionych narzędzi i sprzętu, które możemy przeprojektować i wykorzystać do budowania i osiedlania się w naszym świecie, ani nie odnosi się do problemu, który należy rozwiązać w jego negatywnym łożysku poprzez protesty; nie jest też czymś technologicznym. Jest to raczej forma autoprezentacji i głębokie zjawisko transcendentalne z odtworzeniem ontologicznych manifestacji.

W rzeczywistości przykłady, które Feenberg wykorzystuje w większości swoich prac, aby wyjaśnić siłę oddziaływania nowoczesnych technologii na porządek publiczny, są w dużej mierze skoncentrowane na technologiach informacyjnych, które same w sobie nie rozwiązują całego problemu nowoczesnych technologii jako zjawiska odtwarzającego. Podejmowanie przez Feenberga nowoczesnych technologii, zwłaszcza internetu, który klasyfikuje przede wszystkim jako medium komunikacyjne,[413] niekiedy nie zgadza się z duchem krytycznym, który wyznaje w swoich pracach. Koncentruje się on bardziej na roli, jaką użytkownicy odgrywają w produkcji i rozwoju oprogramowania i projektowania technologii. Jako taki utknął z przypadkami innowacji, które uprzywilejowują i regulują technologiczną produkcję i użytkowanie, co samo w sobie nie ma nic wspólnego z ucieleśnionymi lub towarzyszącymi problemami onto-technicznymi; Feenberg nie zagłębia się wystarczająco głęboko w TO takiego medium.

[413] Andrew Feenberg, *Alternative Modernity: The Technical Turn in Philosophy and Social Theory,* Berkeley, Los Angeles, Londyn: University of California Press, 1995, 152; Ibidem, *Between Reason and Experience: Essays in Technology and Modernity,* Op. Cit., 152-4.

Wszyscy wiemy, jak ważny jest Internet jako nowa transcendentna siła i efekt światowej komunikacji i public relations, *nowa forma życia publicznego* z nowymi formami transcendentalnych wartości i implikacji. Powinniśmy jednak również dostrzec, że kwestie onto-technologiczne związane z Internetem jako cyberprzestrzenią są głębokie: Internet w swojej naturze jest dziś główną siłą napędową, która rozszerza technologiczne rządy, restrukturyzację i kontrolę nad ludźmi, a także monopolizację informacji. Feenberg dałby daleko idące i totalitarne zapewnienie, że polityczna lub demokratyczna legitymizacja i przeprojektowanie technologii może rozwiązać takie problemy i że czasami okazuje się ona skuteczna pomimo przeszkód.[414]

Rozważmy, na przykład, przemysłowe zanieczyszczenie powietrza. Jeśli chodzi o zanieczyszczenie powietrza, to tak długo, jak osoby za nie odpowiedzialne będą mogły sobie radzić z konsekwencjami zdrowotnymi swojego przemysłu, przenosząc się na zielone przedmieścia, pozostawiając biednych mieszkańców miast do oddychania brudnym powietrzem, będzie niewielkie wsparcie dla technologicznych rozwiązań tego problemu. Co więcej, kontrola zanieczyszczeń jest postrzegana jako kosztowna i bezproduktywna przez tych, którzy mają uprawnienia do jej wdrażania. Ostatecznie, demokratyczny proces polityczny, zainicjowany przez rozprzestrzenianie się problemu i sojusze protestacyjne ofiar i ich zwolenników, uzasadnia zewnętrzne interesy ofiar. Dopiero wtedy możliwe staje się zjednoczenie ludzi, w tym zarówno bogatych, jak i biednych, w celu przeprowadzenia niezbędnych reform.[415] Zgodnie z relacją społeczną Feenberga, sprawa zmusi wreszcie do przeprojektowania ulepszonych gałęzi przemysłu i lepszych sposobów zarządzania zanieczyszczeniami. Wiąże się to jednak z dwoma kwestiami: po pierwsze, pracujemy w oparciu o założenie, że przeprojektowanie nowych technologii automatycznie rozwiąże problem. Ale jak możemy być tego pewni? Po drugie, choć Feenberg opowiada się za systemem partycypacyjnym, w którym demokratyczne wartości i polityka kształtują nie tylko formalną sferę polityki, ale także nieformalną sferę życia codziennego, to jednak mniejszość jednostek żyje w systemie, w którym stale proponuje się im rozwiązania, zanim będą mieli szansę zadać krytyczne pytania. Oznacza to, że indywidualny wpływ i kontrola są coraz mniej oczywiste, co prowadzi do coraz większej liczby sytuacji, w których ludzie zmuszeni są do dokonywania osobistych wyborów, które wydają się trudne do zrealizowania w ustrukturyzowanym systemie demokratycznym.

---

[414] Andrew Feenberg, *Transforming Technology: A Critical Theory Revised, Op. Cit.*, Op. Cit., 119.
[415] Andrew Feenberg, *Między rozumem a doświadczeniem: Essays in Technology and Modernity,* Op. Cit., 81.

Rozważmy inny przykład ontologicznego łożyska, aby wyjaśnić powyższy punkt. Marksizm, jako ideologia i system gospodarczy, opowiadał się za prawami całego proletariatu, ponieważ jego motywacją było założenie, że zmiana systemu klasowego poprawi zamierzoną sytuację. Jednak po jego wdrożeniu okazał się on nieskuteczny w tym zakresie, powodując dalsze nierówności. Ludzie żyli raczej na mocy tego, co system robi *dla* nich lub *z* nimi, niż na mocy tego, co robią dla siebie. Nie wzięli oni pod uwagę, że system nie istnieje i nie może istnieć tylko po to, by zaspokoić ich potrzeby, bez ich zaangażowania. Aby system działał skutecznie, należy zmodyfikować ludzkie zachowania w celu sprostania jego wyzwaniom. Ta zmiana ludzkiego zachowania jest czymś, co jest wewnętrzne w sobie, nawet jeśli ma wpływ na kodeksy społeczno-polityczne, które mogą twierdzić, że kierują systemem. Dlatego też dla Heideggera, aby osiągnąć trwałą zmianę w efektywnym wykorzystaniu technologii, same zewnętrzne reformy społeczne są niewystarczające, nawet jeśli w pewnych okolicznościach konieczne mogą być rewolucje. Nawet w przypadku rewolucji nie powinno to być tylko zjawisko zewnętrzne, ale powinna to być *wewnętrzna* rewolucja naszego stosunku do technologii; to znaczy, że potrzebny jest rodzaj głębokiej i stopniowej zmiany w naszym stosunku do technologii. Dlatego też, proponując socjotechniczne systemy kontroli, wydaje się, że Feenberg błędnie łączy w sobie motywację do oporu z umiejętnością skutecznego oporu, który ma być realizowany przez samych ludzi. Jednak sama motywacja, bez indywidualnej świadomości wpływu technologii na swoje życie, nie doprowadzi do skutecznej zmiany tych systemów.

W powyższych przykładach widać, że twierdzenie Feenberga o systemach kontroli społeczno-politycznej i techniczno-społecznej jest głęboko niewystarczające z punktu widzenia Heideggera; dotyczą one technologii z punktu widzenia jej *ontycznego* (technologicznego zarządzania) skojarzenia i interpretacji, jako aktywności fizycznej, bez zagłębiania się w jej transcendentną pracę, w odniesieniu do tego, jak faktycznie wpływa ona na zmiany w życiu dotkniętych nią osób. Feenberg, potajemnie lub nieświadomie, odmawia jawnie zintegrowania ontologicznych implikacji technologii z własnymi pracami nad różnymi współczesnymi zastosowaniami technologii. Co więcej, zaprzecza swojemu milczącemu stanowisku, unikając ontologicznych podstaw, aby krytycznie zastanowić się nad kondycją technologiczną człowieka, zanim zaproponuje konkretne rozwiązania. Zamiast tego zakłada on, że wpływ technologii na człowieka jest znany wszystkim. W związku z tym, unikając badań ontologicznych, jego teoria ma tendencję do odrzucania analiz odwołujących się do jakościowego rozumowania transcendentalnego w celu społecznej ilościowej produkcji przeprojektowanych technologicznych artefaktów, jak proponuje Heidegger. Feenberg potwierdza tę krytykę i swoją niezdolność do osiągnięcia transcendentnej filozofii Heideggera, gdy twierdzi: "Nowoczesna technologia Heideggera widziana jest z góry",[416] a nie z kontekstu społecznego, który proponuje (Feenberg).[417]

Cały proces społecznego kwantyfikowania problemu technologicznego przez Feenberga zakłada, że jeśli wpływ technologii na jednostki nie osiągnie rozprawy społecznej, aby wywołać proces demokratyzacji, jednostki te będą nadal cierpieć do czasu demokratyzacji ich sytuacji. Pomija to fakt, że jakakolwiek skuteczna zmiana w naszych relacjach z technologią nie musi być dokonywana jedynie przez konsensus społeczno-technologiczny, reprezentatywne myślenie organu ustawodawczego lub przez dialog z politykami, którzy mogą planować, organizować, projektować, tworzyć i regulować cały proces publicznej mobilizacji i projektowania technologicznego. Z punktu widzenia Heideggera, nawet jeśli Feenberg nie zgadza się na zmianę postawy,[418] głęboka zmiana może być dokonana ontologicznie poprzez odwrócenie myślenia o nas samych i o świecie, gdzie ograniczenia technologiczne prowokują nowe transcendentalne myślenie o technologii. Dlatego też sama demokratyzacja technologii poprzez protesty, opór, przeprojektowanie i kody techniczne nie daje nam transcendentalnej i ontologicznej sfery, wokół której Heidegger konstruuje swoją relację z technologii, czyli sposobu, w jaki technologia odtwarza człowieka i świat. Tak naprawdę, to odejmuje od niego.

Próba Feenberga oparcia rozumu i technologicznej racjonalności zarówno na kontekście społecznym, jak i na instrumentalnej interpretacji wydobywa tę samą racjonalność z subiektywnych, wewnętrznych podstaw, a jednocześnie postrzega technologię jako zewnętrzną, obiektywną całość, nad którą musimy zastanowić się w sposób demokratyczny, nie kwestionując jej kluczowego znaczenia, pomijając Heideggeryjskie postrzeganie technologii jako wewnętrznej relacji, która odtwarza nas, jej użytkowników, i która w równym stopniu wymaga wewnętrznej oceny. Feenberg jest ślepy na problem, że technologia zagraża ludzkości w jej transcendentalnym jądrze, redukując ją do jej funkcji i tłumiąc jej ontologiczne znaczenie dla ludzkiej egzystencji. Innymi słowy, Feenberg, w swojej krytycznej, społecznie konstruktywistycznej relacji o technologii, nie zajmuje się głębokimi problemami onto-technologicznymi, z którymi borykają się ludzie, i nie traktuje technologii jako horyzontu, poprzez który ludzie są odtwarzani. Problemy te zależą od osobistej transformacji i interwencji, które niekoniecznie muszą czekać na odległe, demokratyczne interwencje, które mogą być nieskuteczne pod koniec procesu projektowania.

[416] Andrew Feenberg, *Technologia przesłuchań,* Op. Cit., 197.
[417] Andrew Feenberg, *Między rozumem a doświadczeniem: Essays in Technology and Modernity,* Op. Cit., 72-8.
[418] Andrew Feenberg, *Technologia przesłuchań,* Op. Cit., 187.

Podsumowując, relacja Feenberga na temat technologii nie uwzględnia w wystarczającym stopniu nieuchwytnego transcendentnego charakteru nowoczesnej technologii w Heideggerze. Głęboka demokratyzacja, którą proponuje jako rozwiązanie technologiczne *enframing,*[419] aby dać ludziom władzę nad technologią, czyni z jego filozofii ambitny, rewolucyjny projekt, który jest bardziej nostalgiczny niż Heidegger, a tym samym niezgodny z jego krytyką Heideggera. Feenberg, czyniąc ze społeczeństwa decydujący organ władzy ustawodawczej w zakresie rozwoju i wykorzystania technologii, a jednocześnie podważając indywidualne doświadczenie życiowe jako pole dowodowe, które może prowadzić do transformacji technologii, staje się społecznym deterministą technologii, wbrew swojemu nadrzędnemu celowi, jakim jest wykorzystanie jej do wzmocnienia wolności demokratycznej.

W rzeczywistości konstruktywizm, na którym opiera się Feenberg, nie oferuje substytutu w przypadku swojej porażki; zamiast tego podważa jedynie podstawy racjonalności i proponuje relatywistyczną politykę technologii, która nie może pomóc żadnej metafizycznej czy transcendentalnej filozofii technologii. Jego relacja ogranicza się do formy technologicznej instrumentalności, która redukuje jej zastosowanie do technologii i ludzkości *jako takiej*, odciągając od jej filozoficznego celu FO, dla którego Heidegger stara się odpowiedzieć. Heidegger nie szuka recept na działanie; dla niego technologia jest zjawiskiem transcendentnym, które restrukturyzuje i rekonstruuje podmioty, w tym ludzi. Dlatego nasza relacja z technologią nie powinna być postrzegana jako zwykły sposób działania, przeprojektowywania i stanowienia prawa w zakresie technologii, ale jako *odkrywczy*, system pełnej zdolności do objaśniania, w którym każda istota jest dziś usprawniona i jednolicie zrównana z każdą inną istotą jako *rezerwat*, wyobcowana z siebie; z własnego, niepowtarzalnego znaczenia ontologicznego.

5.3.4 Ogólne podejście Heideggera do technologii

Widzimy, że TO Heideggera w dziedzinie technologii jest znacznie szersze, a jego zaangażowanie w problemy technologiczne znacznie głębsze, niż przyznaje Feenberg, wydaje się skracać filozofię Heideggera, opowiadając jedynie o społecznym aspekcie jego opowieści o technologii. Odnosząc się do ogólnego opisu technologii Heideggera, Feenberg twierdzi, że Heidegger nie ma nic do powiedzenia na temat poszczególnych technologii,[420] co według

[419] Ibidem, 147.
[420] Andrew Feenberg, *Technologia przesłuchań,* Op. Cit., 149.

Feenberga doprowadziło do tego, że nie potrafi "spojrzeć na nowoczesną technologię od *wewnątrz*, w jej ujawniającym się znaczeniu".[421] Z pewnością prawdą jest, że w swoim czasie Heidegger nie miał wiele bezpośredniego doświadczenia z technologią. Feenberg uważa to jednak za punkt decydujący, by stwierdzić, że Heidegger nieświadomie przyjął odgórne "strategiczne stanowisko menedżera systemów", a nie oddolne "taktyczne stanowisko człowieka włączonego do sieci technologicznej".[422] W obu przypadkach jest coś, co jest samobójcze w tym, co twierdzi Feenberg, a czego on sam nie przestrzega:

Po pierwsze, Heidegger przyjmuje ogólne podejście do technologii, jak argumentowałem w poprzednim punkcie, ponieważ nie chodzi mu o oferowanie technicznych, konwencjonalnych, instrumentalnych i politycznych środków zaradczych w odniesieniu do konkretnych problemów technologicznych. Skupia się on wyłącznie na kwestii ujawnienia ontologicznych podstaw pozornie nieograniczonej destrukcyjnej natury nowoczesnej technologii, przejawiającej się w niezliczonych szczególnych problemach, które analizuję w tym badaniu. Heidegger chce dać nam ontologiczną zasadę lub normę, dzięki której możemy podejść do poszczególnych technologii. Na tej właśnie podstawie można interpretować, analizować, rozumieć i rozwiązywać faktyczne problemy technologii.

Po drugie, własne uzasadnione interesy Feenberga i fragmentaryczne przypadki technologiczne koncentrują się na konkretnych negatywnych skutkach danej technologii. W rzeczywistości, odniesienia Feenberga do konkretnych technologii (które, jak twierdzi, konkretyzują jego filozofię) nie dotyczą interesów odpowiednich podgrup użytkowników, których dotyczą. Bardziej zajmuje się on sprawowaniem szerszej demokratycznej kontroli politycznej, jako celem samym w sobie. Innymi słowy, ze względu na brak zasady ontologicznej, na której można by oprzeć jego teorię społeczno-polityczną, Feenberg nie integruje swojego rachunku technologii z żadnym rzeczywistym indywidualnym użytkownikiem. To powstrzymuje całą jego teorię od demokratycznej świadomości, o którą wnioskuje w szerszym kontekście społecznym. Jestem świadomy, że tak jak Heidegger, Feenberg twierdzi, że żadna technologia nie jest nigdy neutralna, tak samo jak "wiedza", która nią kieruje. Kwestią sporną jest jednak to, że dla Feenberga każda technologia ma swój wewnętrzny *kod* - normę, która określa czym jest, co robi, na jakich warunkach, z jakimi rzeczami, z jakimi ludźmi i w jakich celach. Z tego powodu uważa on, że nie ma powodu, dla którego nasze obecne manipulacyjne, wyzyskujące, odczłowieczające, instrumentalnie

[421] Ibid., 197.
[422] Ibidem.

kodowane technologie nie powinny być poddawane demokratycznym interwencjom, które uczyniłyby je bardziej życiodajnymi.[423]

Pozostawia to jednak z nami wiele ważnych filozoficznych pytań: Jak może być pewien, że życie, w którym technologia jest *demokratycznie* zliberalizowana, odnosi się do wszystkich innych form oceny życia? Jak by zareagował filozofom nauki, technologii, rasy, mniejszości etnicznej, ekologii i płci, którzy mogliby sprzeciwić się jego widocznej chęci zajęcia się ich głównymi problemami poprzez krytykę techno-nauki? Jak może być pewny, że optymistyczna i zdemokratyzowana koncepcja praktyki techniczno-naukowej jest lepsza w XXI wieku niż dążenie Heideggera do uziemienia technologii i rozwiązań jej problemów w samorozumieniu i odpowiedzialności podmiotu ludzkiego? Jaka może być na to gwarancja? Pytania te wskazują, że nostalgia Feenberga za społeczno-polityczną relacją o technologii przewyższa nawet to, co błędnie określił w Heideggerze.

Uważam, że relacja Feenberga na temat technologii ma na celu promowanie w zasadzie filozofii, która mogłaby wykorzystać siłę wiedzy klasy elity politycznej, poprzez włączenie jej do publicznych kodeksów technologicznych. Rozważmy jeszcze raz przykład Internetu, aby zbadać to twierdzenie. Dziś wszyscy wiemy, że w Internecie wiele się dzieje: jest to narzędzie ludzkiej manipulacji. Podstawowe pytania są jednak następujące: Jak bardzo demokratyczny jest Internet? To znaczy, czy każdy może wejść do gry, włączając w to biedne i technicznie upośledzone społeczeństwa? Odpowiedź brzmi: nie. Tylko nieliczni, którzy posiadają niezbędną wiedzę, mogą wejść do gry internetowej. Nie twierdzę, że takie interwencje i możliwości demokratycznego zaangażowania nigdy nie są skuteczne. Zrobili bardzo dużo dobrego, ale dla kogo? Innymi słowy, czyj to krąg *demokratyczny*, czyj to interes, i czyim kosztem? Być może Feenberg może odpowiedzieć na te pytania. Chodzi mi o to, że ponieważ indywidualny kontekst osobisty (tj. podmiotowość ludzka) jest niewystarczająco uwzględniany, te subiektywne problemy są po prostu odkładane na półkę, w imię demokracji i w dążeniu do instrumentalnej interpretacji technologii, co dodatkowo podważa jej ontologiczne znaczenie.

Relacja Feenberga na temat technologii wydaje się również funkcjonować jako standard etyczny dla oceny wszelkich szczególnych wyzwań stojących przed technologią, a zatem nie uwzględnia transcendentnego charakteru nowoczesnej technologii i jej ontologicznego wpływu na jej użytkowników.[424] Zamiast tego zajmuje się ona możliwościami

---

[423] Ibid., 106-8.
[424] Ibid., 141-3.

zrozumienia technologii, które mogą być ważne tylko dla biurokratycznych regulacji dotyczących projektowania i wykorzystania technologii w polityce publicznej. Zgodnie ze standardami etycznymi, Feenberg opowiada się za stopniową reformą, która wykorzystuje "radykalne zasoby polityczne *osadzone* w zaawansowanych technologicznie społeczeństwach".[425] Oczywiście, jego celem jest to, co nazwał *głęboką demokratyzacją*. Uwagi Feenberga:

> "...twierdzenie, że baza techniczna społeczeństwa jest ambiwalentna, oznacza, że może być modyfikowana poprzez taktyczne reakcje, które trwale otwierają strategiczną wewnętrzność na przepływ inicjatyw podwładnych."[426]

Głęboka demokratyzacja, jak twierdzi Feenberg, to system, który zakłada wzmocnienie pozycji i uczestnictwo wszystkich zainteresowanych grup i systemów technicznych w celu stłumienia niebezpiecznego potencjału technologii. Feenberg zauważył, że refleksje Heideggera na temat technologii jako relacji wewnętrznej mówią nam o niewystarczających rozważaniach politycznych na temat kwestii o znaczeniu technologicznym w naszym życiu, a on decyduje się zabrać technologię od jednostki do konsensusu społecznego, czyniąc z niej relację zewnętrzną, nie uznając, że technologia jest częścią naszej własnej transcendentnej konstytucji i pielęgnacji.

Jednak Feenberg zostawia mi podstawowe pytanie: Czy jego socjalno-konstruktywistyczna teoria technologii, polityczne decyzje i opory, które posiada, mogą być odpowiedzią na transcendentalną ontologię, której poszukuje Heidegger? Odpowiadając na moje własne pytanie, można stwierdzić, że obaj filozofowie operują na różnych długościach fal, co czyni krytykę Feenberga wobec Heideggera nieprawdopodobną, ponieważ Heidegger zajmuje się ontologią technologii. Jednak krytyka Feenberga dotycząca FO technologii Heideggera staje się punktem wyjścia dla jego własnej alternatywy, która dąży do rozszerzenia demokratycznej kontroli nad procesem projektowania technologicznego, tworząc jednocześnie swego rodzaju politykę technologiczną. Czyniąc to, rekonceptuje socjalizm poprzez wzmocnienie udziału ludzi, czyniąc z niego standardowy kodeks kontroli technologii. Jest to jednak bardziej teoretyczne podejście do technologii, ponieważ nie wszystkie przypadki technologiczne wymagają kodeksu politycznego i demokratycznego, a nawet demokratyzacji samej technologicznej racjonalności.

---

[425] Ibidem, 108.
[426] Ibid., 114.

Dlatego też, tak jak oskarża Heideggera o traktowanie technologii w sposób ogólny, bez odwoływania się do konkretnych technologii, tak i sam Feenberg popełnia ten sam błąd, którego stara się uniknąć: proponując uogólnione lub społeczne rozwiązania konkretnych problemów technologii, problemów, które wymagają indywidualnego zrozumienia i reakcji. Demokratyzując technologię, w szczególności czyniąc z niej działalność projektową, w której uczestniczy społeczeństwo, Feenberg przedstawia technologię jako relację zewnętrzną, która wyobcowuje człowieka z możliwości istnienia jako jedynej w swoim rodzaju jednostki, przekształcając go w anonimowe akcesoria kultury masowej, która ma tendencję do zmniejszania indywidualnej podmiotowości w określaniu swojego przeznaczenia, przenosząc je do anonimowych struktur społecznych. Problemy ujawnione przez nieodpowiednie, zewnętrzne traktowanie technologii przez Feenberga wzywają nas do ponownego potraktowania technologii jako relacji wewnętrznej, która wymaga wewnętrznej samodzielności i indywidualnej odpowiedzialności.

Podsumowując, w przeciwieństwie do Feenberga, Heidegger zajmuje się technologią jako zasadą ontologiczną i transcendentną, w której ujawnianie, w tym nasza podmiotowość, pozostaje w rezerwie. Uznając technologię za zasadę, w której nasze subiektywne działania są odtwarzane, zachęca nas również, abyśmy nie czuli się jak bezradni słudzy technologii, ale raczej angażowali się w nią w sposób, który jest zgodny z naszym własnym rozumieniem i celami. Jednakże my, ludzie, ponosimy wyjątkową odpowiedzialność za nasze własne życie, niewzruszoną wobec problemów natury praktycznej, wynikających z demokratycznego konsensusu, a odpowiedzialność ta nie może być przeniesiona tylko na technologię lub na ogół społeczeństwa. Co więcej, mimo że rachunek Feenberga funkcjonuje jako etyczna i demokratyczna polityka oceny technologii, pozostaje on nieadekwatny, ponieważ w związku z przytoczonymi przez niego przypadkami nie daje empirycznych dowodów na ogólny proces głębokiej demokratyzacji, za który się opowiada. Co więcej, demokratyzacja technologii bardzo utrudnia przewidywanie sposobów lub stopnia, w jakim technologie wpływają na konkretne, indywidualne życie ludzkie. W rzeczywistości, przykłady Feenberga nie wydają się być przypadkami, w których intencje, świadomość lub wpływ świata publicznego ucieleśniają jakikolwiek postęp w demokratyzacji technologii.

5.4 Immanentna racjonalność Feenberga

Próba Feenberga stworzenia społeczno-demokratycznej świadomości technologii oznacza porażkę w objęciu sfery wykraczającej poza ustawodawstwo socjalne, ponieważ jego zdaniem wszystko o technologii ma być wypracowane społecznie. Ograniczając każdy technologiczny problem do władzy społeczeństwa, trudno jest mówić o ludzkim podmiocie z własną podmiotowością, która nie jest związana i zdefiniowana jedynie przez strukturę operacyjną społeczeństwa, nauki i technologii; nasze istnienie nie znajduje się też w samych tylko ludzkich *ontycznych* (egzystencjalnych) aspiracjach, które znajdują się w instrumentalnych korzyściach technologii (technologiczne *samozadowolenie*) i naszej organizacji. Feenberg bardziej interesuje się *ontologicznym* zarządzaniem technologią, aby lepiej odpowiadać na materialne aspiracje i zadowolenie człowieka. Aby zrealizować swój cel, próbuje zbudować "immanentną krytykę" transcendentalnej filozofii technologii Heideggera. Twierdzenia te są poparte tym, co sam Feenberg mówi w swojej pracy *Transforming Technology*:

> "... krytyczna teoria ... nie rozpacza w obliczu triumfu technologii, ani nie wzywa do odnowienia ludzkiego ducha ze sfery wykraczającej poza społeczeństwo, takiej jak religia czy natura. Walka polityczna, jako bodziec do innowacji kulturalnych i technicznych, nadal odgrywa rolę".[427]

Feenberg nie zdaje sobie sprawy z tego, że dla Heideggera kluczowe znaczenie ma dla nas, ludzi, uznanie naszej subiektywności poprzez obniżenie wartości naszej *świadomej* kontroli technologicznej i wyobrażenie sobie alternatywy dla społecznej lub publicznej przyszłej dominacji technologii. Niezwykle istotną kwestią w powyższym tekście, która wyjaśnia, co rozumiem przez *immanentną krytykę* Heideggera, jest to, że społeczna konstrukcja technologii Feenberga próbuje uprzedmiotowić doświadczenia społeczne z technologią poprzez techniczne przeprojektowanie systemów społeczno-technicznych i aktywny opór, a tym samym wyobrazić sobie je jako jedyny rodzaj przestrzeni, przez który mogą odbywać się rozwiązania technologiczne. To znaczy, że nie zastanawia się nad transcendentalnym znaczeniem naszego doświadczenia z technologią. Jego relacja nie uznaje transcendencji technologii w ludzkim doświadczeniu, a zatem pojmuje ludzkie znaczenie w technologii jako polegające jedynie na udziale człowieka i demokratycznych decyzjach w materialnie obciążonym świecie. Innymi słowy, jego immanentna racjonalność pojmuje ludzkie znaczenie jako coś, co rozwija się za pomocą systemów technicznych, tak jakby systemy te same się tworzyły[428]. Ponadto,

[427] Andrew Feenberg, *Transforming Technology: A Critical Theory Revised,* Op. Cit., 14.

[428] Victor C. Ferkiss, "Toward the Creation of Technological Man", w: *Technology and Man's Future, pod redakcją* Alberta H. Teicha, Op. Cit., 109-10.

ustanawiając społeczno-polityczne i techniczne systemy kontroli technologii, Feenberg nie uznaje wartości transcendentnych, właściwych dla technologii, które mogą być po prostu poddane ramom ludzkich systemów organizacyjnych jako normatywny standard dowodowy.

Ustanawiając socjodemokratyczne prawa ramami, przez które technologia ma być rechannelowana, Feenberg nieświadomie lub świadomie sugeruje, że sens życia, którego szukamy w nauce i technologii, musi być uregulowany. Taki sposób myślenia narusza jednak zasady ludzkiej podmiotowości i poszukiwania sensu poza systemami organizacji społecznej, w takich sferach jak religia czy w inny niedemokratyczny sposób. Nacisk Feenberga na poszerzoną rolę partycypacji społecznej utrwala system kontroli technologicznej, który zdaje się odrzucać wszelkie możliwe indywidualne sposoby stawiania czoła problemowi nowoczesnej technologii poza ramami ustawodawstwa społecznego. Wydaje się, że udział społeczeństwa, podobnie jak opór społeczny, postrzega on jako niemal nieodłączny aspekt samej technologii, tak samo jak *enframing* jest nieodłącznie związany z technologią w myśli Heideggera. Oznacza to jednak pewnego rodzaju dążenie do społecznej absorpcji jako celu, bez odwoływania się do jakiejkolwiek innej rzeczywistości, poza specyfikacją społeczeństwa.

Jeśli nasz udział jest nieodłącznie związany z technologią, to nasza absorpcja do technologii, poprzez tworzenie nowych projektów i grup organizacji protestujących, zniechęca nas do samokrytyki, szczególnie w odniesieniu do naszego stanowiska w sprawie technologii. Dzieje się tak dlatego, że w ramach tej technologicznej immanencji, nasza samowchłanialność w technologii poprzez projektowanie wymaga większego wysiłku w celu potwierdzenia siebie jako projektantów. Ma to jednak jeszcze jedną konsekwencję; prowadzi nas do fałszywej iluzji kontroli, tak że zwracamy uwagę tylko na to, co jest pragmatycznie użyteczne w technologii, w zakresie korzyści i w dziedzinie legitymizacji społecznej. Zmniejsza to znaczenie technologii do zwykłego *samozadowolenia* człowieka, w już i tak obciążonym materialnie środowisku. Kwestionując stanowisko Feenberga, John Anderson we wstępie do pracy Heideggera *DOT, zwraca uwagę na* następujące kwestie:

> "...pytanie o naturę człowieka nie jest pytaniem o człowieka. ...naturę człowieka można odnaleźć w odniesieniu do czegoś innego... Aby zrozumieć człowieka, trzeba przekroczyć to, co specyficzne i tylko ludzkie, subiektywne."[429]

Anderson sugeruje, że ludzkie znaczenie nie może być rozumiane jedynie na podstawie przestrzennych współrzędnych jego istnienia; musimy wyjść poza relacje przestrzenne, aby

[429] John M. Anderson, "Introduction" do *Discourse On Thinking*, Op. Cit., 22.

zrozumieć coś więcej o nas samych jako o ludziach; to znaczy, że mamy zdolność do uświadomienia sobie czegoś więcej niż tylko względnego znaczenia w życiu, odnajdującego się w samych warunkowych, społecznych i politycznych doświadczeniach, na które powołuje się Feenberg. Uważam tę relację opartą na wierze *w* współrzędne przestrzenne nas samych i ich całkowitym uzależnieniu za iluzję założycielską relacji Feenberga o technologii, opowiadającego się za materialnie obciążoną interpretacją życia, prowadzącą do zwykłego *samozadowolenia,* odnalezionego w korzyściach z zakładanych przeprojektowanych technologii. Guignon dobitnie zwraca uwagę na nasz nowoczesny immanentystyczny sposób życia, kiedy się spiera:

> "...nie odwraca się do środka, aby dotrzeć do czegoś większego od siebie lub na zewnątrz". Przeciwnie, odwraca się do środka, ponieważ to właśnie w najgłębszym wnętrzu siebie odkrywa się zwykle niewidoczne i niewykorzystane zasoby znaczenia i celu. Dla współczesnego światopoglądu, nie ma wyjścia z obwodu jaźni, są tylko różne poziomy jaźni".[430]

To, na co Guignon zwraca uwagę, to zasadniczo to, co teoria społeczna Feenberga robi z ludźmi; wszystko prowadzi do społecznego "ja" w imię demokratycznego uczestnictwa, które w radykalny sposób jest samowystarczalne, ponieważ ma tendencję do zachowania i podtrzymywania filozofii, która nie wykracza poza naturalną, materialną, cielesną, zawodną i zmieniającą się ludzką rzeczywistość projektu technologicznego i demokratycznych rozwiązań.[431] Tendencją współczesnego podmiotu w ramach nauki i techniki byłoby wycofanie się w stronę *ontycznego* i warunkowego "ja", zwrócenie uwagi na siebie i zdolność do projektowania nowych i lepszych technologii, stworzenie wewnętrznej, materialnie przeciążonej koncepcji jej życia, przy jednoczesnym unikaniu prawdziwego sensu rzeczy samych w sobie. To wycofanie się do siebie pozwala jej potem wrócić do świata materialnego, jako puli zasobów, gotowej do działania, poprzez dalsze działania technologiczne, aby osiągnąć więcej korzyści.

Chodzi o to, że społeczno-polityczna relacja technologii Feenberga, która unika jej transcendentnych implikacji, składa się z kryteriów zarządzania technologicznego i aspektów ludzkich doświadczeń, przypisując uznanie aspektom produkcji w projekcie. Heidegger, na długo przed Feenbergiem, przewidział ten błąd ucieczki do rzeczy samej w sobie, kiedy zauważył, że technologia, jako ostateczny wynik metafizycznego sposobu myślenia, nie tylko

[430] Charles Guignon, *On Being Authentic,* Op. Cit., 82-3.
[431] John J. Stuhr, *Pragmatyzm, Postmodernizm i przyszłość filozofii, op*. cit., 195 - 6.

"zagraża człowiekowi w jego relacji do siebie samego i do wszystkiego, co istnieje"[432], *ale* nie tylko przesłania dawne sposoby *ujawniania,* takie jak produkcja/wychowanie - jak wskazałem w rozdziale czwartym. Technologia kryje w sobie raczej bycie bytem bytów,[433] które jest zasadą ontologiczną, jednością, relacyjnym kontekstem interakcji, w którym wszystko i wszyscy w procesie projektowania są powiązani, zanim zostaną potraktowani jako podmioty i/lub przedmioty. W ten sposób duch uczestnictwa w procesie projektowania, za którym opowiada się Feenberg, ukrywa, dusi i zaciemnia tę relację z FO[434] zarówno ludzi, jak i technologii. To zaniedbanie FO, przez Feenberga, jest samo w sobie formą samodegradacji człowieka, do poziomu "podludzkiego", który poniża rolę człowieka w jego objawowej relacji do świata.[435] W konsekwencji cały proces projektowania technologicznego staje się instrumentem samorozpraszania się.

Wcześniej promowałem relację Feenberga o technologii jako dobrym standardzie etycznym dla oceny społeczeństwa w odniesieniu do technologii. Jednak jego nacisk na znaczenie przeprojektowania i jego kodeksów wydaje się proponować zarówno *rządzić*, jak i *działać zgodnie z* utylitarną teorią technologii, której początkiem i końcem jest większe społeczeństwo. Zawarta w jego opracowaniu teoria technologii utylitarnej nadawałaby priorytet ogłaszaniu zasad, które rządziłyby i promowałyby projektowanie lepszych technologii, aby promować największe zainteresowanie większości w społeczeństwie, którego wpływ społeczny poprzez działanie w procesie projektowania i protesty jest w stanie sprowokować do ponownego projektowania lepszych technologii. W związku z tym obywatele są zobowiązani do *działania* wyłącznie w oparciu o ich interesy, w szczególności w przypadku, gdy są oni manipulowani.

Tak więc, koncepcja technologii Feenberga, w zaledwie immanentnej płaszczyźnie, na jej materialnej konstrukcji i warunkowych korzyściach, ślepych stronach, a w konsekwencji prowadzi nas do katastrofy, wskazując nas z powrotem na siebie jako medium. Wskazuje nam ona na samą siebie w tym sensie, że ludzie stają się nie tylko ofiarami czy sługami procesu projektowania technologicznego, ale są również podnoszeni do poziomu czcicielskich uczniów, aby na nowo odkrywać i dążyć do lepszej przyszłości przeprojektowanych technologii. Jako odkrywczy uczniowie technologii, ich indywidualny i subiektywny udział w transcendentalnym charakterze technologii jest również podważany, ponieważ jej znaczenie

---

432 Martin Heidegger, *The Question Concerning Technology and Other Essays,* Op. Cit., 41.
433 Ibidem.
434 Philip Tonner, *Heidegger, Metaphysics and the Univocity of Being,* Op. Cit., 131.
435 Martin Heidegger, *The Question Concerning Technology and Other Essays,* Op. Cit., 25.

jest społecznie i politycznie uwarunkowane. W związku z tym, jako uczciwi uczniowie, ze świadomością społeczno-demokratyczną, zadowalamy się podzielonym sposobem myślenia, który po prostu zakłada obiektywność technologii w procesie projektowania, a większe społeczeństwo jako najbardziej istotne ramy w rozumieniu technologii.

Podsumowując, w przeciwieństwie do Heideggera, Feenberg nie postrzega technologii jako zjawiska odtwarzającego, poprzez które rzeczywistość i my sami ujawniamy się na poziomie transcendentnym, poza materialnym poziomem immanentnym. Feenberg uważa technologię za zwykły instrument, który konstruujemy i dekonstruujemy, gdy nie pasuje do naszych celów materialnych. Sądzę jednak, że bardziej sensowne jest uznanie, że sens życia nie polega na tym, jak czynimy je wygodnym poprzez ilościowe określenie go za pomocą materialnie przeprojektowanych technologicznych artefaktów. Nie jest to kwestia *posiadania* trybu życia, więc *jesteśmy* tym, co mamy lub jesteśmy naszymi technologicznymi umiejętnościami. Ważne jest raczej to, jak myślimy o sobie w odniesieniu do świata. Inaczej mówiąc, autentyczna ludzka egzystencja jest osiągana nie tylko w aspekcie teraźniejszym, warunkowym i materialnym w imię postępu, ale także w aspekcie naszych możliwości odniesienia się do naszej egzystencji, zarówno w jej materialnej, jak i niematerialnej sferze oceny.

5.5 Technologia jako *przeznaczenie* współczesnego wieku

Relacja Heideggera o technologii jako o *przeznaczeniu współczesności* jest kolejnym przejawem transcendentnego charakteru technologii, co dla Feenberga jest kwestią sporną. W sposób reakcyjny Feenberg twierdzi, że postrzeganie technologii jako *przeznaczenia* współczesnego świata obrazuje ponurą filozofię technologii.[436] W swoim oskarżeniu przeciwko Heideggerowi, Feenberg twierdzi, że technologiczny fetyszyzm Heideggera[437] jest widoczny w tym, że "technologia usztywnia się w *przeznaczeniu*".[438] Znowu uważam, że Feenberg nie ma racji co do rzekomego fetyszyzmu Heideggera; wydaje się, że rozumie *przeznaczenie* jako los. Faktycznie, uznać relację Heideggera o technologii za fetysz, to zignorować jego kontrowersyjne spostrzeżenia na temat tendencji zachodniej metafizyki, która przejawia się dziś we współczesnej nauce i technologii. Uważam, że powyższe twierdzenie Feenberga

[436] Andrew Feenberg, *Transforming Technology: A Critical Theory Revised,* Op. Cit., 64.
[437] Fetyszyzm jest antropomorficzną projekcją znaczenia na rzeczy stworzonej po ludzku, o magicznym wyglądzie posiadania *telosu* niezależnego od ludzkich celów.
[438] Andrew Feenberg, *Technologia przesłuchań,* Op. Cit., 14.

pomija fakt, że dla Heideggera, *enframing* jako transcendentna natura nowoczesnej technologii jest kierunkiem, w którym zmierza nowoczesne społeczeństwo, rodzajem ujawnienia *woli* lub postawy nowoczesnego człowieka do manipulowania wszystkim, łącznie z nim samym. Ta manipulująca *wola* stała się perspektywą, przez którą interpretowane są wszystkie nasze wartości, co w konsekwencji uniemożliwia nam *zamieszkiwanie* w świecie jako nasz dom, inaczej niż jako jego pan. W tym względzie Heidegger pisze: "*Enframing* napędza każdą inną możliwość ujawnienia."[439] Dla lepszego zrozumienia, co ma na myśli *przeznaczenie,* nie należy go postrzegać, jak to pojmuje Graham Harman, jako rodzaj losu dla narodu.[440] Dla Heideggera *przeznaczenie* jest ogniskiem lub kierunkiem ludzkiej egzystencji, a nigdy losem, który go zmusza. Heidegger pisze wprost:

> "Nie możemy tak łatwo opisać *przeznaczenia,* jak opisać coś, co zostało ujawnione, bo jest ono raczej mistyczne. Jednak *przeznaczenie* objawia się na różne sposoby, podobnie jak Bycie. Kiedy istota nowoczesnej technologii trzyma się w ryzach, blokuje ona inne sposoby ujawniania się jako trudne do uporządkowania. Tak więc "Tam, gdzie *Enframing* trzyma w ryzach, regulowanie i zabezpieczanie pozycji w rezerwie oznacza wszystko. Nie pozwalają już nawet na pojawienie się ich własnej, fundamentalnej cechy objawienia."[441]

Ihde daje dobre wyjaśnienie idei *przeznaczenia,* jak Heidegger pojmuje ją, gdy twierdzi, że *przeznaczenie* nie powinno być określane jako determinacja lub los. Jest to raczej *telos*, kierunek, który wyznacza ramy i zapewnia zestaw warunków do zrozumienia rzeczywistości.[442] De Beistegui zauważa również, że "*przeznaczenie* nie powinno być postrzegane jako produkt niewidzialnej ręki jakiejś wyższej instancji, takiej jak Bóg (lub bogowie), Rozum czy Wolność",[443]ale jest rozwinięciem naszego podejścia do rzeczywistości. Dlatego też, gdy Heidegger twierdzi, że technologia jest *przeznaczeniem* epoki nowożytnej, oznacza to, że my, ludzie w epoce nowożytnej, doszliśmy do wniosku, że nasze naukowe i technologiczne ujawnienia stanowią jedyne ramy odniesienia do rzeczywistości, co prowadzi do utraty znaczącej relacji z tym, co nie jest tylko naszą projekcją. Innymi słowy, technologia ma nihilistyczne cechy ludzkiej *woli*, gdzie wszystko wydaje się nie mieć własnego znaczenia,

[439] Martin Heidegger, *The Question Concerning technology and Other Essays,* Op. Cit., 27.
[440] Harman Graham, *Heidegger wyjaśniony: From Phenomenon to Thing, Op.* Cit., 76-7: Miguel de Beistegui, *The New Heidegger, Op.* Cit., 114.
[441] Martin Heidegger, *Question Concerning Technology and Other Essays*, Op. Cit., 27.
[442] Don Ihde, *Heidegger's Technologies: Perspektywy postfenomenologiczne, op*. cit., 38.
[443] Miguel de Beistegui, *The New Heidegger,* Op. Cit., 114.

z wyjątkiem tego, które zostało określone przez ramę technologii, która, jak mówiliśmy, jest relacją możliwą do manipulowania.

Technologia jako *przeznaczenie* jest podobna do rzeczywistości tego, kto ma młotek. Jeśli wszystko co się ma to młotek, wszystko wygląda jak gwóźdź. Może się to wydawać niewłaściwym porównaniem, ale wyjaśnia to, o czym dyskutowaliśmy przez cały czas, szczególnie instrumentalny aspekt technologii, a mianowicie, że z *przeznaczeniem* technologicznym wszystko wydaje się być problemem technologicznym wymagającym rozwiązań technicznych.[444] Jako przede wszystkim nowoczesny sposób nadawania znaczenia rzeczywistości, zagraża to wszelkim możliwościom innych form ujawniania znaczenia w podmiotach, do tego stopnia, że wszystko jest postrzegane w tych ramach porządkowania jako *rezerwa-wystawienie*, wyświęcenie *przeznaczenia* jako jedyny sposób ujawniania[445]. W poprzednim rozdziale argumentowałem, że *enframing,* jako istota technologii, jest inkluzywny do tego stopnia, że stał się jedyną mediacją postrzegania i odnoszenia się do wszystkiego, co istnieje, tak że nasza egzystencja jest stale przedstawiana jako niezdolna do zachowania i kultywowania innych form oceny życia.

Ponieważ wszystko musi nosić ludzko-technologiczny odcisk, technologia jako *przeznaczenie* staje się sposobem postrzegania rzeczywistości jako nie mającej własnego znaczenia i kierunku, innego niż ten narzucony przez ludzki umysł technologiczny i obliczeniowy. Jest to *racjonalność* zdrobnienia, obsesja na punkcie instrumentalnego podejścia do rzeczy; jak można je *wykorzystać w celu* uzyskania maksymalnych korzyści. W poprzednim rozdziale powiedziałem, że tego rodzaju myślenie nie jest już podejmowane z zachwytem nad tajemnicą rzeczy w ich ontologicznym znaczeniu, ponieważ postrzega ono świat, nie jako dom, w którym *mieszkamy*, gdzie możemy trzymać się blisko tajemnicy Bycia i odpowiadać na nią, ale jako zwykły mechanizm lub rezerwę zasobów materialnych czekających na wyzysk z woli ludzkiej.

Głębokim implikacją tego technologicznego *przeznaczenia* jest to, że bogowie, Bóg, bohaterowie, filozofia, sztuka, poezja, nie mówią już do nas, ani nie słyszymy ich. Te aspekty ludzkiej egzystencji stale tracą na znaczeniu; nie wydają się być częścią ludzkiej świadomości, ponieważ stały się ofiarami tego, co możemy *otoczyć* naszym technologicznym myśleniem, którego znaczenie ustalamy tylko my, zgodnie z ich stopniem *przydatności.* Heidegger

---

444 Hans Jonas, "W kierunku Filozofii Technicznej"*: The Technological Condition an Anthology*, red. Robert C. Scharf i Val Dusek, Op. Cit., 196.
445 Martin Heidegger, *Question Concerning Technology and Other Essays*, Op. Cit., 24-5.

twierdzi, że technologiczne *przeznaczenie* wymaga *porzucenia* Bycia i *przez nie,*[446] gdzie my, ludzie, nie działamy już na poziomie ontologicznym i *w* którym rzeczy mogą się objawić jako objawienie Bycia.[447] Prowadzi to do utraty lub rozwiązania ontologicznego znaczenia Bycia; rozwiązania wszystkich istotnych transcendentalnych znaczeń w rzeczach, które napotykamy w naszym naukowym i technologicznym zastosowaniu. Dlatego też, wraz z porzuceniem Bycia, nic nie wydaje się mieć własnego znaczenia lub celu, poza statusem jako czegoś, co czeka na przetworzenie przez ludzką wolę poprzez technologię. Mówi to o świecie pozbawionym znaczeń i związków, co Heidegger starał się pokazać w swoim *magnum opus BT.*

Ta technologiczna relacja ze światem, w którym rzeczywistość traci swoje ontologiczne znaczenie, stała się niestety niezbędnym transcendentalnym stanem naszego bytu w świecie, przejawiającym się dziś w postępującej technologizacji świata. Oczywiście, ma to *fatalny* wpływ nie tylko na rodzaj świata, który ma kształtować, ale także na samo znaczenie i byt naszej człowieczeństwa, ponieważ jesteśmy częścią świata. Heidegger, w eseju *Koniec filozofii i zadanie myślenia* argumentuje:

> "Potrzeba pytania o nowoczesną technologię prawdopodobnie wygasa w takim samym stopniu, że technologia w bardziej zdecydowany sposób charakteryzuje i kieruje wyglądem całości świata i pozycją człowieka w nim".[448]

To, co czyni *przeznaczenie* technologiczne, to kwestionowanie naszej zdolności do autentycznego, wolnego przeznaczenia bytu, przez co wszystko inne jest oświecone[449]. Jest to ostatecznie forma alienacji, w sensie Heideggera. Heidegger zauważa: "Umieszczony pomiędzy... możliwościami, człowiek jest zagrożony z powodu braku przeznaczenia." Prowadzi[450] go to do postrzegania wszystkiego, łącznie z nim samym, jako *rezerwatu,* czekającego na optymalne wykorzystanie; kierunku, który unicestwia ontologiczne znaczenie bytów w sobie samym, gdzie wszystko jest dotknięte, dostarczone lub *wysłane* przez technologiczną rekonstrukcję i rekonstrukcję. Dzieje się tak dlatego, że dzisiejsze maszyny

---

[446] Martin Heidegger, *Contributions to Philosophy (From Enowning),* trans. Parvis Emad i Kenneth Maly, Bloomington: Indiana University Press, 1999, 112, 78.
[447] Martin Heidegger, *An Introduction to Metaphysics,* trans. Ralph Manheim, Nowy Jork: Anchor Books, 1961, 154.
[448] Martin Heidegger, "The End of Philosophy and the Task of Thinking", w: *Basic Writings from Being and Time (1927) to The Task of Thinking (1964), Op.* cit., 313-4.
[449] Miguel de Beistegui, *The New Heidegger, Op.* Cit., 115; Trish Glazebrook, *Heidegger's Philosophy of Science,* Op. Cit., 141.
[450] Martin Heidegger, *The Question Concerning Technology and Other Essays,* Op. Cit., 26.

potrafią zrobić prawie wszystko, co robi człowiek, często o wiele lepiej niż człowiek pod względem wydajności.

Faktem jest, że wyraźnie i nieświadomie definiujemy siebie z ram technologicznych wbrew wszystkiemu, co istnieje w świecie przyrody; przeprojektowujemy i wykorzystujemy technologię bez zastanowienia się nad jej ontologicznymi konsekwencjami. W procesie bycia posłanym lub dostarczonym do technologicznego monopolu i wpływów, jesteśmy zebrani w jednolity i jednokierunkowy kierunek działania technologicznego; jesteśmy wymieszani, a jednak zebrani w *kierunek* działania technologicznego, gdzie jesteśmy zmuszeni do koherencji jako istoty, które w *ten* sposób się ujawniają. Odbudowująca się siła nowoczesnej technologii popycha nas wszystkich, zarówno jako projektantów, jak i użytkowników, w określonym kierunku. Jak mówi Heidegger, "zaczyna się człowiek po drodze". Te interesujące spostrzeżenia Heideggera nie znajdują miejsca w relacjach Feenberga na temat technologii. Podejmowany przez swojego konstruktywistycznego ducha Feenberg podważa fakt, że nauka i technika, w swojej transcendentnej strukturze, są rodzajami *odkrywania*, które zakorzeniają w sobie nihilistyczne cechy ludzkiej *woli*.

Ale, żeby zadać podstawowe pytania: Skoro wszystko widziane jest w technologicznych ramach ujawniania informacji, czy człowiek jest dziś potrzebny w świecie? Czy powinniśmy kontynuować przeprojektowywanie lepszych maszyn, które zastępują ludzi? Czy ci, którzy opowiadają się za przeprojektowaniem technologii, przewidują jej nihilistyczne tendencje? Dla Heideggera nihilizm technologiczny to stan, w którym zapomnieliśmy lub zdradziliśmy nasze ontologiczne znaczenie jako ludzi i przyjęliśmy technologię jako jedyne znaczenie i ramy odniesienia. Ten nowy system technologii ogranicza wszelką rzeczywistość w granicach naszej potężnej *woli* proponowania i rozporządzania rzeczami, kiedy są nam one potrzebne lub nie są już potrzebne. W pułapkach technologii, bez względu na to, co *myślimy* i *robimy, niezależnie od tego, czy* jesteśmy projektantami, czy nie, wszystko jest tworzone pod *względną* kontrolą technologii, a technologia zapewnia systematyczny plan ontologiczny, aby kontrolować nas współczesnych podmiotów do tego stopnia, że jesteśmy zasadniczo uwięzieni w technologicznej grze, z mniejszymi alternatywnymi szansami ucieczki. Dzieje się tak przede wszystkim dlatego, że jako *przeznaczenie,* odtwórcza siła technologii rzuca wyzwanie naszemu konwencjonalnemu i instrumentalnemu traktowaniu technologii, pojmowanej jako zwykły zewnętrzny instrument służący celom ludzkim.

Podsumowując, nie ma wątpliwości, że nowoczesna technologia to *przeznaczenie,* które kształtuje nasze czasy, choć nie w silnym tego słowa znaczeniu. Jako *przeznaczenie* nie możemy po prostu się go pozbyć; jest to nasza rzeczywistość, której nie możemy całkowicie kontrolować, ponieważ całkowita kontrola oznaczałaby zastosowanie tego samego rodzaju racjonalności, która stanowi źródło problemu: opowiedzenie się za przeciwną, skrajną postawą wobec technologii, postawą luddycką, która sama w sobie jest samobójcza, jeśli mamy żyć w dzisiejszym świecie. To właśnie poprzez *inteligentne* przyjęcie naszego technologicznego świata i uznanie jego paradoksów nie jesteśmy całkowicie oddani temu *przeznaczeniu*. Dla Heideggera, wciąż jesteśmy w stanie *słuchać* i *słyszeć* restrukturyzację echa tego przeznaczenia i zmienić jego kierunek; jesteśmy czymś *więcej* niż tylko istotami, które są "zmuszone do posłuszeństwa".[451]

Nie sądzę, aby włączenie się do przeprojektowania technologii, jej kontroli legislacyjnej i protestów mogło nam pomóc w odniesieniu do tych ontologicznych skutków odtworzenia i restrukturyzacji technologii. W rzeczywistości, jeśli takie środki mogą coś zrobić, to jest to, aby zniechęcić i odwrócić naszą uwagę od zwracania wystarczającej uwagi na możliwe zagrożenia ontologiczne, jakie może stwarzać technologia. Mamy jednak wyobrazić sobie siebie jako istoty, które mogą *słuchać* i zajmować własne subiektywne stanowisko w odniesieniu do uwypuklonego technologicznego *enframingu*. Inaczej mówiąc, choć może się wydawać, że w stosunku do technologii możemy mieć niewielką autonomię, to jednak nie straciliśmy jeszcze całkowicie swojej roli i znaczenia dla technologicznego *przeznaczenia*[452]. To właśnie do tego odwróci się kolejny rozdział.

5.6 Wniosek

Przekonywałem, że Heidegger daje nam głęboki wgląd w transcendentną naturę nowoczesnej technologii, a krytyka Heideggera przez Feenberga wynika z jego błędnego postrzegania FO technologii Heideggera. Feenberg wydaje się zwracać w tej kwestii do niewłaściwego wroga intelektualnego, czy też sojusznika, ponieważ Heidegger troszczy się o FO technologii, a nie o socjologię technologii; Heidegger nie jest społecznym filozofem technologii. Heidegger kieruje nas ku krytycznej koncepcji ontologii technologii, uwzględniającej krytyczne kwestie w technologii, których być może żaden inny filozof, w tym Feenberg (z jego demokratyzacją filozofii), nigdy nie traktował tak poważnie. Proponuje technologię, która ma być rozumiana jako paradygmat dla refleksji metafizycznej.

---

[451] Martin Heidegger, *Question Concerning Technology and Other Essays*, Op. Cit., 25.
[452] Ibidem.

W przeciwieństwie do Feenberga, Heidegger proponuje całkowite oderwanie się od koncepcji instrumentalno-operacyjnej i funkcjonalnej oraz od merytoryczno-deterministycznego spojrzenia na technologię, do całego systemu myślenia i praktyki, który stawia ją na poziomie transcendentalnym. Technologia w swojej transcendentalnej strukturze przekształca poszczególne ludzkie istnienia i podmioty w obliczalne i uporządkowane zasoby do optymalizacji, wyczerpując wszelkie znaczące odniesienia do podmiotu ludzkiego jako ujawnienie ontologicznego znaczenia podmiotów. Heidegger postrzega technologię jako wyzwanie ontologiczne, samo zadanie, z którym mamy do czynienia. Uważa technologię za zjawisko odzwierciedlające naszą subiektywność i sposób, w jaki rozumiemy samych siebie; skupia się na ludzkim wymiarze technologii. Dlatego jego przejście od technologii do filozofii w celu refleksji zachęca do krytycznej oceny totalitarnej potęgi technologii, co stanowi podstawę jego realistycznej i umiarkowanej relacji.

Przekonywałem, w przeciwieństwie do Feenberga, że czyniąc technologię kwestią filozoficzną, Heidegger pokazuje nam współczesnym podmiotom, w jaki sposób możemy przekroczyć transcendentną naukową i technologiczną linię nihilizmu i dojść do *sensownego mieszkania* z technologią poprzez zrozumienie jej nieuchwytnych operacji strukturalnych. Heidegger pomaga nam najpierw uniknąć błędu technologii absolutyzowania, a zamiast tego potraktować go jako samodzielne zadanie. Po drugie, jego FO technologii pomaga nam uniknąć błędu bezkrytycznego lub naiwnego przekonania, że podmioty ludzkie mają całkowitą kontrolę nad technologią; Heidegger wyraźnie twierdzi, że technologia jest zjawiskiem nieuchwytnym i zawsze pozostanie nieuchwytna. Po trzecie, pomaga nam to uniknąć całkowitego oddania się technologii, co mogłoby doprowadzić do zaniechania wszelkich możliwych wysiłków na rzecz poszukiwania rozwiązań ontologicznych na rzecz restrukturyzacji i rekonstrukcji technologii. Zgodzić się z tym, że nie ma wyjścia z tej sytuacji, dodaje tylko więcej redukcjonizmu lub minimalizmu w pojmowaniu naszej podmiotowości i oddaniu się redukcjonizmowi technologicznemu.

W rozdziale tym argumentowałem, że próba zdemokratyzowania technologii przez Feenberga wynika w dużej mierze z nieadekwatności jego filozofii do wystarczająco głębokiej analizy transcendentnej natury nowoczesnej technologii - natury, która wykracza poza systemy demokratyczne, a tym samym do jej problemów. Jego dążenie do demokratyzacji przeprojektowania technologii promuje jedynie immanentną relację relacji technologicznych, w której człowiek jest przeniknięty materialną iluzją swojego *ontycznego* technologicznego istnienia, a jego podmiotowość podporządkowana jest ciągłemu i warunkowemu procesowi materialnych skoków egzystencjalnych, przez które staje się czymś innym niż on sam, bez odwoływania się do transcendentnej sfery swojego istnienia. W tym ciągłym strumieniu technologicznej immanencji, życie człowieka staje się zwykłym nawykiem odpowiedzi na technologiczne działanie przeprojektowania kolejnych technologii, dopasowania do immanentnego sposobu życia człowieka, a nie twórczą skłonnością do samokrytyki. Argumentowałem, że Feenberg wpada w tę samą pułapkę, której stara się uniknąć: pułapkę polegającą na przejęciu władzy od technologii i przekazaniu jej społeczeństwu. Wszystko, co zrobił, to zmienił strażników, ale nie ma w tym nic *konstruktywnego, poza przyjęciem tego* samego Heideggerowskiego spojrzenia na upodmiotowienie indywidualnego podmiotu ludzkiego i zastąpienie go działaniem społeczeństwa.

Przeciwko zarzutowi Feenberga o abstrakcję wobec FO technologii Heideggera argumentowałem, że Heidegger daje nam uniwersalny standard, dzięki któremu możemy oceniać wyróżniające się technologie. Heidegger robi to poprzez przeniesienie technologii ze sfery ekspertów do sfery refleksji filozoficznej, ponieważ nie możemy pozostawić problemów technologicznych ekspertom samym sobie, aby sami decydowali lub stali się ekspertami technicznymi, jak proponuje Feenberg. Jako filozofowie musimy być krytyczni wobec tego nowego zjawiska i wziąć za nie osobistą odpowiedzialność. Próba Heideggera przeniesienia technologii do filozofii jest dla nas zaproszeniem do zagłębienia się w to nieuniknione zjawisko i zajęcia się nim jako zagadnieniem, które nas dotyczy i które wymaga ciągłej refleksji filozoficznej.

Wskazałem również, że transcendentne ujęcie przez Heideggera technologii jako *przeznaczenia* współczesnego świata ukierunkowuje nas na jego filozoficzne stanowisko, że nawet rozwiązania problemów powinny być zakorzenione w transcendentnej sferze ludzkiego podmiotu, a nie tylko w instrumentalnym zarządzaniu technologią. Innymi słowy, odpowiednie rozwiązania problemów technologicznych i transcendentalnych, dla Heideggera, polegają na własnym zrozumieniu podmiotu. Zaprasza nas on do przejścia o krok dalej od konwencjonalnych relacji z technologią do poziomu wykraczającego poza zwykłe uczestnictwo.

Dlatego też w tym całym rozdziale starałem się wyjaśnić FO technologii Heideggera jako genialną eksplorację sposobów, w jakie myśli zachodnie zdołały stworzyć świat, w którym wartości transcendentne stały się podporządkowane wymogom transcendentnej woli ludzkiej i w którym wiedza i ludzka kreatywność stały się prawie całkowicie pomieszane, konceptualnie i praktycznie, z ćwiczeniem instrumentalnego panowania rozumu nad rzeczywistością. Byłoby nierozsądne nie brać na poważnie diagnozy Heideggera dotyczącej ontologicznych problemów współczesnej nauki i techniki.

W następnym rozdziale wyjaśnię transcendentalne i ontologiczne odpowiedzi Heideggera na problemy transcendentalne, które były analizowane w tym badaniu. Przedstawię interpretację twierdzenia Heideggera, że *"na przyjście technologii nie można doprowadzić do zmiany jej przeznaczenia bez współpracy z przyjściem obecności człowieka"*[453] w poszukiwaniu autentycznych rozwiązań problemów technologicznych.

[453] Ibidem, 39.

ROZDZIAŁ PIĄTY

ODPOWIEDŹ HEIDEGGERA NA *ENFRAMINGOWY* CHARAKTER NOWOCZESNEJ TECHNOLOGII

6.1 Wprowadzenie

W poprzednich rozdziałach wykazano, że technologia jest zjawiskiem transcendentnym, które jest czymś więcej niż tylko narzędziem do osiągania poszczególnych obliczonych celów. Jest to zjawisko rekonstrukcyjne, które przekształca zarówno człowieka jak i przyrodę w *rezerwę* dla własnych manipulacyjnych celów. W rozdziale pierwszym argumentowano, że eksponowanie manipulujących niebezpieczeństw nowoczesnej technologii i podnoszenie psychologicznej samoświadomości takich problemów bez oferowania jakiejś linii działania czy drogi naprzód jest bezproduktywne. Każde rozwiązanie dla rekonstrukcyjnych efektów technologii powinno być przede wszystkim zakorzenione w samorozumieniu podmiotu ludzkiego, a nie tylko w jakimś zewnętrznym czynniku.

Weźmy na przykład przypadek bezpieczeństwa pojazdu. Mimo że prawo uniemożliwia jazdę z prędkością przekraczającą ograniczenie prędkości i wymusza stosowanie pasów bezpieczeństwa, wiadomo, że wielu kierowców i pasażerów samochodów nie przestrzega tych zasad. Można argumentować, że rząd powinien uchwalić prawo, zgodnie z którym wszystkie samochody powinny być zaprojektowane w taki sposób, aby kierowca po prostu nie mógł jechać szybciej niż wynosi ograniczenie prędkości. Podobnie, może zostać ogłoszone inne prawo, zgodnie z którym wszystkie samochody powinny być zaprojektowane w taki sposób, że samochód po prostu nie uruchomi się, dopóki kierowca i każdy pasażer siedzący w tym samochodzie nie zapnie pasów bezpieczeństwa. W obu przypadkach *odpowiedzialność* za bezpieczną jazdę i podróż odbiera się kierowcy i pasażerom i przenosi na samochód.

Problem w tych przypadkach polega na tym, że *odpowiedzialność,* która jest wewnętrzną relacją i nieodzowną cechą ludzkiej podmiotowości, jest odbierana ludziom, co osłabia ich *odpowiedzialność* za własne decyzje, tak aby byli kontrolowani przez technologie, które stosują.[454] Aby rozwiązać ten problem zmniejszonej agresji moralnej, musimy odzyskać sposób *bycia-z-technologią*, która zobowiązuje się do naszej subiektywności, abyśmy mogli

[454] Martin Heidegger, *The Metaphysical Foundations of Logic,* Op. Cit., 192.

nawiązać relację z technologią, która jest zorientowana na służbę ludzkości i światu. Na tej podstawie twierdzę, że autentyczne subiektywne rozwiązania problemów współczesnej technologii powinny być zakorzenione w wewnętrznej relacji podmiotu ludzkiego z technologią, zanim zaczniemy rozważać zewnętrzne i zbiorowe odpowiedzi na technologię dla ludzkiej egzystencji. Oczywiście, łatwo jest przyjąć pesymistyczne i sztywno luddyckie stanowisko oporu wobec technologii jako rozwiązanie tych problemów, a nawet przyjąć zewnętrzne demokratyczne rozwiązania, takie jak te zaproponowane przez Feenberga w poprzednim rozdziale. Jednak z perspektywy Heideggera środki takie są nieautentyczne, a zatem nieskuteczne, niewłaściwe i samowystarczalne, ponieważ powtarzają problem uprzedmiotowienia rozwiązań problemów technologii, zamiast rozważać je w kategoriach wewnętrznej relacji, za którą podmiot *wtajemniczony* ponosi wyjątkową odpowiedzialność.

Subiektywność ludzka staje się decydująca w całym interfejsie technologicznym, gdy technologia zostaje przeniesiona na właściwe tory, ujawniając naturę jako mającą znaczenie i służącą ludzkim celom. Tak więc, mimo że omawiane w tej pracy transcendentalne problemy rekonstrukcyjne przytłaczają indywidualny podmiot ludzki, co dla Heideggera nie musi oznaczać, że człowiek jest jego bezradną ofiarą. Zawsze jest jakaś droga naprzód. Heidegger daje nam swój wgląd w drogę, gdy wskazuje, "gdzie jest *niebezpieczeństwo*, rośnie także *siła zbawcza"*.[455]

Być "ocalonym" w języku heideggerowskim oznacza być przywróconym do świadomości tego, kim jesteśmy; ale aby tak się stało, musimy najpierw odzyskać naszą podmiotowość, która została poddana technologii; musimy odzyskać nasz własny kierunek, naszą odpowiedzialność wobec siebie i naszej natury, być wolnymi od manipulacyjnego technologicznego *przeznaczenia*. Nastąpi to nie poprzez próbę ucieczki przed potencjalnymi *zagrożeniami związanymi* z technologią w obawie przed jej negatywnym wpływem, a także poprzez bezpośrednie potępienie jej, ale poprzez przekształcenie tych samych zagrożeń w siłę wzmacniającą, która zmotywuje nas do głębszej refleksji nad naszą technologiczną kondycją współczesnego człowieka, w poszukiwaniu odpowiedzi na problemy *enfragmentacji* technologicznej.[456] Heidegger pisze:

> "Myślimy o możliwości, że cywilizacja światowa, która właśnie się zaczyna, może pewnego dnia przezwyciężyć swój technologiczno-naukowo-przemysłowy charakter jako jedyne kryterium pobytu człowieka w świecie. Może się to zdarzyć nie o sobie i nie przez siebie, ale na mocy

---

[455] Martin Heidegger, *The Question Concerning Technology and Other* Essays, Op. Cit., 28.
[456] Ibidem.

gotowości człowieka do determinacji, która, słuchając czy nie, zawsze przemawia w przeznaczeniu człowieka".[457]

Heidegger uważa, że nie powinniśmy wychodzić tylko poza technologię i podmiot ludzki, aby znaleźć rozwiązania dla technologicznych problemów, których doświadczamy; nie możemy też polegać tylko na ekspertach lub polityce, jak zakłada Feenberg, przy jego społeczno-politycznej relacji z technologią. Każda próba zrobienia tego będzie jak w przypadku jazdy samochodem, powyżej, gdzie nie bierzemy odpowiedzialności za własne życie, a zamiast tego przenosimy ją na kogoś lub coś innego. Wracając do indywidualnego podmiotu ludzkiego, Heidegger poszukuje ontologicznych odpowiedzi na transcendentne, manipulacyjne moce technologii, które są ugruntowane w ludzkiej agencji; poszukuje rozwiązań, które przywrócą technologii prawdziwe i tradycyjne znaczenie, jakie pierwotnie miała mieć.[458]

Chcę zwrócić uwagę, że zasadniczo ważne jest, aby nie wyobrażać sobie reakcji Heideggera na problemy nowoczesnej technologii jedynie w formie opisów i recept, które doradzają nam, jak postępować w danej sytuacji technologicznej. Oszczędnościowa moc" technologii, do której odwołuje się Heidegger, nie jest osiągana tylko poprzez etyczne działanie. W przeciwieństwie do Feenberga, choć analiza technologii Heideggera zawiera implikacje etyczne, to jednak jego celem nie jest dostarczanie rozwiązań etycznych czy technicznych, ani też zapewnienie nam etyki technologii. Raczej, jak już wyjaśniono, główna ocena technologii jest dla niego zasadniczo metafizyczna. W związku z tym uważam ontologiczną relację dotyczącą rozwiązań dla wyzwania, jakim jest nowoczesna technologia, za najbardziej adekwatną, w przeciwieństwie na przykład do społeczno-politycznej rekonstrukcji technologii przez Feenberga. Kontekst Heideggera wykracza poza zwykłe rozważania techniczne, przekształcając nasze instrumentalne podejście do technologii, wewnętrznie upoważniając nas do autentycznej reakcji w kierunku technologicznej *enframinacji*.

Dlatego w tym rozdziale systematycznie i hermeneutycznie rekonstruuję twierdzenie Heideggera o "oszczędnościowej sile" technologii, które szkicowo i sporadycznie wyjaśnia, odwołując się do pojęć transcendentalnych, takich jak *kwestionowanie* technologii, myślenie *esencjonalne*, *uwolnienie*, *poezja* i *sztuka*, a wreszcie *stanowczość*. Te Heideggeryjskie

[457] Martin Heidegger, "The End of Philosophy and the Task of Thinking", w: *Heidegger: Podstawowe pisma od Bytu i czasu (1927) do Zadania myślenia (1964), Op*. cit., 315.
[458] Martin Heidegger, *The Question Concerning Technology and Other* Essays, Op. Cit., 32.

koncepcje oznaczają wezwanie do zaangażowania się w nasze indywidualne podmiotowości i odpowiedzialność, w celu przezwyciężenia manipulującej siły techniki. Nie są to koncepcje zewnętrzne, lecz *wewnętrzne*, stąd też musimy zamienić się w głąb siebie, we własny, technologicznie manipulowany stan, aby aktywnie i inteligentnie uczestniczyć w przekierowywaniu technologii do naszych celów. Zacznę od *pytania* o technologię, ponieważ Heidegger uważa ją za kluczowy punkt wyjścia do innych rozwiązań.

6.2 Technologia przesłuchań

Największy problem filozoficzny, według Heideggera, leży dziś w naszym bezkrytycznym podejściu do technologii, tak że modernujemy się do niej z czysto instrumentalnego punktu widzenia, nie zatrzymując się nigdy na krytycznym zrozumieniu jej złożonej struktury operacyjnej. Heidegger uważa, że musimy wypracować krytyczną postawę, nie uznawać technologii za instrument zewnętrzny, ani za kwestię wymagającą rozwiązań technicznych. Ta krytyczna postawa, którą uważa za najbardziej podstawową, to postawa *kwestionowania. Kwestionowanie,* dla Heideggera, jest refleksją nad strukturalnym działaniem technologii, która pozwala na ogólną wiedzę i egzystencjalną świadomość jej *enframingowej* natury. Widzieliśmy, że *enframing* stał się ogólnym sposobem *ujawniania* podmiotów w społeczeństwie technologicznym, nie w ich oryginalny i dziewiczy sposób, ale jako zmanipulowane zapasy zasobów do eksploatacji. Celem *kwestionowania* technologii jest zatem przywrócenie jej pierwotnego sensu, jako wewnętrznej relacji, która wiąże nas ze światem, gdzie podmioty mają się ujawniać w swoim ontologicznym znaczeniu. Po drugie, *kwestionujemy* również nasze podejście do technologii, które sprawiły, że została ona uzewnętrzniona i instrumentalnie pomyślana jako środek obliczony dla określonych celów, co utrudnia uznanie jej manipulacyjnego działania strukturalnego.

Kwestionowanie, dla Heideggera, ma zatem podwójne znaczenie dla jego relacji o technologii. Chodzi o to, aby spróbować: a) zrozumieć ontologię technologii, i b) zastanowić się nad naszym naiwnym instrumentalnym podejściem do technologii. W kolejnych podpunktach przeanalizuję te dwie kwestie dotyczące kwestionowania ontologii technologii i naszego stosunku do niej.

6.2.1 Kwestionowanie ontologii lub operacji metafizycznych technologii

Jak wskazano, dla Heideggera *kwestionowanie* jest najbardziej podstawowym sposobem poznania metafizycznych operacji technologii. Heidegger zdaje sobie sprawę, że pytanie, przed którym stoimy, nie dotyczy jedynie technicznej *kontroli* technologii jako zewnętrznej agresji na poziomie *ontycznym* naszej relacji z nią (stanowisko przyjęte przez Feenberga, jak pokazałem w poprzednim rozdziale). Przedmiotowa kwestia dotyczy raczej *obrony* ontologicznego znaczenia technologii, które zostało przyćmione przez nasz powierzchowny, instrumentalny szacunek, co czyni nas niezdolnymi do rozpoznania jej znaczenia. Zamiast postrzegać technologię w sposób negatywny, jako w gruncie rzeczy *odwracającą naszą uwagę,* zaczynamy ją *kwestionować* lub uznawać za rzeczywistość, która nas przesłuchuje, by odnaleźć ontologiczne znaczenie rzeczywistości i nasze właściwe miejsce we współczesnym świecie technologicznym, wzywając nas do autopotwierdzenia. Na początku swojego eseju, *w QCT,* Heidegger mówi o znaczeniu technologii zadawania pytań, a mianowicie, "*Zadawanie pytań* buduje drogę". To[459] znaczy, że buduje alternatywną drogę do zrozumienia dynamiki swoich metafizycznych operacji i ich ontologicznych minusów, gdzie zarówno człowiek, jak i natura są odtworzone jako *rezerwat.*

Refleksja nad technologią tworzy nie tylko świadomość jej wyraźnych korzyści, ale także jej manipulacyjnego wpływu, sprawiając, że jesteśmy czujni na jej ewentualne wątpliwości. Uwagi Heideggera:

> "Wszystko zależy więc od tego, że zastanawiamy się nad tym, co powstaje, i że, wspominając, czuwamy nad tym". Jak to się może stać? Nade wszystko przez nasz chwytliwy wzrok na to, co pojawia się w technice, zamiast tylko gapić się na technologię".[460]

Heidegger ostrzega nas, aby nie pozostawać skupionym na obiektywnym, instrumentalnym znaczeniu technologii i jej zaletach,[461] a także aby nie porzucać technologii z powodu jej wbudowanych zagrożeń. Powinniśmy raczej *czuwać* nad tym, co wychodzi z naszego uwikłania w technologię, a nie po prostu pozostawać na haku technologicznej sieci aparatów i urządzeń. Kiedy uświadamiamy sobie, że technologia zrównuje nas z ziemią, redukując nas do stanu *rezerwowego,* i że nie kontrolujemy jej ujawniania, a jedynie uczestniczymy w tym przytłaczającym mediowaniu i manipulowaniu ujawnianiem, wtedy

459 Ibid., 3.
460 Ibidem, 32.
461 Ibid., 3.

jesteśmy wezwani do powrotu do właściwej relacji z technologią, która szanuje nasze ontologiczne znaczenie.

Kwestionując technologię, wychodzimy z niej, ponieważ jest ona konwencjonalnie i instrumentalnie pomyślana, aby przenieść ją na właściwe miejsce, aby służyła naszym celom i celom natury w jej jawnym działaniu. Ellul dokonuje interesującej obserwacji, kiedy mówi, że "to nie jest kwestia pozbycia się technologii, ale, poprzez akt wolności, przekroczenia jej."[462] Im bardziej zadajemy sobie pytania i skłaniamy się ku refleksji nad istotą technologii, tym bardziej wymyślamy inne, ludzkie, umożliwiające nawiązanie z nią kontaktu. Ma to na celu wzmocnienie naszej podmiotowości nad *przeznaczeniem* technologicznym[463]. Znajomość ontologicznych implikacji technologii pomaga nam korzystać z niej w uważny i właściwy sposób, który opiera się jej podstawowej, przytłaczającej i manipulującej władzy. Jednak osiągnięcie tego w znacznym stopniu wymaga zmiany podejścia do technologii.

6.2.2 Kwestionowanie naszego podejścia do technologii

Drugi aspekt *kwestionowania*, w którym Heidegger wzywa nas do zaangażowania się w odpowiedzi na technologię, dotyczy refleksji nad nami samymi, nad naszą naiwną i instrumentalną postawą wobec technologii oraz nad naszym sposobem życia, który wydaje się być poddany technologicznemu *przeznaczeniu*. Dla Heideggera zadajemy sobie pytanie, ponieważ "wszędzie tam, gdzie nie jesteśmy wolni i przywiązani do technologii",[464] co stworzyło syndrom zależności, który obezwładnia naszą zdolność do wywoływania czegokolwiek bez użycia technologii, podczas gdy my nadal funkcjonujemy ze stosunkowo nieświadomymi koncepcjami jej wpływu na nas. To uzależnienie od technologii nie pozostawiło nam praktycznie żadnego alternatywnego miejsca na zajęcie krytycznego stanowiska wobec jej manipulacyjnego monopolu na *ujawnianie* rzeczywistości. W trakcie dochodzenia argumentowałem, że przyjęliśmy technologię jako zwykły instrument, którego używamy, aby odpowiedzieć na potrzeby naszej egzystencji *ontycznej*, ale to instrumentalne podejście do technologii uniemożliwiło nam poznanie lub zrozumienie technicznych implikacji różnych technologii, których używamy. *Kwestionowanie* naszego instrumentalnego

[462] Jacques Ellul, *The Technological Society*, Op. Cit., xxxiii.
[463] Martin Heidegger, *The Question Concerning Technology and Other* Essays, Op. Cit., 35.
[464] Ibid., 4.

i eksternalizacyjnego nastawienia do technologii pomaga więc nas od niej uwolnić. Uwagi Heideggera:

> "Będziemy pytać o *technologię*, a czyniąc to, chcielibyśmy przygotować wolny związek z nią". Związek ten będzie wolny, jeśli otworzy naszą ludzką egzystencję na istotę technologii. Kiedy będziemy mogli odpowiedzieć na tę istotę, będziemy mogli doświadczyć technologii w jej własnych granicach".[465]

Heidegger proponuje, byśmy nie polegali tylko na technologii, nie podejrzewali jej lub ślepo jej się powierzali. Raczej, ponieważ jest to zjawisko nieuchwytne i urzekające, złożone powiązania pomiędzy ludzkością a technologią skłaniają nas do rozwinięcia z nią właściwej i czujnej relacji. Nie powinniśmy brać technologii tylko za instrument *obecny* lub *czytany z ręki*, używany do realizacji konkretnych zadań. Jakakolwiek próba uczynienia tego doprowadzi nas do jego urzekających korzyści, tracąc szansę na zwrócenie uwagi na jego tajemniczą *istotę*.

Kwestionujemy nasze postawy nie tylko wtedy, gdy narzędzia technologiczne, narzędzia czy gadżety, których używamy, działają wadliwie (przedstawione *z bliska*), ale także wtedy, gdy używamy ich w sposób przejrzysty, ponieważ nawet dobre technologie mają odtwarzalny wpływ zarówno na człowieka, jak i na świat. W związku z tym, refleksja nad naszym nastawieniem do technologii pomaga pozbyć się wszelkiego naiwnego i instrumentalnego szacunku dla technologii, który ma tendencję do udaremnienia naszej próby przezwyciężenia jej odbudowy i restrukturyzacji władzy. Zgodnie z Heideggerem, Ellul obserwuje: "Człowiek musi być zdolny do *kwestionowania* na każdym kroku wykorzystania swoich dóbr technicznych, do odrzucenia ich i zmuszenia ich do poddania się czynnikom innym niż techniczne - na przykład duchowe."[466] *Kwestionowanie* prowadzi nas zatem do traktowania technologii jako czegoś więcej niż tylko kwestii technicznych, co znajduje odzwierciedlenie w twierdzeniu Heideggera: "...*kwestionowanie* jest pobożnością myśli"[467], która otwiera nas na prawdziwą rzeczywistość nowoczesnej technologii ze wszystkimi jej złożonymi działaniami strukturalnymi i implikacjami.[468]

Podsumowując, dla Heideggera krytyczne *kwestionowanie* zarówno technologii, jak i naszych postaw powinno być punktem wyjścia, który prowadzi nas do zrozumienia tajemniczych operacji i niebezpieczeństwa związanego z każdą technologią, którą stosujemy.

---

[465] Ibid., 3-4; Ronald Godzinski Jr., "[En] Framing Heidegger's Philosophy of Technology," *Essays in Philosophy:* Tom 6: Wydanie. 1 (2005), art. 9.

[466] Jacques Ellul, "The Technological Order", w "The *Philosophy and Technology": Odczyty w "Filozoficznych problemach techniki"*, Op. Cit., 96.

[467] Martin Heidegger, *The Question Concerning Technology and Other Essays,* Op. Cit., 35.

[468] Ibidem.

Kwestionowanie to powinno przybrać formę ciągłej refleksji i przesłuchiwania naszych postaw wobec technologii, w celu rozwijania z nią wolnej relacji. Jako *pobożność myślenia,* kwestionowanie otwiera inny transcendentny sposób myślenia o technologii, który Heidegger nazywa *właściwym* lub *ET*, jak wyjaśnię.

6.3 Istotne lub medytacyjne myślenie

W rozdziale piątym argumentowałem, że Heidegger odwołuje się do *zasadniczego* lub *medytacyjnego* myślenia, ponieważ we współczesnej epoce technologicznej zbytnio przyzwyczailiśmy się do naukowej i technologicznej *tomografii komputerowej;*[469] uznając ją za jedyny sposób rozwiązywania ludzkich problemów. Ten rodzaj myślenia dotyczy z góry określonych okoliczności ludzkiego istnienia, które podlegają ciągłym zmianom. Tomografia *komputerowa* planuje, oblicza i bada, ustala środki służące do osiągnięcia zamierzonych rezultatów, ograniczając ich użyteczność lub wymierność z *woli* człowieka[470]. Oczywiście, jak wyjaśniłem w rozdziale piątym, w jego wartości nominalnej *CT* jest rzeczą genialną, którą należy podziwiać. Jednak Heidegger uważa ten rodzaj myślenia za problematyczny, ponieważ nie zastanawia się nad ontologicznym znaczeniem tego, co jest badane lub co się do niego odnosi.[471] Zamiast tego, stara się manipulować, wykorzystywać i optymalizować daną rzeczywistość.[472] Graham posługuje się przykładem robotnika przemysłowego, aby wyjaśnić działanie *tomografii komputerowej, w* której robotnik przemysłowy po prostu rzuca przełącznik i osiąga zyskowne wyniki, bez konieczności zajmowania się w ogóle wycofanymi siłami ontologicznymi leżącymi w drewnie, tak aby całe ich znaczenie zostało zredukowane do technologicznej wymierności.[473]

Heidegger mówi prowokacyjnie, że nawet w naszym naukowym i technologicznym świecie "ludzie wciąż nie myślą".[474] Takie twierdzenie nie powinno być interpretowane w ten sposób, że odrzuca ono znaczenie ludzkiej siły rozumu. Heidegger jest świadomy, że w naszym świecie dzieje się dziś bardzo dużo działalności intelektualnej: mamy wiele projektów badawczych, wydarzeń naukowych i technologicznych na całym świecie. Jednak w

---

[469] Patrz rozdział piąty niniejszej pracy dotyczący *myślenia obliczeniowego.*
[470] Harman Graham, *Heidegger wyjaśniony: Od Fenomenu do Rzeczy,* Op. Cit., 146.
[471] Martin Heidegger, *Discourse On Thinking,* Op. Cit., 46.
[472] Ibid., 47.
[473] Harman Graham, *Heidegger wyjaśniony: Od Fenomenu do Rzeczy,* Op. Cit., 147.
[474] Martin Heidegger, "What calls for thinking", w: "*Basic Writings from Being and Time" (1927) do The Task of Thinking (1964), op.* cit., 263.

przeważającej części działalność taka jest prowadzona w kontekście i w ramach idei naukowej i technologicznej *CT*, co samo w sobie wyklucza inne formy oceny życia. Graham, powtarzając to, co mówi Heidegger, komentuje:

> "Ludzie dziś uciekają od myślenia, mimo że wydaje się, że staliśmy się bardziej wykształceni. Myślenie przerodziło się w zwykłą kalkulację i wydajność."[475]

To, co Heidegger sugeruje, powtórzone przez Grahama, to fakt, że nawet jeśli my, ludzie, jesteśmy istotami myślącymi, uciekamy od prawdziwego myślenia, a zamiast tego uciekamy się do kalkulacji i efektywności jako absolutnego sposobu bycia. To doprowadziło nas, zdaniem Heideggera, do pozostania bezbronnymi i zakłopotanymi ofiarami na łasce nieodpartej i nadrzędnej władzy technologii.[476] Mówiąc śmiałym językiem, zwracając się do nauki, Heidegger mówi: "...ta sytuacja opiera się na fakcie, że sama nauka nie myśli, i nie może myśleć..."[477]

Heidegger nie zaprzecza, że myślenie, stosowane w nauce i technologii, stanowi ramy, które redukują nasz fenomenalny tryb zaangażowania w nas samych i w świat do trybu relacji ograniczonego przez wąskie parametry badań[478]. Raczej uważa, że nauka nie myśli, ponieważ pominęła podstawowe aspekty ludzkiej egzystencji, a zwłaszcza jej własny grunt (byt),[479] tak że ruch ontologiczny lub zasada każdego bytu jest pomijana. Podmioty są obecnie przedmiotem badań naukowych, nie dla własnego dobra, ale dla celów naukowych, monopolizując swoją dziedzinę.

Mocne twierdzenia Heideggera przeciwko nauce mogą sprawić, że wiele, szczególnie tych związanych z naukową i technologiczną *tomografią komputerową, będzie* niewygodnych. Problem polega jednak na tym, że musimy się szkolić w zakresie zdolności do myślenia *merytorycznego,* refleksji nad ogólną naturą rzeczy oraz nad samym sobą jako odkrywcami ontologicznego znaczenia podmiotów. Naukowa i technologiczna *tomografia komputerowa* nie ma żadnych podstaw ontologicznych, ponieważ manipuluje wszystkimi innymi formami oceny, a zatem nie może być uznana za *prawidłowe* myślenie. David Krell we wstępie do eseju Heideggera "*Co wzywa do myślenia*" uważa, że *tomografia komputerowa*, mimo swojego

[475] Harman Graham, *Heidegger wyjaśniony: Od Fenomenu do Rzeczy,* Op. Cit., 149.
[476] Martin Heidegger, *Discourse On Thinking,* Op. Cit., 52-3.
[477] Martin Heidegger, "What calls for thinking", w: "*Basic Writings from Being and Time" (1927) do The Task of Thinking (1964), op.* cit., 264.
[478] Harman Graham, *Heidegger wyjaśniony: Od Fenomenu do Rzeczy,* Op. Cit., 150.
[479] Patrz rozdział szósty niniejszej pracy.

znaczenia dla nauki, nadal nie spełnia wszystkich wymogów natury ludzkiej *ET*, a zatem pozostaje niepełna.[480]

Ponieważ *tomografia komputerowa* nie posiada ontologicznego łożyska, Heidegger uważa, że musimy krytycznie ocenić wszystkie takie mylące, instrumentalne myślenie. Nie oznacza to, że powinniśmy odłączyć się od nauki i technologii, czekając na nadejście nowego *przeznaczenia*. Jest to raczej postrzeganie *tomografii komputerowej* jako jednego ze sposobów myślenia, który powinien być uzupełniony przez *ET*. Heidegger zwięźle wyjaśnia tę kwestię, mówiąc:

> "Ponieważ istota technologii nie jest niczym technologicznym, niezbędna refleksja nad technologią i decydująca konfrontacja z nią musi mieć miejsce w sferze, która z jednej strony jest podobna do istoty technologii, a z drugiej strony jest od niej zasadniczo różna".[481]

Heidegger proponuje *istotne* lub *medytacyjne myślenie* jako uzupełnienie *tomografii komputerowej*[482]. *ET* zakłada, że nie powinniśmy angażować się jedynie w racjonalne obliczanie *środków* i *celów*, ani w myślenie w sensie abstrakcji mentalnej, w kategoriach pojmowania pojęć, a myślenie takie nie jest nawet działaniem. Zamiast[483] tego *ET* jest dla niego egzystencjalnym trybem kompresji, który wzmacnia i *ujawnia* ontologiczne znaczenie bytów;[484] ogólnym i praktycznym sposobem naszego *bycia w świecie,* poprzez wewnętrzną relację lub łączność z innymi bytami naszego świata relacyjnego. Jest to pozytywne nastawienie do rzeczywistości jako całości. Jest to myślenie w sposób, który pozwala nam widzieć siebie jako część świata przyrody, z odpowiedzialnością wobec niego.

Koncepcja *ET* Heideggera przenosi nas do kwestii komplementu *Daseina* wobec podmiotów wyjaśnionych w rozdziale trzecim, gdzie nie możemy oddzielić naszego rozumienia siebie i naszej relacji ze światem od rozumienia istnienia czy samego życia. *ET* jest rodzajem myślenia, które wymaga zaangażowania, determinacji, troski, podczas gdy, jak twierdzi Heidegger, musi "umieć poświęcić swój czas, czekać, jak rolnik, czy nasiona pojawią się i dojrzeją".[485] Heidegger dalej wskazuje:

---

480 Martin Heidegger, "What calls for thinking", w: "*Basic Writings from Being and Time" (1927) do The Task of Thinking (1964), Op.* cit., 259.
481 Martin Heidegger, *The Question Concerning Technology and Other Essays,* Op. Cit., 35.
482 Martin Heidegger, *Discourse On Thinking,* Op. Cit., 46-7.
483 Martin Heidegger, Jak się nazywa *myślenie?,* Op. Cit., 211.
484 Michael Zimmerman, *Heidegger's Confrontation with Modernity: Technologia, Polityka, Sztuka,* Op. Cit., 84.
485 Martin Heidegger, *Discourse On Thinking,* Op. Cit., 47.

"*Istotne myślenie* pomaga, jako prosta wrogość egzystencji, o ile ta wrogość, choć nie jest w stanie ćwiczyć takiego myślenia lub tylko teoretycznej wiedzy o nim, rozpala swój własny rodzaj".[486]

Heidegger wskazuje na bardzo ważną ideę, która może służyć wielkiej wartości w naszym technologicznie zdeterminowanym świecie. Jest to fakt, że w odróżnieniu od *tomografii komputerowej*, *ET* stosuje *wewnętrzne* podejście do naszej egzystencji i do naszego stosunku do rzeczy w świecie natury; jest otwarta na naturę i zdolna do wzbudzania zdziwienia w rzeczach; w odróżnieniu od technologicznej *tomografii komputerowej*, która jest jednostronna i manipulacyjna,[487] co przejawia się w jej tendencji do programowania, mierzenia i nastawiania rzeczy na optymalizację. Podkreślając znaczenie inwarii, Verbeek twierdzi:

"Kiedy ludzie myślą tylko intelektualnie, rozwiązują tylko problemy technologiczne, nie wpływając na ich prawdziwe problemy". Tylko autentyczny sposób myślenia, w którym jednostki istnieją same jako takie, pozwoli im przekształcić sytuację, w której się znajdują, w coś, za co są odpowiedzialne".[488]

Verbeek ma tu na myśli to, że technologiczna *tomografia komputerowa* może rozwiązywać technologiczne problemy, ale nie może rozwiązywać głębszych ontologicznych problemów technologii, ponieważ są one poza sferą techniczną. Zamiast tego, ludzie muszą otworzyć się na ontologiczną sferę swojego bytu,[489] która nie jest dostosowana do manipulacyjnych operacji nowoczesnej technologii. Ta otwartość przeciwstawia się błędnemu pojmowaniu technologii jako zwykłego zbioru technicznych artefaktów, które służą jako środki do realizacji określonych przez człowieka celów pod względem ich wartości użytkowej. Ontologiczna otwartość na ludzką egzystencję polega na tym, by postrzegać naturę jako mającą swój własny cel istnienia, który polega na wzbudzaniu tajemnicy, poczucia zdziwienia, piękna i całej funkcji ekosystemu, a nie na tym, by traktować ją jako obiekt, którym człowiek może manipulować i wykorzystywać swoją obliczeniową wolę. *ET* przejawiająca się w sztuce i poezji promuje kompresję do rzeczywistości, która szanuje i wzmacnia związek, który jest podobny do wartości natury i człowieka. W dalszej części tego rozdziału wyjaśnię rolę sztuki i poezji jako form *ET*.

---

[486] Martin Heidegger, *"The Quest for Being", w "Existentialism": Od Dostojewskiego do Sartre, pod redakcją* Waltera Kaufmanna, Nowy Jork: The World Publishing Company, 1975, 263-4.
[487] Martin Heidegger, *Discourse On Thinking,* Op. Cit., 53.
[488] Peter-Paul Verbeek, *What things do,* Op. Cit., 41-2.
[489] Ingrid Scheibler, "Heidegger and the Rhetoric of Submission": Technology and Passivity," w *Rethinking Technologies, pod redakcją* Verena Andermatt Conley, Minneapolis: University of Minnesota Press, 1993, 127.

Dlatego *właściwie* myślimy ontologicznie w kategoriach rozwiązywania problemów, które wykraczają poza manipulacyjne wpływy naukowe i technologiczne. Jednocześnie musimy podjąć próbę przywrócenia technologii, jako medium, które odnosi nas do świata, do jej pierwotnego ontologicznego znaczenia nadawania rzeczyom wartości i celów. Dzięki *ET po raz* kolejny widzimy oryginalną, pozytywną i wartościową istotę technologii, jako *techné, która ma* służyć celom ludzkim. Heidegger obserwuje tę funkcję *ET*, mówiąc:

> "Wszystko zależy więc od tego, czy zastanowimy się nad jego pojawieniem się [tzn. nad pojawieniem się tego, co może uratować] i, w skupieniu, będziemy się nim kierować. Jak to się dzieje? Nade wszystko, widząc istotę technologii, a nie tylko gapiąc się na technologiczne rzeczy."[490]

Heidegger wzywa nas do przyjęcia pozytywnej postawy w naszych kontaktach nie tylko z technologią, ale także z samym sobą (ponieważ jesteśmy częścią natury), co jego zdaniem jest otwarte na wszystkich ludzi.[491] Ludzie są jedynymi podmiotami, które mogą słuchać wezwania *ET*; to znaczy wezwania do własnej podmiotowości i odpowiedzialności wobec siebie.

Podsumowując, mój argument jest taki, że tomografia *komputerowa* jest istotnym i nieuniknionym aspektem istnienia współczesnego człowieka, ale takie myślenie musi być zrównoważone przez *istotne* lub *medytacyjne myślenie,* które ma zasadnicze znaczenie, jeśli mamy stawić czoła manipulacyjnym wyzwaniom nowoczesnej technologii. *ET* nie obiektywizuje bowiem rzeczywistości tak jak kalkulacyjne naukowe i technologiczne myślenie manipulacyjne. Raczej angażuje nas do kontemplowania ontologicznego znaczenia we wszystkim, z czym się stykamy, pomagając nam doceniać rzeczy takimi, jakimi są, i jednocześnie brać za nie odpowiedzialność. W przeciwieństwie do wyłącznej *telewizji cyfrowej, ET ma charakter* integrujący: w swojej działalności strukturalnej obejmuje ona również *telewizję cyfrową.* Na przykład botanik pracujący w przedsiębiorstwie nasiennym opracowuje nowe nasiona kukurydzy, zastanawiając się nad stanem gleby, który będzie sprzyjał wzrostowi tych nasion, a jednocześnie kontemplując ich piękno, dzieląc się bezpośrednim, natychmiastowym i spontanicznym doświadczeniem tych nasion, które stanowią jego świat znaczenia i znaczenia.

---

[490] Martin Heidegger, *The Question Concerning Technology and Other Essays,* Op. Cit., 32.
[491] Martin Heidegger, "What calls for thinking", w: *Basic Writings from Being and Time (1927) to The Task of Thinking (1964), Op.* cit., 261-2.

Wraz z *ET* Heidegger odrywa się od wpływu kartezjańskiej i kantyjskiej racjonalistycznej konstytucji ludzkiej podmiotowości, której przykładem jest *CT,* gdzie podmiot ludzki pojmowany jest jako substancja myśląca, odrębna od świata, której doświadczenie dotyczy projekcji i produktu poznania mentalnego (co dało początek naukowej i technologicznej manipulacji naturą i człowiekiem). Heidegger wykracza poza naukową i technologiczną relację *obliczeniową* z naturą, od powierzchownych postaw instrumentalnych do technologii, przechodząc od świadomości technologicznego świata przedmiotów do sfery otwartości na ontologiczne znaczenie tego, co doświadcza się poprzez technologię. Czyniąc to, wskazuje on poza horyzontem technologii, na to, co odnosi się do natury w ogóle, a do naszej natury jako człowieka w szczególności.[492] Heidegger chce pokazać, że sama naukowa i technologiczna *tomografia komputerowa,* ponieważ nie działa zgodnie z naszą jawną naturą, nie jest wystarczająca. Musimy kultywować inne sposoby myślenia i *bycia w świecie,* zgodnie z naszą ujawniającą się naturą, poza manipulującymi ograniczeniami nauki i techniki, w sposób, który respektuje ontologię natury, poprzez którą definiujemy siebie jako ludzi.

Wreszcie, podobnie jak *kwestionowanie* technologii prowadzi do *ET*, dla Heideggera *ET* w swoich rozważaniach ontologicznych wskazuje na inną podstawową koncepcję, którą jest *oderwanie się* lub *uwolnienie* od monopolizującego wpływu technologii.

6.4 *Zwolnienie* lub odłączenie

Wcześniej argumentowano, że dla Heideggera technologia nie jest zjawiskiem, którego znaczenia i skutków człowiek nie może zaprzeczyć, ani też całkowicie pozbyć się jej wpływu na restrukturyzację i odtworzenie. Dlaczego? Ponieważ, jak twierdzi Heidegger, wszędzie tam, gdzie ludzie są od niej zależni, a nawet do niej przywiązani, dziś we współczesnym świecie nie możemy obejść się bez technologii. Jednak ta sytuacja, bycia przywiązanym do technologii, stwarza dylemat dla Heideggera, ponieważ z jednej strony technologia zubaża naszą relację z rzeczywistością i z nami samymi, a z drugiej strony korzystanie z technologii jest tak fundamentalnie ważne, że nie możemy się bez niej obejść.[493] Jak możemy rozwiązać ten problem? Heidegger myśli, że możliwym wyjściem z tego jest *uwolnienie* lub oderwanie się:

---

[492] Ingrid Scheibler, "Heidegger and the Rhetoric of Submission": Technology and Passivity," w *Rethinking Technologies,* Op. Cit., 128.
[493] Peter-Paul Verbeek, *What things do,* Op. Cit., 58.

"Nazwałabym ten kompres w stosunku do technologii, który wyraża "tak" i jednocześnie "nie" starym słowem *wyzwolenie* w stosunku do rzeczy. "[494]

Zanim wejdziemy w to, co Heidegger ma na myśli przez "*tak*" i "*nie*", zasadniczo ważne jest, aby zrozumieć, że tak jak refleksja nad technologią jest rodzajem postawy, tak samo *uwalnianie się*[495]. *Uwolnienie* to szczególna postawa[496] i kompresja, którą musimy dostosować w naszych relacjach z technologią, aby zrealizować jej *oszczędność*[497]. Jak zauważa powyższy tekst, *releasement* jako postawa ma dwie formy auto-manifestacji: mówi "*nie*" technologii (puszcza technologię) i "*tak*" (puszcza technologię), jak to później wyjaśnię.

Propozycja Heideggera dotycząca *uwolnienia* jako rozwiązania dla wpływu technologicznego może nie być całkowicie pouczająca dla technologów, projektantów lub decydentów zainteresowanych tym, jak ten zestaw technologii odnosi się do ich praktyk jako projektantów i decydentów. W *wydaniu* wydaje się, że nie ma pozytywnego programu do interwencji. Wygląda na to, że nakłania ich do usunięcia się z ich interesów. Ale Heidegger jako filozof (a nie ekspert techniczny) uważa, że *uwolnienie* jest jednym z najlepszych instrumentów, jakich człowiek może użyć, aby stawić czoła problemowi technologicznego monopolu. Nie oznacza to, że powinniśmy przyjąć bezinteresowne stanowisko wobec technologii. *Uwolnienie* nie jest wycofaniem się ze świata technologii, ani nie jest zaprzeczeniem rzeczy doczesnych, zwłaszcza technologicznych kuszących. Nie polega ona na unikaniu doświadczeń i ustawień zapośredniczonych technologicznie. Jeszcze mniej jest to ucieczka od technologii. Nie jest to minimalizacja zaangażowania w technologię, która może prowadzić do bezinteresownego zaangażowania się w nią. *Uwolnienie* polega raczej na wypracowaniu wyraźnej, aktywnej, czujnej i ciągłej postawy zaangażowania w nowoczesne technologie.[498] Uwagi Heideggera:

"Nasz stosunek do technologii stanie się cudownie prosty i relaksujący. Wpuszczamy urządzenia techniczne do naszego codziennego życia, a jednocześnie zostawiamy je na zewnątrz, to znaczy, nie mówiąc już o nich, jako rzeczy, które nie są niczym absolutnym".[499]

[494] Martin Heidegger, *Discourse On Thinking,* Op. Cit., 54.
[495] Harman Graham, *Heidegger wyjaśniony: Od Fenomenu do Rzeczy,* Op. Cit., 151.
[496] George Vensus, *Autentyczne Ludzkie Przeznaczenie: The Paths of Shankara and Heidegger,* Op. Cit., 221.
[497] Peter-Paul Verbeek, *What things do,* Op. Cit., 58.
[498] Richard Rojcewicz, *Bogowie i technologia: A Reading of Heidegger,* Op. Cit., 214.
[499] Martin Heidegger, *Discourse On Thinking, Op.* Cit., 54; Andrew Feenberg, *Questioning Technology,* Op. Cit., 185.

Heidegger wzywa nas, abyśmy nie uważali urządzeń technologicznych za absolutne same w sobie; nie mogą one być antidotum na wszystkie ludzkie problemy. Ale pytanie brzmi: Jak można tego dokonać? Jak już wcześniej zaznaczono, musimy najpierw rozpoznać, że faktycznie jesteśmy zahaczeni o technologię i musimy mieć wolę puścić/wyrzucić ten hak rekonstrukcyjny, jak bezpośrednio zauważa Zimmerman:

> "Możemy być "uwolnieni" z jego uchwytu tylko wtedy, gdy uznamy, że jesteśmy w jego uchwycie: to jest paradoks."[500]

Uwolnienie, w kontekście Heideggeryjskim, oznacza zajęcie stanowiska, czyli pewnego rodzaju aktywnej i pozytywnej postawy wobec technologii jako całości;[501] wzięcie odpowiedzialności za siebie i bycie w świecie technologii, bez utraty naszej subiektywnej odpowiedzialności wobec siebie. Oznacza to bycie w świecie technologicznym i używanie urządzeń technologicznych tak, jak powinny być używane, a jednocześnie pozostawienie ich samych sobie jako czegoś, co nie dominuje i nie determinuje naszej wewnętrznej sfery bycia,[502] naszej podmiotowości. Jak wskazano, można to zrealizować w podwójnym sensie: a) *zrezygnować z technologii*, i b) zrezygnować z *technologii*. Te dwa aspekty wyjaśnię w kolejnych ustępach.

Odpuszczenie technologii oznacza po prostu rezygnację z korzystania z konkretnej technologii, gdy świadomie uważa się, że ma ona negatywny wpływ na życie ludzkie lub gdy istnieje alternatywa dla niej. Jest to rezygnacja z chęci korzystania z konkretnej technologii, w zależności od jej ewentualnego wpływu na nasze życie, co samo w sobie jest formą *samoopieki*. Odmawiając korzystania z technologii, *releasement* pozwala na różnorodność otwartych subiektywnych możliwości, gdzie jednostka przygotowuje się do mniej więcej całkowitego zerwania z tym, co ją ogranicza w technologii i do zastanowienia się nad innymi lepszymi sposobami jej wykorzystania; sposobami, które nie prowadzą do dalszych manipulacji technologicznych. Ta troska o byt nie oznacza jedynie konserwatywnego stosunku do technologii, ale oznacza stawianie się i branie odpowiedzialności za sposoby, w jakie technologia wpływa na czyjąś egzystencję, angażowanie się w relacje, które szanują lub promują podmiotowość. Zasadniczo wynika to z faktu, że posiadanie autentycznej relacji z

---

500 Michael Zimmermann, *Heidegger's Confrontation with Modernity: Technologia, Polityka, Sztuka,* Op. Cit., 220.
501 Richard Rojcewicz, *Bogowie i technologia: A Reading of Heidegger,* Op. Cit., 214.
502 Martin Heidegger, *Discourse On Thinking, Op.* Cit., 54; Andrew Feenberg, *Questioning Technology,* Op. Cit., 185.

technologią to nie tylko nadążanie za nią i bycie noszonym przez różne technologie, ale także bycie odpowiedzialnym i czułym, zdolnym do powiedzenia "nie" niektórym z tych rekonstruujących się sił, aby decydować o własnym życiu lub *przeznaczeniu*[503]. Aby osiągnąć ten poziom, jak argumentuje Zimmerman, ważne jest posiadanie indywidualnej dojrzałości lub oświecenia, gdzie indywidualny podmiot nie wyobraża sobie już, że potrzebuje jedynie technologii jako zewnętrznego narzędzia do realizacji niektórych swoich obliczonych celów, nieustannie uwodzony i tym samym zmuszony do dominacji nad otaczającym go światem poprzez technologię. Podmiot ludzki powinien natomiast postrzegać technologię jako wewnętrzną relację, która wiąże go ze światem i z samym sobą, aby otworzyć jego ontologiczne znaczenie na świat życia.[504]

Pod ontologicznym znaczeniem *uwolnienia* jako *wypuszczenia technologii*, nasza autentyczna podmiotowość i samorozumienie w fazie technologii staje się projektem, za który jesteśmy odpowiedzialni, prowadząc do tego, że jesteśmy w *domu* z samą technologią. Rozumiem przez to, że nie jesteśmy tylko tym, co technologia mówi o nas, ale jesteśmy także odpowiedzialni za to, co robimy z siebie, świadomie lub nieświadomie, w każdym momencie naszego doświadczenia z technologią. Aby "puścić technologię w niepamięć", domaga się, abyśmy w razie potrzeby zrezygnowali z jej stosowania, stosownie do jej możliwych skutków w naszym życiu. Kiedy zdajemy sobie sprawę z tej odpowiedzialności wobec siebie samych i z tego, jak konkretna technologia może negatywnie wpłynąć na nasze życie, decydujemy się *zrezygnować zarówno z* technologii, jak i z naszej woli korzystania z niej, rezygnując z niej.

Wypuszczanie technologii jest przeciwieństwem *wypuszczania* technologii. Oznacza to po prostu, że powinniśmy wykorzystywać technologię w sposób, który służy naszym ludzkim celom związanym ze światem naszych egzystencjalnych obaw. Ogólnie rzecz biorąc, ma to na celu przyjęcie oderwanego stanowiska wobec technologii. Powinniśmy przyjąć to, co Ingrid Scheibler określa jako *otwartość* na technologię, aby właściwie służyć ludziom.[505] Oczywiście, prowadzi to nas do fundamentalnego pytania: Jak to możliwe, że puszcza się technologię? Heidegger uważa, że możemy pilnie używać technologicznych gadżetów, aby służyć naszym celom i nadal być wolnym od niewoli wobec nich, odmawiając im wyłącznego i manipulacyjnego roszczenia wobec nas. Uwagi Heideggera:

---

[503] Ronald Godziński, "[En] Framing Heidegger's Philosophy of Technology", *Essays in Philosophy:* Tom 6: Wydanie. 1 (2005), art. 9.

[504] Michael Zimmermann, *Heidegger's Confrontation with Modernity: Technology, Politics, Art,* Op. Cit., 219.

[505] Ingrid Scheibler, "Heidegger and the Rhetoric of Submission": Technology and Passivity," w *Rethinking Technologies,* Op. Cit., 127.

"Możemy używać urządzeń technicznych, a jednak przy prawidłowym użytkowaniu również trzymać się od nich tak swobodnie, że w każdej chwili możemy je wypuszczać... Możemy potwierdzić nieuniknione użycie urządzeń technicznych, a także odmówić im "prawa" do zdominowania nas, a więc do zboczenia, pomylenia i zmarnowania naszej natury".[506]

Heidegger oznacza, że nie powinniśmy uważać technologii za ostateczną i ostateczną wartość lub *przeznaczenie*, które określa znaczenie naszego bytu i bytu rzeczywistości w ogóle. Musimy raczej traktować technologię jako relację wewnętrzną i być świadomi dziedziny, do której należą i w której działają obiekty technologiczne, która ma służyć celom ludzkim i celom natury w ogóle[507]. Otwartość na technologię wiąże się raczej ze świadomością horyzontu urządzeń technologicznych niż z traktowaniem ich jako wyznaczników naszego ludzkiego *losu*. Jak twierdzi Rojcewicz, związek, którego przykładem jest *uwolnienie,* stale wykorzystuje rzeczy i umieszcza je w ich ontologicznym znaczeniu; unika niebezpieczeństwa bycia traktowanym jako *SR*[508]. Echa Heideggera na *zwolnieniu*, Ellul, w swoim prostym języku wskazuje:

"Dopóki człowiek nie nauczy się używać przedmiotów technicznych we właściwy sposób, musi pozostać ich niewolnikiem."[509]

Jeśli mamy wyjść poza *enframingową* naturę technologii, to wiąże się to z przywróceniem jej oryginalnego i autentycznego znaczenia: *techné*, czyli takiego sposobu *tworzenia*, który ujawnia podmioty w ich ontologicznym znaczeniu.[510] Prawdziwy i wolny związek z technologią będzie taki, który będzie otwarty na znaczenie podmiotów, a nie na manipulowanie ich znaczeniem. Potrzebny jest związek z technologią, który nie opiera się na dominacji i opanowaniu, ale stawia technologię na właściwym miejscu, odpowiadając właściwie na ludzkie znaczenie jako ujawnienie znaczenia podmiotów. W takim związku nie możemy po prostu porzucić technologii takich jak: radia, internet, gazety, telefony komórkowe, elektrownie i tak dalej. Prawidłowe wykorzystanie tych technologii w naszym codziennym życiu oznaczałoby, że możemy z nich korzystać i nadal *odmawiać* ich stosowania, opętując nas do tego stopnia, że bez nich czujemy się bezradni.

---

[506] Martin Heidegger, *Discourse On Thinking,* Op. Cit., 54.
[507] Rojcewicz, *Bogowie i technologia: A Reading of Heidegger,* Op. Cit., 220.
[508] Richard Rojcewicz, *Bogowie i technologia: A Reading of Heidegger,* Op. Cit., 220.
[509] Jacques Ellul, "The Technological Order", w "The *Philosophy and Technology": Odczyty w "Filozoficznych problemach techniki"*, Op. Cit., 96.
[510] Michael Zimmermann, *Heidegger's Confrontation with Modernity: Technology, Politics, Art,* Op. Cit., 221.

Zaproszenie do mówienia "*nie"* i "*tak" dla* technologii jest w zasadzie dla *samoopieki* jako odpowiedzialności za siebie. Echo Heideggera, wyjaśnia Francois Raffoul: "Ta determinacja *Daseina* od samego początku definiuje siebie jako odpowiedzialną osobę."[511] Zamiast bezpiecznie dystansować się od technologii w sensie unikania jej lub po prostu myślenia o niej jako o przejrzystym instrumencie służącym do realizacji określonych celów, *wyzwolenie* otwiera naszą postawę otwartości na technologię i na nas samych, uznając technologię za zjawisko rekonstrukcyjne, które należy ostrożnie stosować, zwłaszcza gdy sytuacja tego wymaga. To taki rodzaj oczekiwania.[512]

Podsumowując, *releasement* przedstawia naszą zdolność do przyjęcia pewnej elastyczności i refleksyjności w naszym podejściu do technologii. Przez elastyczność rozumiem naszą ludzką zdolność do dostosowania się czasami do naszego powierzchownego, naiwnego i konwencjonalnego podejścia do technologii (jako zwykłego instrumentu), co czasami, jeśli nie w większości przypadków, frustruje nasze krytyczne stanowisko wobec niej. Powinniśmy nie tylko pozostać przy technicznym i instrumentalnym stanowisku, które koncentruje się jedynie na tym, jak technologia skutecznie odpowiada na nasze cele, ale powinniśmy także przyjąć alternatywne, otwarte stanowisko, wykraczające poza zwykłe techniczne aspekty.[513] Taka refleksyjność wiąże się z naszą świadomą zdolnością do *wewnętrznego* i krytycznego podejścia, które prowadzi do zrozumienia sposobu, w jaki technologia działa w odtwarzaniu sposobów odnoszenia się do nas samych i do świata.[514] Zdając sobie sprawę z tego, że podmioty technologiczne lub produkty mają tendencję do wpływania na nasze sposoby bycia, podejmujemy działania, które pomogą nam skorygować to bezpośrednie ryzyko, które według Heideggera jest albo "*tak"*, albo "*nie"*. Nie możemy pozwolić, aby technologia sama w nas funkcjonowała, nie angażując się w to w sposób ukierunkowany na *zewnątrz* i refleksyjny. Oto, co Heidegger ma na myśli przez pojęcie korzystania z technologii bez padania jej ofiarą.

Kluczowe jest również zrozumienie, że *uwolnienie* wynika z *ET* i *kwestionowania* technologii i naszego świadomego stosunku do niej. Dzięki świadomemu podejściu do technologii możemy postrzegać rzeczy nie tylko w sposób techniczny, ale także w wolnej i krytycznej sferze, dzięki której możemy krytycznie ustalić tradycyjne i oryginalne znaczenie

[511] Francois Raffoul, *Heidegger and Practical Philosophy,* Op. Cit., 2002, 207.
[512] Harman Graham, *Heidegger wyjaśniony: From Phenomenon to Thing,* Op. Cit., 151; George Vensus, *Authentic Human Destiny: The Paths of Shankara and Heidegger,* Op. Cit., 223.
[513] Andrew Feenberg, *Technologia przesłuchań,* Op. Cit., 185.
[514] Ibidem.

technologii, która ma służyć zarówno naturze, jak i ludziom w ich relacjach ze światem, w który są *wrzucani*.[515]

W tym miejscu chciałbym również zwrócić uwagę, że Heidegger nie traktuje *zwolnienia* jako ostatecznego rozwiązania problemu manipulacji i rekonstrukcji technologii; uważa, że to właśnie ze względu na złożoność natury nowoczesnej technologii istnieją inne możliwe rozwiązania, które my, ludzie, możemy przyjąć. Heidegger pisze:

> "Jeśli obudzi się w nas *wyzwolenie w* kierunku rzeczy i otwartość na tajemnicę, powinniśmy dojść do drogi, która doprowadzi nas do nowego gruntu i fundamentu."[516]

Stwierdzenie Heideggera wskazuje, że *uwolnienie* jako postawa jest etapem naszej wewnętrznej interakcji z technologią, rodzajem wzorca trzymania, oczekującym nowego ujawnienia, wolnym od wpływu technologicznego, który wzmocni nasze właściwe *mieszkanie* na świecie. Ta scena to *sztuka* i *poezja.*

6.5 Poezja, sztuka i ludzka prawda

Poezja i *sztuka* to dwa podstawowe sposoby odkrywania prawdy, które zostały przeoczone lub zepchnięte na margines przez monopol na technologiczne odkrywanie,[517] sprowadzone do służby technologii, tracąc swoje znaczenie dla ludzkiej egzystencji.[518] Uznając znaczenie *poezji* i *sztuki*, Heidegger stara się odzyskać ich wartość, myśląc, że w *poezji* i *sztuce dochodzi* do "decydującej konfrontacji"[519] z odtwarzającą się siłą nowoczesnej technologii. *Poezja* i *sztuka*, domagają się bezpośredniego udziału człowieka lub podmiotowości, ujawniając znaczenie rzeczywistości, która została zdrenowana przez technologiczne ramy znaczenia.

Wracając do znaczenia *poezji* i *sztuki w odniesieniu* do wyżej wymienionych problemów współczesnej technologii, wnikliwie wracamy do kwestii technologii *kwestionowania*, wcześniej poruszanej. Podkreślając znaczenie *poezji* i *sztuki*, Heidegger uważa, że w *kwestionowaniu* technologii dochodzimy do punktu, w którym konieczny byłby inny rodzaj myślenia, podobny do jego istoty. Według Heideggera, ten inny rodzaj myślenia

[515] Peter-Paul Verbeek, *What things do,* Op. Cit., 59.
[516] Martin Heidegger, *Discourse On Thinking,* Op. Cit., 56.
[517] William Barrett, *The Illusion of Technique,* Op. Cit., 178.
[518] Miguel de Beistegui, *The New Heidegger, Op.* Cit., 144.
[519] Martin Heidegger, *The Question Concerning Technology and Other* Essays, Op. Cit., 34-5.

to *sztuka*,[520] która według niego może uratować ludzkość przed technologicznie manipulacyjnym ujawnieniem. Zwraca się do *poezji* i *sztuki, w* zasadzie dlatego, że w przeciwieństwie do manipulacyjnego ujawniania nowoczesnej technologii, zarówno *poezja* jak i *sztuka* ujawniają rzeczywistość w sposób respektujący jej ontologiczną strukturę. Obraz, na przykład, nadaje znaczenie przedstawieniu tego, co przedstawia; wydobywa formę tego, co przedstawia, ale także wskazuje na siebie jako na dobre dzieło *sztuki,* dla podziwu ludzkiego. W ten sposób *poezja* i *sztuka* ujawniają to, co albo poeta, albo artysta chce ujawnić, nie eksploatując rzeczywistości, o której mowa, tak jak robi to współczesna nauka i technika.[521] Feenberg w swoim komentarzu do Heideggera wyjaśnia znaczenie sztuki i poezji w następujący sposób, mówiąc:

> "Heidegger uważa, że *sztuka* i *rzemiosło* są ontologicznymi "otworami" lub "polanami", przez które tworzą się uporządkowane światy. Dzban łączy w sobie naturę, człowieka i bogów w zalewie wyzwolenia. Grecka świątynia wyznacza przestrzeń, w której miasto żyje i rośnie. Poeta ustanawia znaczenia, które wytrzymują i wydobywają na światło dzienne świat. Wszystkie te formy *techniki* pozwalają, by rzeczy wydawały się tym, czym są najgłębiej, w pewnym sensie, przed ludzką chęcią i stworzeniem."[522]

Feenberg oznacza tutaj, że *sztuka* i *poezja* ujawniają rzeczy w ich pierwotnym znaczeniu. W przeciwieństwie do *sztuki* i *poezji*, technologia nie *pozwala* rzeczom wydawać się takimi, jakimi są, ale *powoduje* ich pojawianie się, zmuszając je do reagowania na ich strukturalne działania w zakresie wydajności i produkcji, ingerując w ich osadzone znaczenia. Podmioty są postrzegane z perspektywy zasobów, jako istniejące w celu maksymalizacji, która przyniesie dalszą produkcję na potrzeby konsumpcji i korzyści kapitałowe.

Dlatego twierdzę, że powrót Heideggera do *poezji* i *sztuki* podkreśla fakt, że przezwyciężenie technologicznego monopolu i manipulacji nie może być zrealizowane tylko przez filozofię w sposób refleksyjny, choć jest to ważne. Nie możemy również polegać jedynie na demokratycznych lub technicznych środkach przeprojektowania technologii, jak wcześniej proponował Feenberg, z omawianych powodów. Zarówno badania filozoficzne nad rozwiązaniami problemów w relacjach człowiek-technologia, jak i społeczno-polityczne próby zajęcia się monopolem technologicznym są nieadekwatne. Musimy dotrzeć do głębszego transcendentalnego poziomu *poezji* i *sztuki,* aby pomóc nam ujawnić ludzką podmiotowość i

---

[520] Ibid.; Peter-Paul Verbeek, *What things do*, Op. Cit., Op. Cit., 57.
[521] Tom Greaves, *Począwszy od Heideggera,* Op. Cit., 151.
[522] Andrew Feenberg, *Technologia przesłuchań,* Op. Cit., 184.

świat w ich tajemniczej naturze. Moim celem jest więc refleksja nad charakterem i charakterem tych ludzkich zdolności *poezji* i *sztuki,* ponieważ rozważania nad nimi obu dadzą nam wgląd w ontologiczne znaczenie tego rodzaju rzeczywistości, jaką mają tendencję do ujawniania, w odróżnieniu od omawianego dotychczas indukcyjnego, agresywnego i eksploatacyjnego podejścia nauki i techniki do natury.

6.5.1 Poezja

W rozdziale drugim wyjaśniłem, że język jest centralnym zagadnieniem dla ludzkiej *Dasein,* podkreślając, że dla Heideggera język jest nie tylko instrumentem komunikacji, ale także odgrywa centralną rolę w ujawnianiu świata dla nas: język jest podstawą i medium, za pomocą którego ludzie jako świat-rozpoznawcy czynią jednostki rozumianymi i artykułowanymi. W swojej późniejszej filozofii Heidegger ponownie zwraca się do języka, ale tym razem zajmuje się poezją. On twierdzi:

> "*Poezja* nie jest jednak bezcelowym wyobrażaniem sobie kaprysów i nie jest ucieczką zwykłych pojęć i fantazji w sferę nierzeczywistości". To, co poezja, jako czysta projekcja, rozwija się w nieskończoność i rzutuje w przepaść postaci, to otwarty region, na który poezja pozwala, i to w taki sposób, że dopiero teraz, pośród istot, otwarty region sprawia, że istoty świecą i wybrzmiewają".[523]

Podstawowym argumentem Heideggera jest tu fakt, że język poetycki nie jest spekulacją na temat rzeczywistości, ale raczej ujawnieniem, poprzez które wyjaśniane jest znaczenie rzeczywistości i podstawowe fakty dotyczące ludzkiej egzystencji. To, co Heidegger robi w tym twierdzeniu, to podniesienie ontologicznego statusu *poezji* do poziomu bardziej pierwotnego niż współczesna nauka i technologia, w odniesieniu do funkcji ujawniania rzeczywistości[524]. Opracowując to, co mówi Heidegger, zauważa Krell:

---

[523] Martin Heidegger, "The Origin of the Work of Art", w: *Basic Writings from Being and Time (1927) to The Task of Thinking (1964), op.* cit., 129.

[524] Martin Heidegger, *The Question Concerning Technology and Other Essays, Op.* Cit., 34; Tom Greaves, *Starting with Heidegger,* Op. Cit., 151.

> "Obliczeniowy rodzaj myślenia... nie spełnia wszystkich wymogów ludzkiej natury myślenia. Poeci żądają od nas innego sposobu myślenia - mniej dokładnego, ale nie mniej rygorystycznego".[525]

Krell oznacza, że *poezja* nie używa naukowych i matematycznych formuł, aby dojść do dokładnych wniosków, ale że *poezja* ma swoje własne znaczenie w *odkrywaniu* prawdy innej niż ta z nauki i techniki. Krell nie zamierza zastępować *TK poezją*, ale podkreślić nieadekwatność takiego myślenia i znaczenie *poezji* w dostępie do prawd ludzkich podważanych przez naukę i technikę. Podkreślając tę kwestię, Richard Rorty argumentuje potrzebę powrotu do prostych słów i "usłyszenia ich w sposób, w jaki słyszy je poeta decydując się na umieszczenie jednego z nich w określonym miejscu pewnego wiersza". To[526] znaczy, w odróżnieniu od technologii, która dąży do manipulacji i eksploatacji zasobów w celu osiągnięcia maksymalnej produkcji i korzyści ekonomicznych, ponieważ *poezja* poetycka nie jest tylko środkiem do celu w taki sam sposób, jak technologia do produkcji; *poezja* konstruuje i przekazuje pewne wartości (szacunek i kontemplacja dla rzeczy ujawnionych) i myśli (nasze pozytywne postawy) o ludzkiej egzystencji. Powtarzając wartość *poezji*, De Beistegui twierdzi:

> "W wierszu i poprzez niego otwieramy się na język, który jest po prostu niemożliwy. A czyniąc to, otwieramy się na siebie, a to oznacza nasz stosunek do świata, do rzeczy i do innych, w sposób, który nie jest instrumentalny".[527]

Poezja otwiera inne sposoby refleksji i *ujawniania* prawdy o rzeczywistości poza naukową i technologiczną manipulacją pięknem natury, do której *CT* jest estetycznie ograniczony. Rozumiem przez to, że poeta nazywa rzeczy, czyniąc je obecnymi, realnymi i trwałymi w ich charakterystycznej, nieskazitelnej i oryginalnej formie, w swoistym ontologicznym ujawnieniu. Heidegger mówi wprost: "Poetyckie wprowadza prawdę w blask... tego, co najczystsze." Innymi[528] słowy, autentyczna *poezja* rozjaśnia i oświeca wgląd w objawienie rzeczywistości, które Heidegger lamentuje, że zostało zdewaluowane przez technologię w jej skupieniu na rozumowaniu *środków-end:*

---

[525] David Krell, *Basic Writings From 'Being and Time' (1927) to the Task of Thinking (1964), op.* cit., 259; Richard Rorty, *Heidegger, Contingency and Pragmatism,* Cambridge: Cambridge University Press, 1991, 34.
[526] Richard Rorty, *Heidegger, Contingency and Pragmatism,* Cambridge: Cambridge University Press, 1991, 34.
[527] Miguel de Beistegui, *The New Heidegger,* Op. Cit., 150-1.
[528] Martin Heidegger, *The Question Concerning Technology and Other Essays,* Op. Cit., 34.

"Przede wszystkim, *enframing* kryje w sobie to, co odsłaniające, w sensie *poiésis,* pozwala ujawnić to, co się przedstawia."[529]

Oprócz ujawniania rzeczywistości, Heidegger wprowadza jeszcze jeden ważny aspekt *poezji.* Uważa, że *poezja* buduje *myślenie mieszkaniowe,*[530] a nowoczesna technologia dysponuje *poezją* z tej podstawowej funkcji zakorzenienia człowieka w jego *mieszkaniu* na świecie. Aby zrozumieć, co Heidegger oznacza przez *mieszkanie,* ważne jest, aby wrócić do konwencjonalnego znaczenia. Konwencjonalnie, *mieszkanie* jest uważane za fizyczne miejsce, w którym ktoś mieszka. W przeciwieństwie do tej konwencjonalnej koncepcji, w rozumieniu Heideggera, *mieszkanie odnosi się* do ludzi mających wokół siebie świat, który jest im znany, w którym mogą czuć się bardziej jak w domu z rzeczami, opiekując się[531] nimi jako częścią ich świata bez przyjmowania oderwanej, uzewnętrzniającej i manipulacyjnej postawy nowoczesnej technologii. W kontekście *mieszkalnictwa,* to tylko ludzie *mieszkają. Mieszkanie* to odpowiednie słowo tylko dla ludzi. Inne podmioty nie mogą *mieszkać,* ponieważ nie są świadomi swojego istnienia jako podmioty i nie mogą poprawić swojego otoczenia dla właściwego *mieszkania.* Tak pojmowane *mieszkanie* staje się więc alternatywą dla wyobcowania, które prowadzi do bezkorzenienia i bezdomności, które Heidegger przypisuje sytuacji współczesnych podmiotów w świecie technologii, gdzie są one odseparowane od bytów stanowiących integralną część ich świata relacji.

Ale jak *mieszkanie odnosi* się do *poezji* i technologii? Dla Heideggera prawdziwe *mieszkanie* wymaga *poezji,* ponieważ myślenie poetyckie polega na ujawnianiu bytów w sposób bardziej przyjazny i pełen szacunku, przekazując sens i znaczenie tym bytom poza zakresem myślenia technologicznego. Heidegger uważa, że człowiek mieszka poetycko, ponieważ poezja opiera się na nadawaniu znaczenia i uziemianiu bytów. To uzasadnia ludzki podmiot w jej *mieszkaniu.*[532] Powtarzając tę kwestię, Tonner wyjaśnia, że "*poezja,* ze wszystkich *sztuk,* jest uprzywilejowana właśnie dlatego, że czerpie z samej istoty tego, co znaczy być człowiekiem"[533] w swoim świecie, tak że poprzez swój sposób ujawniania *poezji uzasadnia ucisk* człowieka na swój świat.

---

529 Ibid., 27; Ibidem, "Pochodzenie dzieła sztuki", w *Podstawowych pismach od bycia i czasu (1927) do Zadania myślenia (1964), op.* cit., 129.
530 Ibidem, 241.
531 Martin Heidegger, "Building Dwelling Thinking", w: "*Basic Writings from Being and Time" (1927) do The Task of Thinking (1964), Op.* cit., 247.
532 Martin Heidegger, "The Origin of the Work of Art", w: *Basic Writings from Being and Time (1927) to The Task of Thinking (1964), Op.* cit., 130-1.
533 Philip Tonner, *Heidegger, Metaphysics and the Univocity of Being,* Op. Cit., 168.

W przeciwieństwie do myślenia technologicznego, *poezja* nie jest zawężona do wyników końcowych. *Poezja* gwarantuje raczej, że możemy myśleć lub wyobrażać sobie, że jesteśmy naturalnymi ludźmi, a nie polegać na nauce i technologii z ich *obliczeniowej* wizji życia. Objawia on naszą naturę jako otwartość, która daje nieskończone możliwości i pozwala na to, by rzeczy się puszczały, łącząc nas z nimi w nieobiektywnej sferze egzystencji (jak słynna *czwórka*: Ziemia, Niebo, Bóstwa [bogowie] i inne Śmiertelniki)[534] poza roszczeniami nauki. To są realia, według Heideggera, które reprezentują tylko poeci:

> "Mieszkać poetycko" oznacza: stawać w obecności bogów i być zaangażowanym w bliskość istoty rzeczy. Istnienie jest "poetyckie" w swoim podstawowym aspekcie...[535]

Czterokrotne transcendentalne poziomy Heideggera, zwłaszcza bogów, uziemiają ostateczną *siłę zbawczą, do której się odwołuje, a która* jest w zasadzie uznaniem znaczących sił, które oprócz technologii sprawiają, że jesteśmy naprawdę w *domu na* świecie. Heidegger twierdzi dalej:

> "Tylko bóg może nas ocalić. Jedyną możliwością, jaką nam pozostawiono, jest przygotowanie czegoś w rodzaju gotowości, poprzez myślenie i poetyzowanie, do pojawienia się Boga..."[536]

Poetycka uwaga Heideggera w tekście nie powinna być interpretowana jako swego rodzaju desperacka rezygnacja z technologii, jak twierdzi Feenberg, że filozofia technologii Heideggera sankcjonuje defetystycznego ducha[537]. Nie należy też rozumieć, że oznacza to poddanie się Bogu w rozumieniu świata chrześcijańskiego, ale że wiąże się z uznaniem myślenia transcendentnego, które nada światu nowy, technologicznie niezakłócony sens,[538] przywracając nam prawdziwe poczucie tego, czym ma być *w świecie* technologii. Botha nadzwyczajnie wyjaśnia tę kwestię:

> "Żadna wszechmocna jednostka nas nie odkupi. Moralny, odkupieńczy bóg jest tak samo martwy dla Heideggera jak i dla Nietzschego. Opowiada się za bezbożnym myśleniem, które porzuca

[534] Martin Heidegger, "Building Dwelling Thinking", w: "*Basic Writings from Being and Time" (1927) do The Task of Thinking (1964), Op*. cit., 247.
[535] Martin Heidegger, "Hoelderlin i esencja poezji", w "*Existence and Being"*, Londyn: Vision Press, 1956, 306.
[536] Martin Heidegger, "Tylko bóg może nas ocalić" w wywiadzie Der Spiegel'a z Martinem Heidegger'em, *Philosophy Today* 20 4/4, (1976) 268-284; Catherine F. Botha, "Heidegger, Technology, and Ecology", w *South African Journal of Philosophy* 22, No. 2 (2003), 165.
[537] Andrew Feenberg, "The Ontic and the Ontological in Heidegger's philosophy of Technology": Reakcja na Thomsona", *zapytanie* 43, nr 4 (2000), 445.
[538] David Kolb, *The Critique of Pure Modernity: Hegel, Heidegger i After,* Op. Cit., 190ff.

metafizycznie skonstruowanego Boga, Boga, który może być znany jako obiekt, który poddany jest ocenie".[539]

Botha sugeruje, że dla Heideggera, czterokrotny nie ma być interpretowany w pewnym ścisłym sensie religijnym, ale że ilustruje potrzebę docenienia transcendentalnych form poetyckiego myślenia, które nie są tylko instrumentalne, formy poza rozumieniem naszych umysłów naukowych i technologicznych, które powinny być pozostawione do pracy, jeśli mamy osiągnąć nasze prawdziwe *mieszkanie* w nowoczesnym świecie. Innymi słowy, aklamacja Heideggera, wyjaśniona przez Botha, implikuje pewien rodzaj ontologicznej *bezdomności* doświadczanej przy braku tajemniczego znaczenia rzeczywistości, która jest spowodowana przyjęciem naukowego i technologicznego stylu życia[540]. Jest to kwestia głębokiej troski ontologicznej, wymagająca myślenia transcendentalnego, które poprowadzi nas do nowego zrozumienia tego, co naprawdę ma znaczenie lub co naprawdę nadaje sens naszemu doświadczeniu życiowemu w świecie. Dla Bothy zwracanie się do bogów czy bóstw jest działaniem ludzkim i myśleniem, które daje nam przestrzeń do kontemplowania tajemnicy natury i uziemienia naszego poczucia *mieszkania* w świecie.

Heidegger uważa to czterokrotne zaangażowanie za alternatywny sposób bycia w stosunku do technologicznie manipulacyjnego sposobu życia, do którego my moderny jesteśmy przyzwyczajeni,[541] tworząc inny fundament niż technologia, poprzez który można interpretować nasze niezamierzone, znaczące doświadczenia świata. Jest to zatem konfrontacja z podstawowym wyborem, przed którym stoimy, w czasie, gdy jesteśmy tak przywiązani do technologii, że czasami nie potrafimy rozpoznać innych ważnych sił w pracy, które pomagają nam autentycznie *zamieszkać* w świecie jako ludzie.

Dlatego też, w przeciwieństwie do technologii, która wyobcowuje ludzi z ich wolnych *mieszkań,* czyniąc ich niezdolnymi do posiadania wokół siebie świata, w którym są znajomi lub w *domu*, *poezja* uzasadnia ludzką egzystencję, nadając jej większe powiązanie z jej środowiskiem, subiektywnie ujawniając ontologiczne znaczenie bytów.[542] Myślenie poetyckie jako podstawowa właściwość ludzkości utrzymuje prawdziwe znaczenie *mieszkania* w harmonii z *byciem w świecie* jako czynników tworzących świat, umożliwiając nam odniesienie

---

[539] Catherine F. Botha, "Heidegger, Technology, and Ecology", w *South African Journal of Philosophy* 22, No. 2 (2003), 165-166.
[540] George Pattison, *The Later Heidegger*, New York: Routledge, 2000, 180.
[541] Ibidem, 184.
[542] Albert Borgmann, *technika i charakter współczesnego życia: A Philosophical Inquiry*, Op. Cit., 217.

się do rzeczywistości poza naukowymi i technologicznymi manipulacyjnymi ramami odniesienia.

6.5.2 Sztuka

Wskazałem, że w przeciwieństwie do agresywnego i wyzyskującego podejścia nauki i technologii do natury, Heidegger uważa, że prawdziwy powrót do *sztuki* może pomóc w rozwiązaniu niektórych problemów stworzonych przez technologiczne *przeznaczenie,* poprzez pozytywne informowanie *ET* poprzez właściwe uwzględnienie ontologicznego znaczenia rzeczywistości.[543] Heidegger pisze:

> "...niezbędna refleksja nad technologią i zdecydowana konfrontacja z nią musi odbywać się w sferze, która z jednej strony jest zbliżona do istoty technologii, a z drugiej strony jest od niej zasadniczo różna. Taka dziedzina to *sztuka.*"[544]

Sztuka jest zbliżona do istoty technologii jako ujawniania, choć różni się od ujawniania technologii, w sposób, który wyjaśnię. Dla Heideggera *sztuka* nie jest tylko przedmiotem przeznaczonym do estetycznego docenienia, ani procesem czy produktem zamierzonej działalności artysty, ale jest ruchomą siłą (zjawiskiem dynamicznym), która ujawnia prawdę o rzeczywistości. Jako ruchoma siła, Heidegger twierdzi, że *sztuka* jest osiągnięciem lub *wydarzeniem prawdy.*[545] To abstrakcyjne twierdzenie prowadzi do pytania: Jaką *prawdę* ujawnia *sztuka*? Aby zrozumieć, co on ma na myśli, najbardziej podstawową rzeczą jest zrozumienie, że prawda *sztuki* twierdzonej przez Heideggera nie powinna być pojmowana jako korespondencja lub adekwatność do *ontycznych* faktów naszego istnienia, rozumiana jako prawda epistemologiczna. Oczywiście, Heidegger nie zaprzecza asertywnym, propozycyjnym czy epistemologicznym prawdom, ale jego twierdzenie sięga głębiej, do rozważenia prawdy jako "*aletheia*: szczególny sposób ujawniania"[546] tego, co istnieje, zwłaszcza objawienia natury bytów,[547] w ich ontologicznym znaczeniu.

---

[543] Michael Zimmerman, *Heidegger's Confrontation with Modernity: Technologia, Polityka, Sztuka,* Op. Cit., 113.
[544] Martin Heidegger, *The Question Concerning Technology and Other Essays,* Op. Cit., 35.
[545] Martin Heidegger, "The Origin of the Work of Art", w: *Basic Writings from Being and Time (1927) to The Task of Thinking (1964), op.* cit., 131.
[546] Philip Tonner, *Heidegger, Metaphysics and the Univocity of Being,* Op. Cit., 157.
[547] Ibid., 158-9.

W poetycki sposób Heidegger mówi: "*Sztuka*, zakładanie konserwacji, jest źródłem, które *przeskakuje* do prawdy o tym, co jest w dziele."[548] Ale jak *sztuka przeskakuje* do prawdy o tym, co w niej jest? Czyni to, przynosząc ze sobą niezamierzone ujawnienie danego podmiotu, doświadczonego i przemyślanego przez samego artystę. De Beistegui bardzo dobrze podsumowuje ten punkt, kiedy mówi, że *sztuka,* dla Heideggera, reprezentuje możliwość relacji ze światem i *zamieszkania* na ziemi, wolnej od manipulacji technologicznych;[549] Tonner twierdzi, że "*sztuka,* dla Heideggera, była historycznie najlepszą nadzieją ludzkości na przeciwstawienie się holdingu technologicznego".[550] Dlatego, jako happening prawdy, Heidegger chce powiedzieć, że *sztuka* pozwala na manifestację prawdy istot[551]. Dzieło *sztuki kładzie* fundament i zapewnia niezbędne warunki, w których *sztuka* jako relacja wewnętrzna może funkcjonować w swojej tajemnicy ujawnienia prawdy o ludzkiej odpowiedzialności i naszej relacji ze światem natury.[552]

Sztuka ma moc ujawniania niepośledniej i niemanipulowanej prawdy o rzeczywistości, do której się odnosi, poprzez ujawnianie jej piękna, jej ograniczeń i ontologicznego znaczenia. W przeciwieństwie do technologii, promuje ona bezpośrednie, indywidualne, ludzkie doświadczenie tajemnicy rzeczy poprzez/wyrażając związek ludzkości z istotami, których dotyczy. Verbeek rozwija tę kwestię, wyjaśniając, że *sztuka* jest ludzką produkcją, która nie przekształca rzeczywistości w *rezerwę* dla innych celów eksploatacyjnych; jest produktem ludzkim, który chroni jej wygląd przed powstaniem, wyraźnie wewnątrz siebie.[553] Ihde mówi, że "*sztuka* jest zasadniczo antyredukcyjna w swojej pomysłowej płodności". Jego *światy* są praktycznie niekończące się."[554] *Sztuka* nie jest zatem konstrukcją niemożliwą, lecz aktem inspiracji i intuicji. Inspiracją dla twórczości poety i artysty jest to, co chce, a nie to, co chce, jak w przypadku nauki i ujawniania technologii.

Relacja sztuki z naturą jest zatem inna niż w przypadku technologii, ponieważ *sztuka* nie opiera się na zasadzie gwałtownej manipulacji, która oblicza, klasyfikuje i wykorzystuje podmioty, ale charakteryzuje się szacunkiem dla piękna podmiotu, który ujawnia. Odwołanie się Heideggera do *sztuki* to nie tylko kolejny sposób na prezentowanie i manifestowanie świata,

---

[548] Martin Heidegger, "The Origin of the Work of Art", w: *Basic Writings from Being and Time (1927) to The Task of Thinking (1964), Op*. cit., 130.
[549] Miguel de Beistegui, *The New Heidegger,* Op. Cit., 126.
[550] Philip Tonner, *Heidegger, Metaphysics and the Univocity of Being*, Op. Cit., 158.
[551] Martin Heidegger, "The Origin of the Work of Art", w: *Basic Writings from Being and Time (1927) to The Task of Thinking (1964), op*. cit., 131.
[552] Philip Tonner, *Heidegger, Metaphysics and the Univocity of Being*, OP. Cit., 158.
[553] Peter-Paul Verbeek, *What things do*, Op. Cit., 58.
[554] Don Ihde, "Heidegger's Philosophy of Technology," w: Robert Scharff i Val Dusek, *Philosophy of Technology: The Technological Condition An Ontology,* Op. Cit., 292.

ale także potężny sposób na walkę z technologicznym sapowaniem. Otwiera ona nowe możliwości innej wiedzy lub form życia, które mogą ugruntować nasze *bycie w świecie* i kompresję wobec przedmiotów na świecie, poza technologiczną manipulacją i monopolem. Jako relacja wewnętrzna, *sztuka* pomaga ludziom kwestionować i konfrontować się z dominującą manipulacyjną siłą technologii w taki sposób, że im więcej myślimy zasadniczo o rzeczywistości w kategoriach jej ontologicznego znaczenia, tym głębsza będzie nasza relacja z nią.[555]

Inny ważny aspekt *sztuki* dotyczy tego, co wyjaśniłem w rozdziale trzecim, a mianowicie, że rozumienie naszej pierwotnej relacji ze światem jest związane z zaangażowaniem. Jako zaangażowanie, *sztuka wychowuje* lub intensyfikuje to zaangażowanie w świat, definiując naszą egzystencję jako czynniki kształtujące świat. *Sztuka* sprawia, że powstaje sensowne ujawnienie sposobu życia. Nie oznacza to, że technologia nie pomaga w kształtowaniu *sztuki*. Postęp technologiczny był oczywiście istotnym czynnikiem umożliwiającym rozwój wielu nowoczesnych form *sztuki*, takich jak kino i muzyka elektroniczna oraz całego spektrum ludzkich problemów, które przedstawiają i reprezentują.

Istnieje jednak problem z wkładem technologii w *sztukę*, gdyż współczesny artysta, by podać tylko jeden przykład, wydaje się nie otrzymywać już swoich spostrzeżeń i materiału ze świata natury. Wszystko jest zaprojektowane naukowo, obezwładniając i manipulując jego indywidualną kreatywnością i jego bezpośrednim doświadczeniem pracy z dostępnymi materiałami ze świata przyrody dla jego działalności. Można by podać inne przykłady, z których niektóre wydają się wiązać z dość złożonymi powiązaniami między *sztuką* a nauką. Ale mimo wpływu technologii, *sztuka* jako relacja wewnętrzna nadal ujawnia podmioty w ich ontologicznej strukturze i znaczeniu,[556] szanując naturę rzeczy, które się ujawniają, jednocześnie ciesząc się lub wyrażając piękno ludzkiej kreatywności i doświadczenia, które jest przez nią przekazywane. Co więcej, *sztuka* nie wyklucza innych sposobów ujawniania się poza nią samą, jak czyni to technologia.

Dlatego też *sztuka* nie jest jedynie prezentacją tego, czym jest, ale jest środkiem do tworzenia i dostarczania trampoliny, z której "to, co jest" może być ujawnione i znane w swoim ontologicznym znaczeniu. *Sztuka* wzmacnia naszą świadomość relacyjną w słuchaniu wezwania *bytu - z bytami* w sposób, który promuje ich istnienie. To właśnie miał na myśli Heidegger uznając *sztukę* za wartą więcej niż prawda, gdzie postrzega *ją* jako wydarzenie

---

[555] Martin Heidegger, *The Question Concerning Technology and Other Essays*, Op. Cit., 35.
[556] Martin Heidegger, "The Origin of the Work of Art", w: *Basic Writings from Being and Time (1927) to The Task of Thinking (1964), Op.* cit., 107-10.

ontologicznej *jawności,*[557] odróżniające prawdę ujawnianą przez *sztukę* od zwykłych prawd epistemologicznych,[558] nieznanych lub wykraczających poza sferę nauki i techniki.

Podsumowując, moje rozwinięcie myśli Heideggera o *poezji* i *sztuce* wśród wielu rozwiązań technologicznych monopolu *prawdy objawienia nie ma na* celu sugerowania, że wszyscy powinniśmy stać się artystami i poetami, ale że powinniśmy włączyć do naszego poglądu na istnienie wizję artysty i poety odnoszącą się do świata. W ten sposób mamy możliwość odzwierciedlenia tajemnic i ontologicznego znaczenia rzeczywistości, co z kolei wywołuje krytyczny i kwestionujący stosunek do naszych naiwnych i instrumentalnych postaw wobec monopolu technologii w określaniu sensu naszego istnienia.

Uczestnictwo w *poezji* i *sztuce* inauguruje autentyczną ludzką podmiotowość z tej, która jest odtwarzana przez naukę i technikę do trybu, w którym bierzemy czynny udział w nadawaniu znaczenia naszemu istnieniu jako ujawnieniu ontologicznego znaczenia bytów (ujawnieniu Bycia). Kiedy technologia staje się jedyną metodą interpretowania świata, świat staje się instrumentalnym zasobem dla celów technologicznych, tracąc swoje pierwotne ontologiczne znaczenie, ale *poezja* i *sztuka* mogą pomóc nam utrzymać naszą subiektywną rolę i odpowiedzialność wobec ujawniania tych bytów, które tworzą świat naszego *mieszkania,* poza technologicznym trybem ujawniania, który obecnie zajmuje wyższą pozycję manipulacyjną w naszych relacjach ze światem.

6.6 Resolutność

Kończę ten rozdział koncepcją *stanowczości*, którą Heidegger stosuje w *firmie BT*. Uważam, że ma to ogromne znaczenie, jeśli mamy odnosić się i reagować na wyższym poziomie ontologicznym na wyzwania związane z odtwarzaniem technologii. Twierdzę, że przeniesienie technologii na właściwe miejsce służące celom ludzkim wymaga od nas *determinacji*. Dla Heideggera *stanowczość* jest *decyzją* ontologiczną, która objawia się poprzez *troskę o siebie,* gdzie mamy odpowiedzialność wobec siebie i wobec natury; rodzaj otwartości na ujawnienie naszej istoty w stosunku do świata, w którym żyjemy.[559] *Zdecydowanie* powinno się jednak żyć nie tylko jako rzeczywistość, kiedy trzeba podejmować ostrożne, konkretne decyzje, jak to ma

[557] Michael Zimmerman, *Heidegger's Confrontation with Modernity: Technology, Politics, Art, Op. Cit.*, 79; Philip Tonner, *Heidegger, Metaphysics and the Univocity of Being, Op.* Cit., 42-3, 129.
[558] Miguel de Beistegui, *The New Heidegger,* Op. Cit., 137.
[559] Martin Heidegger, *Being and Time, Op. Cit.*, 135; William Large, *Heidegger's Being and Time,* Op. Cit., 82.

miejsce w przypadku *uwolnienia*. Ma być również przeżywana jako możliwość przewidywana przed nami, rodzaj otwartej świadomości naszej ludzkiej kondycji, pośród sił, które mają tendencję do zaciemnienia naszej podmiotowości.

Nie powinniśmy być tylko agentami technologii promującymi jej wydajną produkcję dla maksymalnego zużycia i celów biznesowych. Nie powinniśmy też być zdeterminowani jedynie jednostronną, instrumentalną relacją z technologią, ponieważ to tylko podkreśla jej korzyści, nie mówiąc nam wszystkiego o złożonej naturze technologii. W rozdziale pierwszym argumentowałem, że jesteśmy istotami technologicznymi; ta technologia jest relacją wewnętrzną, która odnosi nas do świata. Jednak w przejawie naszej technologicznej natury powinniśmy nie tylko dać się złapać na szukaniu jedynie naukowej i technologicznej satysfakcji jako odpowiedzi na nasze potrzeby materialne, ale także wyprzedzić ewentualne odtworzenie zagrożeń związanych z dowolną technologią, którą chcemy wykorzystać, zanim podejmiemy zdecydowane kroki w celu jej zastosowania. *Odporność* lub *troska* pomaga nam mieć autentyczny związek z technologicznymi rzeczami, które są przedmiotem naszej troski. Oczywiście, *zdecydowanie nie dzieje się to* w ciągu jednej nocy. Trzeba to robić wytrwale i konsekwentnie, co pozwoli nam coraz bardziej uświadamiać sobie nasz transcendentny cel istnienia, poprzez który ontologiczne znaczenie bytów jest ujawniane i doświadczane z większą jasnością. *Resolutność* zobowiązuje nas do umieszczenia technologii jako medium we właściwym miejscu służącym ludzkim celom, tak abyśmy pozostali otwarci na naszą egzystencję bez poświęcania ontologicznych podstaw tego, kim jesteśmy i byli krytyczni wobec tego, co w technologii uważamy czasami za oczywiste.

W większości przypadków, zwłaszcza w codziennym użytkowaniu technologii, wydaje się, że nie jesteśmy *stanowczy; nie podejmujemy* autentycznych decyzji dotyczących naszego istnienia w jego technologicznie odtworzonym i zrestrukturyzowanym kontekście. Zamiast tego dryfujemy, myśląc i robiąc to, co myślą i robią dla nas umysły stojące za technologiami, których używamy, poddając się nieświadomie technologicznej manipulacji, nie myśląc o jej skutkach. Uważamy, że ci, którzy tworzą technologię, również podejmują decyzje w naszym imieniu, a my musimy je tylko wypełnić lub wdrożyć. Co gorsza, staje się to dla nas problemem dopiero wtedy, gdy uświadomimy sobie, że technologie, których używamy, by uczynić nasze życie wygodnym, nie idą tak dobrze, jak tego oczekiwaliśmy. Kiedy technologie nie służą nam tak, jak chcemy, decydujemy się na przejście na inną, prawdopodobnie już istniejącą, technologię lub na przeprojektowanie nowej. Właśnie to zdaje się sugerować Feenberg, z jego społeczną relacją z technologii, nie zastanawiając się wystarczająco nad jej ontologicznym wpływem na nasze życie. Przyjęcie takiego technicznego podejścia oznaczałoby ontologicznie, że nasza egzystencja jest interpretowana zewnętrznie lub przez obiektywizowane siły technologiczne, które ją determinują, ograniczając naszą subiektywność do zwykłego technicznego zarządzania technologią, a jednocześnie zaciemniając wszelkie możliwe przyszłe rozumienie jej determinujących skutków.

Ważne jest również, aby wiedzieć, że *zdecydowane działania podejmowane* są nie tylko w sytuacji kryzysu lub zagrożenia, ale że musimy być *stanowczy cały* czas. Musimy być stanowczy, ponieważ żyjemy w świecie, który pozostaje ciągłym przypomnieniem naszych przemijających okoliczności życiowych, które w konsekwencji wymagają naszego *zdecydowanego* zaangażowania, ponieważ starannie podejmujemy *decyzje*, które potwierdzą naszą subiektywność jako odkrywców świata pośród technologicznych *przeznaczeń* i rekonstruujących się sił. Nie musi to zmieniać tego, czym jesteśmy, ani też nie oznacza, że odłączamy się od świata technologii. W rzeczywistości, jak wyjaśniono w tym dochodzeniu, Heidegger opowiada się za tym, byśmy pilnie angażowali się w sprawy świata i technologii. W tym względzie *stanowczość* stoi na przeszkodzie naszej ostrożnej relacji ze światem, jeśli chodzi o promowanie jego ontologicznego znaczenia jako naszego *mieszkania*.

Uznanie *stanowczości* za wewnętrzną cechę definiującą naszą egzystencję w świecie kierowanym przez technologię pomaga ugruntować roszczenia Heideggera do wolnej relacji z dowolnymi technologicznymi podmiotami, z których korzystamy. Podstawowy tekst z działu drugiego *BT* Heideggera może pomóc w lepszym wyjaśnieniu *determinacji*. Heidegger pisze:

> "Jako *autentyczne bycie sobą, determinacja nie* oddziela *Dasein* od swojego świata, ani nie izoluje go jako swobodnie unoszącego się ego". Jak to możliwe, skoro *stanowczość* jako autentyczna jawność jest przecież niczym innym jak *autentycznym byciem w świecie? Resoluteness* brings the self right into its being together with things at hand, actually taking care of them."[560]

Heidegger sugeruje, że w *stanowczości* nie możemy uciekać od świata, w który zostaliśmy *wrzuceni*, ale raczej przez niego (*stanowczość*) musimy słuchać naszego istnienia w świecie, który nas wzywa. W kontekście technologicznie ukierunkowanego świata, musimy słuchać niepokojącego charakteru naszego bytu jako tego, który jest manipulowany i odtwarzany przez technologię. Powinno to pozwolić nam na podjęcie ontologicznej *decyzji* na rzecz takiego sposobu bycia, który odzwierciedlałby nasze istotne *bycie w świecie*. Ma to fundamentalne znaczenie, jeśli mamy odzyskać naszą podmiotowość i żyć jak ludzie w świecie kierowanym przez zobiektywizowane siły technologiczne. Niepowodzenie w słuchaniu wezwania naszej

[560] Martin Heidegger, *Being and Time,* Op. Cit., 344.

odtworzonej i zrestrukturyzowanej egzystencji sprawia, że bardzo trudno jest być *zdecydowanym* w naszym współczuciu do technologii, dodając do tego nieautentyczną relację z nią.

Jednak *determinacja* bez pozytywnego spojrzenia na samostanowienie jako na koniec nie może się sprawdzić. Samostanowienie upoważnia nas do powrotu z naszego technologicznie zdeterminowanego stanu, z powrotem do autentycznej podmiotowości. John Macquarrie, nawiązując do wezwania sumienia do samostanowienia, rozwija to twierdzenie w następujący sposób:

> "Sumienie może w najlepszym wypadku *obudzić* w upadłym człowieka świadomość utraconej możliwości bycia. Może ujawnić mu jego ontologiczną możliwość autentyczności. *Ale w żaden sposób nie może go upoważnić do wyboru tej możliwości.* "[561]

Tak więc sama świadomość naszych technologicznie odtworzonych samych siebie nie jest wystarczająca, aby umożliwić nam bycie *zdecydowanymi. Zdecydowana* akceptacja naszej upadłej kondycji w technologii wymaga od nas otwarcia się i zaufania do siły naszych indywidualnych podmiotowości, przy jednoczesnym przyjęciu transcendentalnego poziomu *niezbędnego myślenia, aby* przeciwdziałać transcendentalnym działaniom nowoczesnej technologii. Innymi słowy, nie możemy być *stanowczy* tylko w kwestii technicznego zarządzania technologią na poziomie *ontologicznym*, jak to ma miejsce w przypadku *uwalniania* lub przeprojektowywania lepszych technologii, ale to właśnie na poziomie transcendentalnym, uznawania Bycia bytów pod względem ich ontologicznego znaczenia, *stanowczość* upoważnia nas do podjęcia kroków niezbędnych do realizacji naszej autentycznej ludzkiej podmiotowości, przejawiającej się w jej kompulsywnym dążeniu do ujawniania tych bytów. *Odporność* nie jest przyjmowana z czysto antropologicznej, immanentnej i technicznej perspektywy, ponieważ musi ona obejmować transcendentny wymiar naszego bytu jako najwyższy poziom, poprzez który możemy przeciwdziałać odtwarzającej się sile technologii. Pojęcie *stanowczości* ma nas doprowadzić do właściwego *mieszkania,* do idei bycia w domu w technologicznie zorganizowanym świecie, w którym żyjemy i działamy jako ludzie z odpowiedzialnością wobec siebie i natury.

---

[561] John Macquarrie, *An Existential Theology,* Op. Cit., 139.

6.7 Wniosek

W rozdziale tym wyjaśniono transcendentne rozwiązania Heideggera dla ontologicznych problemów współczesnej technologii, podkreślone w tym badaniu. Co więcej, zapewniła ona filozoficzne podstawy, dzięki którym możemy poważnie potraktować siłę nowoczesnej technologii, unikając jednocześnie błędu fałszywego jej absolutyzowania. Rozwiązania te nie mają na celu dostarczenia praktycznych technik instrumentalnych do zarządzania technologią, ale mają na celu odzyskanie naszej podmiotowości w obliczu sił technologicznych i monopolu, tak abyśmy my, ludzie, mogli rozwinąć relację z technologią, która jest zorientowana na ujawnianie rzeczywistości, z poszanowaniem jej ontologicznego znaczenia, co powinno ostatecznie doprowadzić nas do właściwego i zrównoważonego *mieszkania* we współczesnym świecie technologii. Zdaję sobie sprawę, że transcendentna odpowiedź Heideggera na złożony charakter współczesnej technologii nie rozwiązuje każdego problemu, ale jest jednym ze sposobów jego zrozumienia i podejścia do niego. Co więcej, technologia jest obszarem, do którego można podejść z różnych perspektyw, a Heidegger dał nam rachunek ontologiczny jako jeden z wielu sposobów rozumienia technologii i radzenia sobie z jej wyzwaniami.

Na podstawie ontologicznej relacji Heideggera argumentowano, że chociaż jesteśmy rekonstruowani i restrukturyzowani przez technologię, nie powinniśmy przed nią uważać się za bezbronnych. Heidegger uważa, że autentyczne rozwiązania dla *enframingowej* natury współczesnej technologii muszą być ontologicznie ugruntowane i zmotywowane; powinny wywodzić się z naszego świadomego doświadczenia z technologią oraz z uznania naszego zrestrukturyzowanego i odtworzonego stanu, poprzedzonego wolą odwrócenia *się* od tych problemów w *kierunku* naszej podmiotowości w celu podjęcia samodzielnej decyzji. Analizowane w tej pracy problemy technologiczne nie mają charakteru technicznego, gdyż wymagałoby to z kolei rozwiązań technicznych. Odpowiedź ontologiczna jest jednak bardziej odpowiednia, zwłaszcza ze względu na swój *wewnętrzny* charakter, i powinna być uważana za podstawowy punkt wyjścia do odpowiedniej relacji z technologią, przed uciekaniem się do jakiegokolwiek innego zewnętrznego rozwiązania.

Celem zwrócenia się ku sobie jest wyegzekwowanie roli naszej podmiotowości dla właściwego *mieszkania* w świecie technologicznym jako odpowiedzi na alienację spowodowaną technologicznymi ramami oceny życia. Wyjaśniłem subiektywne lub *wewnętrzne* podejście Heideggera poprzez różne koncepcje, takie jak technologia *kwestionowania*, *ET*, *releasement*, *sztuka i poezja* i wreszcie *stanowczość;* koncepcje, które są zakorzenione w naszej podmiotowości. Nie możemy żyć w świecie technologii jako zwykłe wyalienowane jednostki *rezerwowe*. Dla autentycznego *mieszkania* w technologicznie zdeterminowanym świecie, my ludzie musimy postrzegać siebie jako podmioty, które są odpowiedzialne za siebie, zaangażowane w poszukiwanie odpowiedzi na własną sytuację. Ta odpowiedzialność jest realizowana poprzez *staranne* i krytyczne podejście do różnych technologii, które stosujemy na co dzień; powinniśmy poważnie *myśleć* o naszej egzystencji z technologią w sposób krytyczny, wolny od jakichkolwiek instrumentalnych wpływów technologii.

Autentyczna podmiotowość polega na samostanowieniu i odpowiedzialności, która przejawia się w walce o potwierdzenie siebie w ramach technologicznych, w których się znajduje. Dlatego też dla swobodnego związku z technologią fundamentalne znaczenie ma przywrócenie naszej podmiotowości ponad i przeciwko manipulacjom technologicznym oraz przekierowanie technologii do jej właściwego celu, którym ma być służba naturze i ludziom.

ROZDZIAŁ SIX

KONKLUZJA OGÓLNA

7.1 Wprowadzenie

Ta praca filozoficzna rozpoczęła się od zwrócenia naszej uwagi na technologiczny wpływ na prawie wszystkie aspekty ludzkiej egzystencji, gdzie w jej ramach zostało zrozumiane prawie wszystko: od polityki, ekonomii, inżynierii i administracji biurokratycznej, po media, reklamę, fast food, transport, a nawet turystykę. W całej refleksji powtarzano, że technologia nie powinna być rozumiana jako ta czy ta konkretna maszyna, czy ta czy ta konkretna gałąź maszyn, ale jako cały zorganizowany i współzależny system technologiczny, który determinuje codzienne życie współczesnego podmiotu. Technologia przeszła od instrumentu służącego do realizacji danych celów do zjawiska rekonstrukcji, gdzie wszystko jest usytuowane w stosunku do niego, podważając wszelkie inne formy oceny życia.

Z tej relacji o monopolizującym charakterze technologii, refleksja została zawężona do ontologicznych implikacji technologii, przedstawiając wyraźne ontologiczne ujęcie jej rekonstrukcyjnych i restrukturyzacyjnych wyzwań dla podmiotu i natury ludzkiej w XXI wieku. Z perspektywy Heideggera starałem się uzasadnić twierdzenie: *współczesna nauka i technologia podważają autentyczną ludzką podmiotowość i samorozumienie do tego stopnia, że sprowadzają* je do działań zorientowanych na zasoby, podważając tym samym inne formy ludzkiej oceny. Wybór Heideggera był umotywowany tym, że w odróżnieniu od innych myślicieli, rozumie on zjawisko technologii nie tylko jako instrumentu służącego[562] do ludzkich celów, ale jako złożone zjawisko, które przesłuchuje ludzi i wzywa do afirmacji ich podmiotowości. W większości przypadków mamy tendencję do postrzegania technologii jako instrumentu, środka do załatwiania spraw. Pogląd ten, jak twierdzi Feenberg, skłania nas do myślenia, że poprzez ulepszenie technologii poprzez przeprojektowanie jej w celu efektywnego *wykonania,* opanujemy ją[563] i rozwiążemy nasze problemy. Jednak z heideggeryjskiego punktu widzenia obaliłem zwykły instrumentalny pogląd na technologię i

---

[562] *Instrumentalne podejście* do technologii opiera się na "zdroworozsądkowym założeniu, że technologie są "narzędziami" gotowymi do służenia celom ich użytkowników.... Technologia, jako czysta instrumentalność, jest obojętna na różnorodność celów, do których osiągnięcia może być wykorzystana". Andrew Feenberg, *Critical Theory of Technology,* Oxford: Oxford University Press, 1991, 5.

[563] Martin Heidegger, *The Question Concerning Technology and Other Essays,* Op. Cit., 5-6.

starałem się wyjaśnić, że ta instrumentalna koncepcja jest myląca, ponieważ nie określa ontologicznych implikacji nowoczesnej technologii, które nieustannie odtwarzają i przekształcają naszą podmiotowość w *rezerwę* dla technologicznych celów. Zaciera to nasze ontologiczne znaczenie jako ujawnienie znaczenia podmiotów w świecie przyrody. Nasze instrumentalne spojrzenie na technologię stawia nas, wraz z innymi podmiotami w świecie przyrody, w sferze bycia zasobami do eksploatacji.

W tej pracy argumentowano, że Heidegger w swoim FO technologii nie zakłada radykalnie zamkniętego, deterministycznego podejścia, jak zarzucają jego przeciwnicy. Nie ma też udziału w obiektywizacji technologii, która jest propagowana przez krytycznych i konstruktywistycznych filozofów społecznych, takich jak Feenberg. Zmniejsza to nasz stosunek do technologii do obiektywizowanej, zewnętrznej i instrumentalnej relacji, nie uwzględniając jej ontologicznych implikacji. Heidegger odrzucił taką zewnętrzną relację z technologią, a zamiast tego traktuje ją jako wewnętrzną relację z subiektywnymi implikacjami ontologicznymi. Pod wpływem ontologicznej krytyki technologii ze strony Heideggera, w przeciwieństwie do wszelkich obiektywizujących i instrumentalnych relacji o technologii, w moim ontokrytycznym ujęciu nowoczesnej technologii postrzegałem technologię nie jako wynik ludzkiej działalności, lecz jako scenę walki pomiędzy różnymi siłami technologicznymi, a wszystko to odbywa się w kontekście ludzkiej podmiotowości, gdzie podmiot ludzki jest niezdolny do samodecydowania, ponieważ technologia stała się jej *przeznaczeniem*. Jako *przeznaczenie* współczesnego świata pokazałem, że technologia jest zjawiskiem ontologicznym, które rekonstruuje człowieka, podważając jego zdolność do samostanowienia lub potwierdzenia siebie.

Kontekst ontologiczny technologii w tym zapytaniu postawił mnie w lepszej pozycji, aby ocenić konkretny negatywny wpływ nowoczesnej technologii na nas oraz sposób, w jaki powinniśmy reagować na wyzwania związane z jej odtworzeniem. Podobnie jak Heidegger, podkreślałem, że ludzkość jest potrzebna, aby odpowiednio reagować na wyzwania nowoczesnej technologii. Nie możemy myśleć o żadnych wyjaśnieniach problemów technologicznych i o ich rozwiązaniach, które mogą być niezależne od samego podmiotu ludzkiego. Technologia nie może się również przekierować bez skupienia się na ludzkim przedmiocie. Podmiot ludzki powinien być raczej normatywnym standardem dla każdego samostanowienia nad determinacją technologiczną.

Ze względów logicznych i stylistycznych wszystko, co zostało omówione w tym badaniu, można podsumować w następujących kluczowych podziałach: ukryty *charakter* współczesnej technologii, *nieprzewidziane skutki działania technologicznego*, *problem środków i celów działania technologicznego*, *popularyzacja* lub *socjalizacja* kondycji ludzkiej i wreszcie *transcendentny charakter technologii*. Wyjaśnię znaczenie tych pojęć w odpowiadających im sekcjach. Zasadniczo należy jednak zauważyć, że pododdziały te nie wprowadzają nic nowego do omawianych już kwestii. Niniejszy rozdział przedstawia raczej systematyczną syntezę zjawiska nowoczesnej technologii w odniesieniu do przedmiotu autentycznej ludzkiej podmiotowości i samozrozumienia, a mianowicie problemu, że technologia jest zjawiskiem, które zarówno umożliwia, jak i odtwarza naszą podmiotowość, frustrując równie wartościowe formy oceny życia.

7.2 Ukryta" natura nowoczesnej technologii

W procesie analizy technologii, twierdzenie, że nowoczesna technologia się ukrywa, było podstawą całej refleksji. Heidegger używa wyrażenia: *technologia ukrywa się,* aby wyjaśnić złożoną i paradoksalną naturę współczesnej technologii: technologia jest nieuchwytnym zjawiskiem, które ukrywa i ujawnia aspekt rzeczywistości, z którym mamy do czynienia. W ramach tak paradoksalnego funkcjonowania technologii Heidegger zasadniczo unika konwencjonalnego, technofilno-instrumentalnego ujęcia technologii. W większości przypadków uważamy, że dzięki zastosowaniu technologii jako instrumentu, nasze życie z pewnością zostanie uproszczone. Powszechnie uważa się, że technologia wydaje się być najbardziej odpowiednim sposobem na uproszczenie naszego życia, antidotum na ludzkie problemy. Jednak prawdą jest również to, że pomimo korzyści płynących z technologii, istnieje również jej bardziej wyrafinowany, inwazyjny i nieuchwytny aspekt, którego nie można przeoczyć ani uznać za pewnik przy stosowaniu jakiejkolwiek technologii. Jest tak wiele o nas samych i naszych sposobach bycia ukrytych w stosowanych przez nas technologiach, że jeszcze ich nie znamy, a ich potencjalne skutki są nadal ogromne w naszym świecie życia i doświadczeniach życiowych, odtwarzając naszą wizję siebie i świata jako całości. Technologia nie tylko upraszcza nasze życie, ale również je komplikuje.

Ta ukryta natura technologii może być zilustrowana przykładem doświadczenia w kinie. Kiedy oglądamy film, szybko tracimy z oczu ekran jako ekran. Zapominamy, że cała akcja odbywa się w tym samym miejscu, w pewnej odległości przed nami, na płaskiej powierzchni. Jeśli nie zignorujemy tego, co oczywiste, nie zdołamy wysunąć się na pierwszy plan akcji filmu i pozostaniemy niepokojąco świadomi ekranu. Jednak medium zazwyczaj wycofuje się w tło po rozpoczęciu filmu, a to, co widzimy na pierwszym planie, to efekty, które to umożliwiają. To właśnie widzieliśmy w twierdzeniach Heideggera o ukrytej naturze nowoczesnej technologii, co wyjaśnia jego hasło, że *technologia się ukrywa*. Nasze technologie nie tylko budują i odtwarzają nasz świat. W tle pojawiają się bardziej skomplikowane kwestie, które nas dotykają, a które wymagają naszej uwagi. Jednak w większości przypadków, ze względu na nasze instrumentalne podejście do technologii i jej korzyści, mamy tendencję do ignorowania tego wezwania do zajęcia się ciemną stroną technologii, choć jest to równie ważne pod wieloma względami. Jeśli nie zignorujemy na chwilę tego, co jest oczywiste w technologii, nie zauważymy ukrytych aspektów, opowiedzianych tutaj w tym badaniu, różnych technologii, które stosujemy, i nie docenimy zakresu i sposobu, w jaki kształtuje to nasze wyobrażenia o sobie i codziennym życiu. Dlatego niezwykle ważne jest, aby zrozumieć, że technologie, z których korzystamy, mają zarówno ograniczające, jak i umożliwiające implikacje; nie możemy dać się nabrać na myśl, że technologia ma jedynie instrumentalną funkcję, umożliwiającą nam, a zatem powinna zostać przyjęta całościowo, bez zastanowienia się nad jej ewentualnymi negatywnymi skutkami.

7.3 Nieprzewidziane skutki działań technologicznych

Hipotetycznie, jeśli *technologia się ukrywa*, każde działanie techniczne musi mieć ważne, *nieprzewidziane skutki*. Chociaż twierdzenie to może wydawać się uderzająco podobne do przedstawionego powyżej problemu *ukrycia natury* nowoczesnej technologii, to jednak w jego funkcjonowaniu istnieje ogromna różnica. Wracając do hasła, *które umożliwia lub ułatwia także ograniczenia,* przytoczonego wcześniej w tej pracy, nasze działania nie tylko wracają do nas poprzez warunkowe sprzężenie zwrotne przyczynowo-skutkowe. Jak twierdzi Feenberg, czasami problem z technologią nie polega na tym, że powoduje ona szkody, ale na tym, co mogłaby zrobić, gdyby tylko została zrekonfigurowana w celu spełnienia niezaspokojonych lub nieprzewidzianych wymagań.[564] Innymi słowy, musimy uznać, że każda przyjęta technologia ma swoje niezamierzone konsekwencje, czasami niepożądane, których nie można przewidzieć poza jej kontekstem. Jednak te niezamierzone konsekwencje mogą być również produktywne, jeśli zwrócimy uwagę na ich znaczenie i rolę, jaką odgrywają w realizacji naszych celów. Zwycięzca ładnie wyjaśnia, że technologia jest najbardziej produktywna, gdy jej wyniki nie są przewidywane ani kontrolowane; to znaczy, gdy uznajemy, że technologia

---

[564] Daniel Sarewitz, "The Idea of Progress", w: *A Companion to the Philosophy of Technology, Op.* Cit., 305; *http://www.sfu.ca/~andrewf/paradoxes,* 2010.

robi więcej, niż zamierzamy.[565] W tej samej linii myślowej Ellul zauważa, że każdy wzrost techniczny ma swoją cenę, a każda technika oznacza nieprzewidywalne efekty.[566]

Argument ten może być przykładem technologii informacyjnych, takich jak Internet i cały świat zagadnień przez niego kierowanych. Początkowo internet był przeznaczony do wymiany informacji w armii USA na potrzeby własnej organizacji wewnętrznej. Jednak obecnie w Internecie rozwinęło się wiele innych różnorodnych form interakcji społecznych i handlowych oraz organizacji ludzkich; wiele nowych pomysłów na interakcję międzyludzką dla dobra wspólnego pojawiło się w rzeczywistości dzięki technologii internetowej: Dyskusje internetowe interaktywne fora poświęcone dzieleniu się muzyką, czatom społecznościowym, fotografii, handlowi, reklamom, itp. Strony te są dalej integrowane z blogami i interaktywnymi stronami, takimi jak Skype, Twitter, Myspace i Facebook, łącząc w sobie wiele ludzkich problemów, które nie były przewidziane w początkowej fazie wynalazku. Na każdym etapie programiści lub projektanci pracują nad dostosowaniem się do pojawiających się wymagań użytkowników, wraz z odpowiednimi rozwiązaniami technologicznymi.

Pod wieloma względami te technologie, które rozwinęły się z wąskich, instrumentalnych względów wojskowych, są godne podziwu. Jak słusznie mówi listonosz, nieprzewidziane konsekwencje są odczuwane nawet wtedy, gdy wydaje się, że wyraźnie widzimy kierunek, w którym nowa technologia nas zaprowadzi;[567] nawet w dobrych technologiach. Dzisiaj używamy smartfonów i innych urządzeń, takich jak okulary Google, ale te urządzenia grożą zniszczeniem naszej przestrzeni osobistej, czyniąc ją bardziej pożądaną niż kiedykolwiek. Największy problem polega jednak na tym, że te inne problemy wynikające z całego trzonu chcianej lub zamierzonej technologii przede wszystkim nie są przewidziane, a ich rozwiązaniom także nie poświęca się wystarczającej uwagi. Oznacza to, że przez większość czasu ten proces technologiczny rozwija się z niewielkim uwzględnieniem niezamierzonych skutków ubocznych dla życia tych, którzy korzystają z tych nowych, powstających technologii. Źródeł poszukuje się dopiero po pojawieniu się kryzysu.

7.4 Problem Środków i Końcówek Działania Technologicznego

[565]Langdon Winner, *Autonomous Technology,* Op. Cit., 98.

[566] Jacques Ellul, "The Technological Order", w "The *Philosophy and Technology": Odczyty w Filozoficznych Problemach Techniki*, Op. Cit., 97 - 8.

[567] Neil Postman, *Technopoly: The Surrender of Culture to Technology,* Op. Cit., 15.

W mojej podróży filozoficznej, mającej na celu zrozumienie złożonej natury technologii, rozwinąłem dalsze twierdzenie, że *enframingowa* natura nowoczesnej technologii zawaliła nasze rozumienie technologii jako tej, która istnieje po to, by służyć celom ludzkim. Rozumiem przez to, że *środki* i *cele* są teraz identyczne w wielu kwestiach technologicznych. Szczególnie w rozdziale trzecim pokazałem, że Heidegger, badając problemy nowoczesnej technologii, po pierwsze uznaje konwencjonalne podejście do technologii: myślenie, że technologia jest *środkiem* do osiągnięcia pewnych określonych celów. Wyjaśniłem jednak również, że Heidegger poszedł dalej, aby zakwestionować ten konwencjonalny punkt widzenia, argumentując, że we współczesnym świecie urządzenia technologiczne znalazły się w centrum analizy, nie zwracając wystarczającej uwagi na formy życia wychowane w tych produktach lub ich konsekwencje dla życia ludzkiego. Opierając się na twierdzeniu Heideggera, argumentowałem, że technologia w czasach nowożytnych zamieniła się w człowieka, którego celom ma służyć, zamieniając go w *środek* do własnych celów, załamując znaczenie *celów* i *środków* na siebie nawzajem. Heidegger ma piękny tekst, który wyjaśnia to twierdzenie:

> "...wygląda na to, że raz za razem technologia była w rękach człowieka. Ale prawdę mówiąc, to właśnie przybycie człowieka jest teraz nakazane, aby dać rękę do przybycia technologii".[568]

O tych rzeczach, które mają być *środkiem* do *celu,* ze względu na centralne znaczenie nadane im, Heidegger mówi, że "warunkują każdą próbę doprowadzenia człowieka do właściwej relacji z technologią".[569] W tym względzie podkreśliłem w trakcie dochodzenia, że obecnie coraz częściej doświadczamy odwrócenia *środków*, czyli wyparcia imperatywu ludzkiego przez tak zwany imperatyw technologiczny. Jeśli mamy powrócić do etyki kantyjskiej, ludzki imperatyw twierdzi, że podmioty ludzkie są autonomicznymi podmiotami, które zawsze powinny być traktowane jako cele same w sobie, a nie tylko jako środki. W przeciwieństwie do tego kantyjskiego imperatywu ludzkiego, formuła imperatywu technologicznego, która pojawiła się wyraźnie w tej pracy, stwierdza, że wszystko, co *można* zrobić, *powinno* być zrobione szybciej i skuteczniej, bez uwzględnienia możliwych zagrożeń, jakie działanie technologiczne może oznaczać dla podmiotu ludzkiego. Innymi słowy, to, co w założeniu ma kluczowe znaczenie dla imperatywu technologicznego lub rozwoju, jest jedynym kryterium maksymalnie wydajnej produkcji przeznaczonej do konsumpcji.

---

[568] Martin Heidegger, *The Question Concerning Technology and Other Essays,* Op. Cit., 37.
[569] Ibid., 5.

Zwycięzca sformułował podstawowe ramy koncepcyjne dla imperatywu ludzkiego, jak również imperatywu technologicznego swoim wezwaniem do stworzenia *teorii polityki technologicznej*. Argumentował za perspektywą badawczą, która bada charakterystykę obiektów technologicznych, która również stawia pytania z myślą o przyszłości i zadaje pytanie, w jaki sposób artefakty, które mają służyć człowiekowi, zmieniają się i nadal będą zmieniać zarówno życie indywidualne, jak i zbiorowe w ogóle, a nie tylko produkcję technologiczną.[570]

Biorąc ponownie pod uwagę przykład samochodu, którego często używałem w tym dochodzeniu, możemy zobaczyć, jak działa technologiczny imperatyw. Twierdziłem, że dziś posiadanie pojazdu to coś więcej niż tylko transport. Poza pewnym poziomem wykorzystania technologicznego, reguła jego swobodnie artykułowanych i silnie zaznaczonych celów okazuje się obecnie formą autoprezentacji. Symbolizuje ona status właściciela. Przekonywałem, że technologie, które wykorzystujemy w naszym codziennym życiu, takie jak: samochody, ipody, ipady i smartfony, oznaczają takich ludzi, jakimi jesteśmy. Te gadżety dają nam złudzenie, że jesteśmy modernami, żyjącymi spełnionym życiem. Dalej argumentowałem nie tylko, że *jesteśmy tym*, co *robimy*, ale jeszcze bardziej zdecydowanie jesteśmy tym, co *posiadamy* i *wykorzystujemy*. Tak więc, posiadanie środków (jako imperatywu technologicznego) stało się *celem* samym w sobie, zacierając ludzkie *poczucie siebie* (zgodnie z ludzkim imperatywem w Kancie).

W związku z tym technologia nie jest już *środkiem służącym* człowiekowi jako *cel*; podmiot ludzki został natomiast odtworzony jako *środek* do *celów* technologicznych. Ten rekonstrukcyjno-substancyjny wymiar nowoczesnej technologii zmienił tradycyjną i klasyczną koncepcję instrumentalną, w której społeczeństwo posiada technologię jako *środek* do *celu*. Nie mamy już tylko podmiotów zamieniających naturę w obiekt eksploatacji: Relacja *podmiot-przedmiot* osiąga swój szczyt poprzez otrzymanie uporządkowanego charakteru technologii, w której zarówno podmiot jak i przedmiot są zasysane jako *SR*[571]. W rozdziale trzecim ukazałem znaczenie tej relacji *środki-końce* dalej, kiedy pokazałem, jak Heidegger zauważył, że "to, co stoi obok w sensie *SR*, nie stoi już przeciwko nam jako obiekt",[572] z własną niezależną tożsamością i znaczeniem, różnym od tego, które daje mu technologia.

---

570 Zwycięzca Langdon, *Wieloryb i Reaktor: A Search for Limits in an Age of High Technology,* Chicago: University of Chicago Press, 1989, 22.
571 Martin Heidegger, *The Question Concerning Technology and Other Essays,* Op. Cit., 173.
572 Ibidem, 17.

Przykład statku powietrznego może służyć do wyjaśnienia tego podsumowującego argumentu. Nowoczesny samolot, rozumiany przez pryzmat modelu *nastawionego na zysk,* nie jest tylko zwykłym narzędziem, którego używamy; nie jest wcale obiektem, ale raczej elastycznym i wydajnym elementem systemu transportowego. Podobnie osoby znajdujące się na pokładzie to nie tylko podmioty korzystające z systemu transportowego, ale także z punktu widzenia kalkulacyjnych celów rynkowych, są przez niego wykorzystywane jako środek do wypełnienia samolotu dla maksymalnego zysku przedsiębiorstwa lotniczego. W związku z tym ludzie są uważani za zasoby lub środki, które mają być wykorzystywane przez linie lotnicze, a co ważniejsze, mają być ulepszane poprzez ulepszanie usług, jak każdy inny produkt systemu transportu.

W ten sposób imperatyw technologiczny zmienia całą logikę i pojęcie *środków* i *celów.* Podmiot ludzki staje się narzędziem jej narzędzi. Ona jest przeniesiona do stanu, co Heidegger nazywa *upadek* w *BT*, gdzie jest wchłaniany do własnej technologii do tego stopnia, że jej bycie przypomina, jest zastąpiony przez lub staje się jednym i tym samym z technologicznych artefaktów, które mają jej służyć. Nasza tożsamość jest podejmowana przez sposób *posiadania* i *robienia* (co się *ma* i *robi*).

Podsumowując, z perspektywy Heideggeryka starałem się wydobyć fakt, że jako ludzie, kiedy jesteśmy przekształcani w *środki* do *celów* techniki, tracimy nie tylko naszą indywidualność, ale także autonomię; nie jesteśmy już autonomicznymi osobami z własną, wybitną subiektywnością, zdolnymi nadawać sobie *znaczenie* i *kierunek; zamiast* tego, *znaczenie* i kierunek są teraz nadawane nam i rzeczom przez naszą technikę. Wynalazki technologiczne są obecnie niczym innym, jak ulepszonymi *środkami* do nieokreślonych celów w sposobie ich posiadania; nowoczesne technologie stały się nie tylko przedmiotami odtwarzającymi *świat,* ale bardziej stanowczo *odtwarzającymi człowieka*, potężnymi strukturami i formami oceny życia, które zasadniczo zmieniają i obiektywizują naszą podmiotowość.[573] Dlatego też, jak twierdzi Feenberg, *środki* i *cele* nie są już ze sobą powiązane, lecz rozpadły się na siebie w szerokim zakresie kwestii technologicznych.[574] Nie możemy zatem uznać obecności technologicznej w naszym życiu za rzecz oczywistą. Technologia to cały system zarówno myślenia, jak i działania, który wykorzystuje artefakty (czasami jako techniki), które wpływają na nasze życie zarówno pozytywnie, jak i negatywnie, jako swój sposób samoujawniania się.

---

[573] Ernst Schraube, "Torturing Things Until the Confess": Günther Anders' Critique of Technology, *Science as Culture, Vol 14, No.1,* (2005), 77 - 85.
[574] *http://www.sfu.ca/~andrewf/paradoksy, 2010.*

7.5 *Popularyzacja* lub *socjalizacja* kondycji ludzkiej

Innym ważnym aspektem *enframingu* technologicznego lub monopolu, który został podkreślony w tej książce, jest szczególnie to, co ukazało się w rozdziale czwartym, a mianowicie aspekt międzypodmiotowy. Chodzi o to, że nowoczesna technologia *popularyzuje* lub *socjalizuje* ludzką kondycję, manipulując i w konsekwencji podważając wartość indywidualnej prywatności. Argumentowano, że sposób, w jaki rozumiemy naszą międzypodmiotowość we współczesnym technologicznym świecie interakcji, pozostawia nam wiele obaw. Istnieje *coraz większa iluzja*, czyli mistyfikacja, która wyłania się wokół kwestii nowoczesnych technologii międzypodmiotowych, tak że jesteśmy wzmocnieni lub powiększeni, aby stać się bardziej przejrzystymi podmiotami relacyjnymi. Pojawiło się to wyraźnie w związku z MUD-ami, szczególnie w odniesieniu do relacji cybernetycznych. W takich relacjach argumentowano, że w coraz większym stopniu osiągamy i wchodzimy w mechanizmy technologiczne, aby rozszerzać się w relacjach z innymi, pozostając przy tym zawsze połączonymi; technologia tworzy w ten sposób większą sieć społeczną. Oczywiście jedną z pozytywnych stron tego, co zostało uznane, jest to, że nowoczesne technologie informacyjne otwierają szerokie horyzonty dla naszych relacji publicznych. Ale argumentowano również, że takie technologie czynią z nas *przedmioty socjalizowane, a nie podmioty*. Rozumiemy przez to, że technologie informatyczne nie zawsze zwiększają nasze społeczne możliwości i możliwości, ale że dzięki nim faktycznie *spopularyzowaliśmy* lub *podłączyliśmy do sieci nasze* własne wewnętrzne i zewnętrzne ja, nasze życie, interpretując i wykuwając naszą ludzką kondycję poprzez cyberprzestrzeń w takim stopniu, że zakres prywatności został radykalnie ograniczony lub pozbawiony znaczenia.

Odpowiednim przykładem na poparcie mojego twierdzenia jest świat cybernetyczny, do którego się odwołałem. Dziś dane o "społecznych" lub "pokrewnych istotach" są rozsiane po całym miejscu, a mianowicie na naszych smartfonach, w sieci, w chmurze, w naszych sercach, itp. Innym przykładem w cyberprzestrzeni jest to, że okulary Google, wprowadzone w 2012 r., są obecnie w fazie eksperymentów.[575] Za kilka lat wszystko, co widzimy na świecie, zostanie zapośredniczone przez technologię. Wszystkie informacje o świecie i nas samych

[575] Szkło Google to próba uwolnienia danych z komputerów stacjonarnych i urządzeń przenośnych, takich jak telefony i tablety, i umieszczenia ich na naszych oczach. Zasadniczo szkło Google jest urządzeniem, które zawiera aparat fotograficzny, wyświetlacz, touchpad, baterię i mikrofon wbudowane w ramki okularowe, dzięki czemu można wykonywać opisane powyżej funkcje. http://www.techradar.com.

znajdują się na wyświetlaczu w polu widzenia, który można filmować, robić zdjęcia, szukać i tłumaczyć w podróży. Kierunki stają się cyfrowo zintegrowane z naszymi ruchami, można zobaczyć tłumaczenie w czasie rzeczywistym lub transkrypcję tego, co się mówi. Ludzie mogą być identyfikowani publicznie, z ich online tożsamości dostępne dla innych, aby przejrzeć, nawet jak jeden rozmawia z kimś innym i nagrywa całą procedurę w tym samym czasie i wyświetla go online do forum przyjaciół po drugiej stronie świata. Można przewijać i odpowiadać na wiadomości - wszystko na bieżąco. Można wybrać, co chcemy zrobić za pomocą krótkiego gestu lub rozmawiając z urządzeniem, które zinterpretuje nasze polecenia.

Oczywiście, ta innowacja sama w sobie jest czymś niezwykłym i pozytywnym krokiem w kierunku otwartego świata, tworzącego ludzi, którzy nie są tylko zamknięci na siebie. Pozwala to na stworzenie bardziej bezpiecznego świata, ponieważ jest używany do śledzenia zaginionych osób, zbiegów, rabusiów, itp. Jednak wraz z tą *popularyzacją* czy *socjalizacją* naszej ludzkiej kondycji osiągnęliśmy poziom, na którym prawie niemożliwe jest mówienie o autonomicznych podmiotach indywidualnych w relacjach międzyludzkich, które nie podlegają technologicznej manipulacji czy wpływom. Prywatność indywidualna, czyli anonimowość, jest obecnie cenną wartością, ponieważ nasze indywidualne informacje unoszą się w całej cyberprzestrzeni. Takie technologie po pierwsze oznaczają, że *wszystko i wszystkie informacje o jednym mogą być dostępne dla wszystkich,* a po drugie, *ponieważ informacje o jednym są wszędzie, można być wszędzie w tym samym czasie, a w rzeczywistości być nigdzie.*

Technologie te sprawiają ponadto, że bardzo trudno jest zachować zrozumienie naszej prywatności jako ważnego aspektu tego, kim jesteśmy. Ponownie, aby lepiej zrozumieć argument, nadal w polu cybernetycznym, wystarczy przesiać przez Youtube i zobaczyć filmy zorganizowane tam, aby wziąć odpowiedzialność za to twierdzenie, czy jest to na dobre czy na złe. Decyzję o tym pozostawiamy naszym czytelnikom poprzez własną refleksję filozoficzną. Faktem jest, że zjawisko to mówi samo za siebie.

Nie możemy zaprzeczyć, że dziś sieć dostarcza nam różnych nowych kontekstów do poznania i odnoszenia się do innych, do siebie i do świata. To sprawiło, że nasze współczesne doświadczenie międzypodmiotowości radykalnie różni się od dawnych czasów, kwestionując jej tradycyjne znaczenie, które pociąga za sobą rzeczywistą obecność fizyczną i znaczenie indywidualnej prywatności. Jednakże, jak zostało to omówione w tekście, niekoniecznie zaprowadzi nas to daleko, jeśli nie zastanowimy się nad jego ontologicznym skutkiem. Nawet jeśli IT wzmacniają nasze relacje międzyludzkie, nie wynika z tego, że będąc w takim połączonym sieciowo świecie, koniecznie nawiązujemy ze sobą właściwe relacje lub że dzięki temu jesteśmy bezpieczniejsi w naszych relacjach. W rzeczywistości, często jesteśmy od siebie oddaleni w tym procesie. W tym właśnie miejscu uważam, że apel Heideggera o bardziej wiarygodny stosunek do technologii jest bardziej prawdopodobny, a ta wiarygodność przejawia się dziś w pojawiających się obawach wielu literatur dotyczących praw i prywatności użytkowników technologii. Nowe pojawiające się refleksje, w tym niniejsze badanie, w swej istocie są przejawem obaw dotyczących (omówionych wcześniej) nieprzewidzianych zagrożeń, na jakie narażone są ludzie w związku z nowoczesnymi technologiami. Jednocześnie ukazuje pojawiające się poczucie braku bezpieczeństwa dla podmiotów ludzkich, które są dotknięte nieprzewidzianymi skutkami ich technologii.

7.6 Transcendentalny charakter nowoczesnych technologii

Wreszcie, moje twierdzenie w tej pracy jest takie, że nowoczesna technologia wytworzyła własną, niezwykłą metafizykę; technologia działa na poziomie transcendentalnym i metafizycznym, zakładając *przeznaczenie* epoki nowoczesnej. W rzeczywistości, w przeciwieństwie do starej metafizyki, argumentowano, zwłaszcza w rozdziałach czwartym i szóstym, że ta nowa metafizyka ujawnia podmioty jako zasoby do produkcji, podważając ontologiczne znaczenie, które tradycyjna metafizyka badała. W ramach tej zmiany znaczenia świata przyrody i bytów twierdzono, że wszystkie rzeczy, wszystkie fakty, wszystkie procesy, czy to w przyrodzie, czy w społeczeństwie, są obiektywizowane jako energia zasobów do eksploatacji, wykluczając[576] wszelkie trwałe podłoża, poprzez które możemy interpretować tradycyjną metafizykę.

Ta nowa metafizyka naukowa i technologiczna nie dotyczy już bytów jako bytów, ale odpowiedzi na ludzką, manipulacyjną wolę skutecznego wytwarzania technologicznych artefaktów i ich optymalnego wykorzystania, gdzie człowiek jest zdolny do zmiany procesów naturalnych, włączając w to siebie samego w obliczonym stylu, stawiając naturę i siebie samego (jako część natury) na łasce własnej. Jednocześnie artefakty technologiczne stanowią odrębny *ontyczny* poziom bycia, uznawany za *zasób* (jako zapas zasobów oczekujący na eksploatację przez człowieka) odrębny od podmiotów badanych przez tradycyjną metafizykę (jako podmioty same w sobie). Metafizyka technologiczna zmienia tradycyjną ontologię, w szczególności sposób postrzegania bytów i nas samych, ponieważ znaczenie bytów sprowadza się obecnie do technologicznej ramy obliczeniowej. W związku z tym argumentowałem, że

[576] Mario Bunge, "Philosophical Inputs and Outputs of Technology", w: *Philosophy of Technology: The Technological Condition Anthology*, Op. Cit., 172.

skoro technologia jest nową metafizyką, każda teoria, zwłaszcza społeczna teoria technologii Feenberga, która sprzeciwia się ontologii technologii Heideggera, powinna poważnie rozważyć tę transcendentną i metafizyczną naturę nowoczesnej technologii, aby jakakolwiek owocna filozoficzna krytyka jej była wiarygodna.

Co więcej, uznając technologię za nową metafizykę o metafizycznych wartościach, w trakcie tych poszukiwań, używając Heideggera, argumentowałem, że ta nowa metafizyka (nie tak tradycyjnie rozumiana, jak myśl o transcendencji jako obiekcie ludzkiej wiary) jest rozszerzeniem samego rozumienia *bytu* bytów, które są *zawarte w* ramach operacji technologicznej jako *rezerwatu*[577]. Oznacza to, że w ramach intelektualnego monopolu odziedziczonego po Kartezjuszu i obecnie wyraźnie spełnionego w transcendentalnym działaniu technologicznej metafizyki, tajemnica *Bycia* istot stała się po prostu niewidzialna dla myśli. Z prostego wynalazku środków, nowoczesna technologia ma obecnie tendencję do ustanawiania się jako cel transcendentny; technologia stała się *losem* współczesnego świata. W związku z tym, jako *przeznaczenie,* podmioty nie budzą już w nas zdziwienia moderny, ponieważ wszystkie zostały umieszczone w jego obliczeniowej ramy dowodów. Im bardziej więc jakikolwiek aspekt rzeczywistości nie mieści się w tego rodzaju technologicznej operacji myślenia, tym mniej jest on częścią naszego projektu, a co za tym idzie, takie podmioty nie są już rozpoznawane. Innymi słowy, problemem nie jest już *samo* istnienie podmiotów, ale manipulacyjne wykorzystywanie tych podmiotów do maksymalnej produkcji technologicznej.

Istoty nie tylko nie wzbudzają żadnego zdziwienia, ale nawet ludzie tego nie robią; straciliśmy egzystencjalne nadanie znaczenia, dzięki któremu istoty/podmioty stają się postrzegane jako mające znaczenie same w sobie. Uprzywilejowany status ludzkiej *Dasein*, który wyjaśniłem, szczególnie w rozdziale drugim, jest obecnie zdeterminowany przez *odkrycia* naukowe i technologiczne; to właśnie technologia w swojej transcendentalnej i metafizycznej wysokości decyduje o naturze i *przeznaczeniu* człowieka i bytów. Tę krytyczną myśl przekazuje nam twierdzenie, że obecnie zajmujemy się doprowadzeniem nauki i technologii do końca jako wyznaczników kierunku, w którym musi zmierzać świat i ludzie. Oczywiście podważa to naszą subiektywność, przez co jesteśmy zmuszeni do podejmowania nieustannych prób powrotu w pobliże tajemnicy *Bycia* istot, aby ujawnić ją jako ontologiczne łożysko znaczenia bytów.

Utrata tajemniczości bytów spowodowana przez nową metafizykę technologiczną oznacza, że technologia jako nowa forma *ujawniania* (jako *enframed*) ma niebezpieczeństwo

[577] Martin Heidegger, *The Question Concerning Technology and Other Essays,* Op. Cit., 43.

wyobcowania człowieka z siebie, z drugiego człowieka i ze świata. W rzeczywistości jest to metafizyczna perspektywa Marcela, którą wskazałem w poprzednim rozdziale. Marcel dokonuje przeglądu różnych strat w ontologicznych wartościach istot, które powstrzymują pełną realizację osoby ludzkiej w jej transcendentalnej naturze jako ujawnienie tych wartości. Ta pełna realizacja nie powinna być rozumiana jako wyczekiwany koniec człowieka, ale jako ciągłe rozwijanie się natury człowieka w stosunku do innych bytów, które tworzą jego świat do samorealizacji, razem z bytami. Z tego powodu, używając języka Heideggera, technologia we współczesnym świecie przedstawia się eschatologicznie: uważa się za *telos* lub *przeznaczenie* ludzkich dążeń. Determinacja technologiczna prowadzi nieuchronnie do utraty zdolności jednostki do kontrolowania własnego losu.

Twierdziłem jednak, że tej sytuacji technologicznej nie należy postrzegać jako *problemu*, który wymaga technicznego rozwiązania, lecz jako *warunek ontologiczny,* który wymaga przekształcenia naszego instrumentalnego podejścia do technologii, uznawanego za relację wewnętrzną, która ostrzega nas o konieczności ochrony naszej subiektywnej roli polegającej na ujawnianiu innych podmiotów w ich ontologicznym znaczeniu i integralności.

7.7 Inne kwestie fundamentalne

W rzeczywistości, charakter nowoczesnych technologii analizowanych w tej pracy stawia nas na *czujnej* pozycji w stosunku do nich, szczególnie biorąc pod uwagę fakt, że rozwój technologiczny, którego doświadczamy w naszym dzisiejszym świecie, niekoniecznie oznacza, że nasze życie jest lepsze i łatwiejsze. Dzieje się tak przede wszystkim dlatego, że idea postępu niesie ze sobą wbudowaną dysputę wynikającą z nieuchwytnego i z natury problematycznego charakteru technologii, gdzie marzenie o wspaniałej i technologicznie zdeterminowanej przyszłości stopniowo staje się czynnikiem definiującym istnienie współczesnego człowieka, czy tego chcemy, czy nie. Co więcej, nasze bezkrytyczne zaangażowanie w różne technologie, które uważamy za postęp i niepokój wywołany obsesją ich posiadania i używania, stały się dziś powszechnymi objawami współczesnej ludzkiej podmiotowości. W mojej dyskusji argumentowałem, że dziś jesteśmy tym, co *robimy* i co posiadamy*;* to, co robimy i co posiadamy, stało się formą autoprezentacji, tak że definiują nas ramy postępu technologicznego. Jednakże, w miarę jak technologia staje się coraz bardziej czynnikiem definiującym egzystencję człowieka, wezwanie do krytycznego, samorefleksyjnego podejścia do niej, przedstawione w dyskusji i zainicjowane przez Heideggera, może pomóc nam zrozumieć, że jakakolwiek technologia, którą pojmiemy jako upraszczającą nasze życie, jeśli nie zostanie dokładnie przemyślana pod kątem jej subiektywnego znaczenia ontologicznego, skomplikuje również niekorzystnie nasze życie. Musimy być świadomi faktu, że technologia w swoich transcendentalnych działaniach jest również zjawiskiem nieuchwytnym, mającym poważne konsekwencje ontologiczne dla człowieka. Oznacza to, że pomimo swoich korzyści, technologia ma potencjał komplikowania życia ludzkiego.

FO technologii Heideggera wyraża znaczenie naszej *świadomości*; świadomości technologicznej rzeczywistości, natury, innych i ujawnienia samego *siebie* w tym technologicznie oprawionym świecie. W mojej rekonstrukcji filozofii technologii Heideggera starałem się pokazać, że Heidegger chce, abyśmy byli *świadomi* naszego istnienia; że jesteśmy istotami, które są odpowiedzialne za kierowanie naszym życiem, życiem innych istot i świata, który jest obecnie przedmiotem badań naukowych i manipulacji technologicznych. Dzięki tej świadomości naszego istnienia możemy wziąć na siebie odpowiedzialność za bycie autentycznymi agentami, którzy nie tylko myślą o sobie jako o istotach technologicznych, ale także o prawowitych końcach technologii i opiekunach świata przyrody.

Przywracając technologię, która słusznie służy naszym celom i celom natury, pomimo jej rekonstrukcyjnej siły, mimo że negatywna strona technologii może wydawać się nadrzędna w stosunku do pozytywnych lub odwrotnie, nie możemy nie zadać sobie kilku podstawowych egzystencjalnych pytań, takich jak: Jaki jest końcowy rezultat naszego postępu technologicznego? Czy tworzy megalomańskie szczęście zdobyte dzięki zdalnemu sterowaniu innymi ludźmi, którzy produkują technologiczne artefakty? Czy ostatecznym wynikiem technologii jest życie tylko przez pełnomocnika, doświadczanie świata tylko z ekranu filmowego lub telewizyjnego, zamiast żyć i tworzyć swój własny? Czy możemy przezwyciężyć rosnącą organizację technologiczną i rosnący sceptycyzm, by przyjąć na siebie indywidualną odpowiedzialność? Czy możemy korzystać z technologii bez utraty wartości rzeczy samych w sobie? To, co jest istotne w tych pytaniach i w tym dochodzeniu, to fakt, że problemy związane z rozwojem technologicznym wydają się nie pozwalać podmiotom ludzkim na zachowanie podmiotowości nad *przeznaczeniem* technologicznym. Wywołuje to potrzebę ponownej refleksji filozoficznej nad technologią, a zwłaszcza nad jej odtworzeniem.

Jedną z fundamentalnie ważnych kwestii do rozważenia (oczywiście jest ich wiele w badaniach), którą starałem się pokazać w całej dyskusji, jest to, że filozofia technologii Heideggera daje nam transcendentne zasady, na których poszczególne praktyki naukowe i technologiczne mają być interpretowane, zrównoważone i zintegrowane w fenomenologiczny sposób rozumienia "ja" i technologicznych problemów współczesnego człowieka. W swoim wyjaśnieniu dla FO technologii Heideggera starałem się argumentować, że Heidegger w zasadzie nie tylko kwestionuje instrumentalizującą tendencję nowoczesnej technologii, która jest dominująca w naszych czasach, ale także rzuca nam wyzwanie do wyjścia poza ten rodzaj myślenia i praktyki, gdzie pokonujemy konwencjonalne ramy myślenia w odniesieniu do technologii.

Przezwyciężając jedynie instrumentalne podejście do technologii, odchodzimy od z góry ustalonych lub *skalkulowanych* technologicznie sposobów myślenia i otwieramy nasze myślenie i sposób życia na nowe sposoby postrzegania, nie tylko technologii, ale także nas samych w tym technologicznie ukierunkowanym świecie, w którym żyjemy i działamy razem ze wszystkimi innymi podmiotami, które tworzą nasz świat. Innymi słowy, celem tej pracy było doprowadzenie nas do *siebie w* kategoriach zrozumienia siebie i odpowiedzialności za siebie. W tym całym procesie prowadzącym nas do siebie sugeruję, że wezwanie Heideggera do *ET* w odniesieniu do technologii jest centralnym punktem wyjścia naszego istnienia w dzisiejszym świecie technologii. *ET*, jak to zostało wyjaśnione, jest nastawiona na repozycjonowanie siebie jako *istot wewnętrznie zorientowanych, samostanawiających się,* kwestionujących współczesne technologiczne *przeznaczenie,* które pozbawia nas naszej podmiotowości i świat ontologicznej integralności. *ET* zachęca do odpowiedzialności własnej, dyscypliny osobistej i trzeźwości w korzystaniu z produktów technologicznych. To właśnie dzięki tej *wrogości* jednostka we współczesnym świecie może zyskać "własną tożsamość", samodzielność, której nie można rozproszyć poprzez utożsamienie się z produktami technologicznymi, a tym samym zawładnąć sobą dla własnego samostanowienia.

Chociaż do pewnego stopnia może się wydawać, że utraciliśmy naszą subiektywność i świadomość znaczenia lub cudowności rzeczy poprzez technologię, chcę również potwierdzić inny fundamentalnie ważny aspekt mojej rekonstrukcji FO Heideggera w zakresie technologii, który wyraźnie ujawnił się w dyskusji. Chodzi o to, aby nauka i technika we współczesnym świecie były uważane za istotne zjawiska naszego bytu jako człowieka, a tym samym za przedmiot metafizycznych refleksji we współczesnym świecie. Oczywiście, z tego, co pokazałem, nie ma wątpliwości, że techno-nauka pozwala bytom pokazać się jako obliczalne i uporządkowane, ujawniając zbliżającą się utratę wszelkich znaczących odniesień do podmiotu ludzkiego jako źródła i końca całego procesu technologicznego ujawniania i wzmacniania ontologicznego znaczenia bytów. Nie powinno to jednak przeszkodzić nam w poważnym potraktowaniu tego zjawiska jako ram, dzięki którym rozumiemy współczesny świat i nas samych jako tych, którym technologia ma służyć.

Uznanie ludzkiego podmiotu i natury za koniec technologii nie oznacza, że powinniśmy myśleć o naszej relacji z technologią w sposób czysto kalkulacyjny i instrumentalny, ale musimy uznać to za wyzwanie dla naszej podmiotowości. Musimy uznać, że podmiot ludzki w XXI wieku, w erze eksplozji naukowej i technologicznej, ontologicznie cierpi z powodu nieuniknionego zderzenia: zderzenia postępu technologicznego, które nie powinno być postrzegane jako zderzenie zysku lub straty. To zderzenie postępu technologicznego jest przede wszystkim kwestią poszukiwania naszej autentycznej ludzkiej podmiotowości i zrozumienia siebie w nieuchronnych ramach technologicznych, w których się on znajduje. Należy ją uznać za metafizyczną przestrzeń dla dalszych i otwartych refleksji na temat interfejsu człowiek-technologia, które uszanują jej poszukiwania autentycznych wartości bezpośrednio związanych ze znaczeniem jej istnienia. Jeśli mamy przekierować technologię na bardziej ludzką i zorientowaną na naturę, to tego zderzenia postępu technologicznego nie należy traktować jako dodatku do całego zagadnienia technologii.

Chcę również podkreślić, że moje wyjaśnienie FO technologii Heideggera w tym dochodzeniu może pomóc nam uniknąć trzech możliwych i fundamentalnie ważnych zagrożeń, które są widoczne w tym zderzeniu postępu technologicznego; mianowicie problemów związanych z absolutyzowaniem technologii, przyjmowaniem bezkrytycznego i naiwnego stanowiska wobec technologii i wreszcie poddaniem się technologii. Wyjaśniam, co mam na myśli mówiąc o tych twierdzeniach.

Po pierwsze, wyjaśnienie FO technologii Heideggera pomaga nam uniknąć błędu *absolutyzowania technologii* jako antidotum na wszystkie ludzkie problemy, przyjąć ją jako zadanie wymagające zaangażowania. W naszym technologicznie zorganizowanym świecie wielu ludzi doświadcza kultury, w której technologia ma władzę nad wszystkim innym. Podczas gdy kilka lat temu ludzie wierzyli w autorytet religii, teraz wierzą w autorytet nauki i techniki. Kiedy chcą coś wiedzieć, zwracają się do nauki. Ta cała naukowa rzeczywistość uzasadnia powiedzenie użyte w tekście: kiedy wszystko co masz to młotek, wszystkie twoje problemy wyglądają jak gwoździe. To dotyczy tego miejsca. Używanie technologii do rozwiązywania naszych codziennych problemów, do poprawy naszego życia, jest młotkiem, a nasze problemy wynikające z ludzkiej kondycji mogą wszystkie wyglądać jak gwoździe. Problemem, który został wyraźnie ukazany w refleksji, jest jednak to, że w technice absolutyzowania, radykalne oderwanie się lub ucieczka od siebie i od innych form oceny życia wydają się być najsilniejszą strategią i skutkiem współczesnego człowieka. Człowiek staje się obcy sobie, do tego stopnia, że identyfikuje się ze swoją technologią - a wszystko to pod wpływem błędnego przekonania o poprawie swojej kondycji życiowej. Nie widzi siebie jako potencjalnego i rzeczywistego serwera swojej technologii.

Nie zaprzeczam, że nauka i technika mają pozytywne implikacje; w rzeczywistości uznałem rolę, jaką nauka i technika odgrywają w rozwiązywaniu ludzkich problemów, zmieniając ludzkie życie na lepsze, ale chodzi mi o to, że nie mogą nam powiedzieć wszystkiego; nie mogą powiedzieć nam sensu życia i nie mogą rozwiązać wszystkich subiektywnych problemów: kwestii psychologicznych, złamanych serc, konfliktów osobistych itp. Innymi słowy, istnieją pewne kwestie związane z ludzką egzystencją, które są tak z natury ludzkie, że nauka i technologia, pomimo swoich wpływów, nie będzie w stanie ich przezwyciężyć ani zastąpić. Co więcej, w tym badaniu powtórzono, że każdy wynalazek naukowy prowadzi do nowych, bezprecedensowych problemów. Przykładem jest technologia informacyjna: obecnie mamy przeciążenie informacyjne, do tego stopnia, że nie jesteśmy w stanie przetrawić ilości informacji, które otrzymujemy, a tym samym pozostajemy mniej poinformowani.

Dlatego nie możemy absolutyzować nauki i technologii. W rzeczywistości, jeśli w ogóle, jesteśmy wezwani do edukacji, aby uniknąć wiary w rzeczy, które nie są prawdziwe w nauce i technologii, ponieważ same w sobie nie mogą rozwiązać wszystkich naszych ludzkich problemów, jeśli nie zmienimy siebie i naszego stosunku do nich. W poprzednim rozdziale argumentowałem, że problemy w tym zakresie są rozwiązywane nie tyle przez naukę i technologię, co przez nasze *ET* i właściwe działania, zorientowane na integralną wizję życia.

Drugim możliwym zagrożeniem, któremu pomaga zapobiec moja rekonstrukcja FO technologii Heideggera, jest bezkrytyczne *i naiwne podejście do technologii*; jest to błąd bezkrytycznego lub naiwnego przekonania, że podmioty ludzkie mają całkowitą kontrolę nad technologią. Takie stanowisko mogłoby być słuszne z technicznego punktu widzenia, ponieważ wielu z nich posiada dziś techniczną wiedzę na temat zarządzania technologicznego. Jednak historia z egzystencjalnego punktu widzenia jest inna. Jak wyraźnie twierdzi Heidegger, technologia jest zjawiskiem nieuchwytnym i zawsze pozostanie nieuchwytna. Nawet jeśli używamy technologii do różnych celów i nawet jeśli projektujemy lepsze technologie, jak twierdzi Feenberg, jej nieuchwytny charakter i totalitarna moc zawsze pozostanie, a to czyni nas niezdolnymi do opanowania jej. Dzieje się tak właśnie dlatego, że ulepszone technologie wiążą się z nieodłącznymi zagrożeniami, takimi jak syndrom zależności, o którym mówiłem w tekście. Ponadto, jak twierdzi technologia, nie pozostawiamy żadnego tematu do opanowania. Ze względu na swój nieuchwytny charakter, jak starałem się wyjaśnić w tym dochodzeniu, technologia przerosła zdolność jednostki do samostanowienia, tak że jesteśmy przez nią kontrolowani. W związku z tym moim celem w tych badaniach było uświadomienie współczesnemu podmiotowi zagrożeń ontologicznych związanych z technologią oraz jego subiektywnej roli i odpowiedzialności w reagowaniu na te problemy. Tylko wtedy, gdy będzie tak sumienny, będzie w stanie rozwijać swoją zdolność do samostanowienia i przeznaczenia.

Wreszcie, wyjaśnienie transcendentnej filozofii technologii Heideggera w tej pracy pomaga nam *trzymać się z dala od całkowitego poddania się technologii*, która mogłaby doprowadzić nas do rezygnacji z wszelkich możliwych wysiłków na rzecz odpowiedzi na technologiczny monopol, o którym była mowa w poprzednim rozdziale (stanowczość, *uwolnienie*, poezja i sztuka, itp.). Głęboki implikat poddania się technologicznemu monopolowi dodałby tylko więcej redukcjonizmu lub minimalizmu w pojmowaniu naszej podmiotowości w odniesieniu do technologicznego redukcjonizmu. Jesteśmy tak przyzwyczajeni i dostosowani do technologii, że często poddajemy się jej całkowicie w imię bezpieczeństwa i lepszego życia. Jednak nie jest to jedyny sposób. Jak wyjaśniłem w poprzednim rozdziale, możemy wykorzystywać technologię, a nawet ją podziwiać, nie akceptując ślepo jej imperatywów, a zamiast tego kierować ją na ludzkie imperatywy.

Mimo że na co dzień zajmujemy się technologią, musimy również wyznawać inne, nietechniczne wartości ludzkie, które są równie ważne dla naszego *mieszkania* w dzisiejszym świecie: wartości religijne, moralne i kulturowe. Dzieje się tak przede wszystkim dlatego, że bez odnowionych ram religijnych i moralnych, które ukierunkowałyby nasz rozwój i nadały nowy cel systemowi technologicznemu, jak to wyjaśniono w niniejszej pracy, technologia (biorąc pod uwagę jej niezdolność do objęcia każdego aspektu ludzkiego życia) może stać się narzędziem naszego własnego rozproszenia lub zniszczenia. To zniszczenie, jak widzieliśmy, nieuchronnie zbliża się do mechanizacji ludzkości i natury.

Bez osobistych ram moralnych, które pozwolą nam kontrolować technologię i zrozumieć jej etyczne ograniczenia, pójdziemy drogą utraty kontroli nad kierunkiem rozwoju technologii, który ma służyć ludziom i światu przyrody. Jednak dzięki odpowiedniemu systemowi wartości możemy również zacząć odzyskiwać kontrolę nad technologią, kierując ją tak, aby właściwie służyła naszym celom w poszukiwaniu integralnego sensu naszego istnienia w świecie przyrody.

W tym miejscu chcę potwierdzić, że ontologiczne znaczenie tych badań, jak wskazałem, nie polega na rezygnacji z któregokolwiek z niewiarygodnych wynalazków epoki nowożytnej, ale raczej na uznaniu ich ograniczeń i ograniczeń. Jest to znak praktycznej mądrości, że uznajemy granice i ograniczenia technologii oraz oceniamy nasze praktyki i postawy wobec niej. Analizowane w tej pracy ograniczenia technologiczne służą nam jako świadomość natury współczesnej technologii; zachęcają nas do krytycznego podejścia do technologii. Innymi słowy, kwestie analizowane w tych badaniach skłaniają każdego z nas do tego, by być bardziej zbliżonym do tego, co Arystoteles nazwałby "mądrością praktyczną", czyli mądrym podejściem do technologii, które nie jest jedynie instrumentalne w odniesieniu do ludzkiej egzystencji w jej wielorakich sprawach. Próbowałem zademonstrować wezwanie Heideggera do przyjęcia *wewnętrznego* podejścia do naszej egzystencji, kiedy tylko stosujemy jakąkolwiek technologię, a nie tylko polegamy na pragmatycznej, zorientowanej na wykorzystanie technologii praktyce. W rzeczywistości Heidegger namawia nas w tym stuleciu nieustannych innowacji technologicznych do poszukiwania autentycznej, praktycznej i prawdziwej ontologii technologii w całości, a nie tylko do pozostawania skupionym na jej instrumentalnej relacji i interpretacji.

W związku z tym, zbliżając się do końca tego całego dochodzenia, w szczegółowy sposób broniłem głębokiego wglądu Heideggera w problemy nowoczesnej technologii przed instrumentalnymi, społecznymi i politycznymi teoriami odbudowy technologii, dając w ten sposób ontologiczną interpretację rekonstrukcyjnego i restrukturyzacyjnego charakteru nowoczesnej technologii. Jest to krok w kierunku nadania bardziej rzeczywistego kontekstu naszemu indywidualnemu doświadczeniu z technologią w XXI wieku; próba, która może sprawiać wrażenie negatywnej lub luddyckiej postawy wobec nowoczesnej technologii. Mam nadzieję, że krytyka ontologiczna, jakiej udzieliłem różnym technologiom, ponieważ odtwarzają one różne aspekty naszej podmiotowości, jest na tyle ostrożna i obiektywna, że nie sprawia wrażenia, że możemy poradzić sobie bez technologii.

Jak twierdzi Heidegger, jeśli mamy żyć w dzisiejszym świecie, nie ma mowy o byciu bez technologii; nie możemy być niezależni od technologii. Popierając to twierdzenie, Ellul powiedział, że "nie chodzi o pozbycie się technologii, ale o akt wolności, o wyjście poza nią",[578]poprzez wyjście poza ramy techniczne i instrumentalne. Myślenie, że możemy pozbyć się technologii, jest jak pozbycie się samych siebie, własnej natury, co prowadzi do samozaparcia i samodestrukcji w celu uczynienia życia możliwym do przeżycia (znaczącym) w świecie, w którym technologia jest niezbędnym czynnikiem determinującym naszą egzystencję. Problemem powinien być sposób, w jaki zajmujemy się technologią; czy jesteśmy w stanie ponownie ukierunkować ją tak, aby właściwie służyła naturze i nam jako części świata przyrody; w jaki sposób możemy rzeczywiście wyjść z tego technologicznego monopolu.

578 Jacques Ellul, *The Technological Society*, Op. Cit., xxxiii.

Wskazałem drogę naprzód, zaczynając od naszego własnego, przyjętego za pewnik postawy wobec technologii, w szczególności w celu zakwestionowania naszego instrumentalnego podejścia do technologii i ponownego rozważenia technologii jako wewnętrznej relacji, która odnosi nas do świata naszych codziennych trosk.

Powinienem również podkreślić w tym miejscu, że równie fundamentalne znaczenie ma uznanie, że podkreślone w tym badaniu kwestie technologiczne powinny prowadzić nas do zaangażowanej, otwartej i spójnej refleksji filozoficznej nad relacjami między człowiekiem a technologią. Przeanalizowałem błędnie pojmowaną sytuację z technologią, gdzie współczesny podmiot przechodzi tylko fazę poczucia i działania, że jest technologiczny i chce pozostać technologiczny niezależnie od ograniczeń technologicznych, co jest rzeczą dobrą. Uważam jednak i mam nadzieję, że z czasem odzyska ona również bardziej zrównoważone poczucie równowagi technologicznej, dzięki czemu zwróci się do innych, nienaukowych i nietechnologicznych aspektów swojego bytu, aby właściwie *zamieszkać* w świecie i czuć się bardziej jak u siebie w ciągle zmieniającym się świecie technologicznym, który wymaga jej aktywnego i subiektywnego uczestnictwa.

BIBLIOGRAFIA

Źródła pierwotne

Heidegger Martin, *Wprowadzenie do metafizyki,* tłumaczenie: Ralph Manheim, Nowy York: Anchor Books, 1961.

Heidegger Martin, *Basic Concepts*, tłumaczenie: Gary Aylesworth, Bloomington: Indiana Prasa uniwersytecka, 1993.

Heidegger Martin, *Podstawowe pisma od "Bycia i czasu" (1927) do "Zadania myślenia". (1964),* Londyn i Nowy Jork: Routledge, 2011.

Heidegger Martin, *Being and Time,* tłumaczenie: John Macquarrie, Nowy Jork: Harper i Wiersz, 1962.

Heidegger Martin, "Building Dwelling Thinking," w *podstawowych pismach od bycia i czasu (1927) do The Task of Thinking (1964), pod redakcją* Davida F. Krella, Londyn i Nowy Jork: Routledge, 2011.

Heidegger Martin, *Contributions to Philosophy (From Enowning)*, tłumaczenie: P. Emad i K. Maly, Bloomington, IN: Indiana University Press, 1999.

Heidegger Martin, *Discourse On Thinking,* tłumaczenie: John M. Anderson i Hans E. Freud, Nowy Jork: Harper i Row, 1966.

Heidegger Martin, "Hoelderlin i esencja poezji", w *"Existence and Being"*, Londyn: Wizja, 1997.

Heidegger Martin, "List o humanizmie" w *Podstawowych pismach od bycia i czasu (1927) do The Task of Thinking (1964), pod redakcją* Davida F. Krella, Londyn i Nowy Jork: Routledge, 2011.

Heidegger Martin, "Nowoczesna nauka, metafizyka i matematyka", w *podstawowych pismach od*

Being and Time (1927) do The Task of Thinking (1964), pod redakcją Davida F. Krella, Londyn i Nowy Jork: Routledge, 2011.

Heidegger Martin, "Tylko bóg może nas ocalić", w wywiadzie Der Spiegel'a z Martinem Heidegger, *Philosophy Today* 20 4/4, (1976) 268-284.

Heidegger Martin, "On the Essence of Ground" w *Pathmarks,* Cambridge: Cambridge Prasa uniwersytecka, 1998.

Heidegger Martin, *Ontologia - Hermeneutyka Faktyki,* Bloomington: Indiana Prasa uniwersytecka, 1999.

Heidegger Martin, *Pathmarks,* Cambridge: Cambridge University Press, 1998.

Heidegger Martin, *Poezja, Język, Myśl,* tłumaczenie Alberta Hofstadtera, Nowy Jork: Harper i Row, 1971.

Heidegger Martin, *The Basic Problems of Phenomenology*, Indiana University Press, 1982.

Heidegger Martin, "The End of Philosophy and the Task of Thinking", w *pismach podstawowych*

od Bycia i Czasu (1927) do Zadania Myślenia (1964), pod redakcją Davida F. Krella, Londyn i Nowy Jork: Routledge, 2011.

Heidegger Martin, *The Fundamental Concepts of Metaphysics: World, Finitude and Solitude,* tłumaczenie William McNeil i Nicholas Walker, Bloomington i Indianapolis: Indiana University Press, 1995.

Heidegger Martin, *The History of the Concept of Time,* Bloomington: Uniwersytet Indiana Prasa, 1985.

Heidegger Martin, *The Metaphysical Foundations of Logic,* tłumaczenie: Michael Heim,

Bloomington i Indianapolis: Indiana University Press, 1984.

Heidegger Martin, "The Origin of the Work of Art", w "*Basic Writings from Being and Time". (1927) do The Task of Thinking (1964), pod redakcją* Davida F. Krella, Londyn i Nowy Jork: Routledge, 2011.

Heidegger Martin, "The Problem of a Non-objectifying Thinking and Speaking in Today's Theology," w *The Piety of Thinking,* tłumaczenie J.G. Hart i J.C. Maraldo, Indiana: Indiana University Press, 1976.

Heidegger Martin, *The Question Concerning Technology and Other Essays,* Nowy Jork: Harper i Row, 1977.

Heidegger Martin, *"The Quest for Being", w "Existentialism - From Dostoevesky to Sartre",* pod redakcją Waltera Kaufmanna z Nowego Jorku: The World Publishing Company, 1975.

Heidegger Martin, "The Way to Language", w *Basic Writings from Being and Time (1927) to The Task of Thinking (1964), pod redakcją* Davida F. Krella, Londyn i Nowy Jork: Routledge, 2011.

Heidegger Martin, "Tradycyjny język i język technologiczny", tłumaczenie przez Gregory W. Torres, w: *Journal of Philosophical Research XXIII* (1998), 136-140.

Heidegger Martin, "What Calls for Thinking", w "*Basic Writings from Being and Time" (1927) do The Task of Thinking (1964), pod redakcją* Davida F. Krella, Londyn i Nowy Jork: Routledge, 2011.

Heidegger Martin, *What is Called Thinking,* tłumaczenie: Glenn Gray, Nowy Jork: Bylina, 2004.

Heidegger Martin, "Czym jest metafizyka?", w *Podstawowych pismach od Bycia i Czasu (1927) do*

The Task of Thinking (1964), pod redakcją David Farrell Krell, Londyn i Nowy Jork, Routledge Classics, 2011.

Źródła wtórne

Arendt Hannah, *The Human Condition,* Chicago: The University of Chicago Press, 1998.

Baillie Harold i Casey Timothy, *czy ludzka natura jest przestarzała? Genetyka, Bioinżynieria i przyszłość kondycji ludzkiej*, Londyn, Cambridge: The MIT Press, 2005.

Barrett William, *The Illusion of Technique: A Search for Meaning in a Technological Cywilizacja,* Nowy Jork: Anchor Press, 1978.

Baudrillard Jean, *The Transparency of Evil*, tłumaczenie: J. Benedict, London: Verso, 1993.

Berdiew Mikołaj, "Człowiek i maszyna", w *"Filozofii i technologii": Odczyty w Philosophical Problems of Technology, pod redakcją* Carla Mitchama i Roberta Mackeya, Nowy Jork: The Free Press, 1972.

Bernet Rudolf, "Fenomenologiczna redukcja i podwójne życie podmiotu", w *Czytając Heideggera od początku: Eseje w jego najwcześniejszej myśli, pod redakcją* Theodore'a Kisiela i Johna Van Burena, Nowy Jork: State University of New York, 1994.

Blattner William, "Temporality", *A Companion to Heidegger,* redagowany przez Huberta Dreyfusa i

Wrathall Mark, Malden, MA: Blackwell Publishing, 2005.

Boedeker Edgar, "Fenomenologia", w "Towarzyszu *Heidegger", pod* redakcją Huberta Dreyfusa

i Mark Wrathall, Malden, MA: Blackwell Publishing, 2005.

Borgmann Albert, "Technology", w "*The Cambridge Companion to Heidegger", pod* redakcją

Dreyfus Hubert i Wrathall Mark, Oxford: Blackwell, 2007.

Borgmann Albert, *Technologia i charakter współczesnego życia: Filozoficzny Dochodzenie,* Chicago: University of Chicago Press, 1984.

Botha F. Catherine, "Heidegger, Technology, and Ecology", w *South African Journal of Filozofia* 22, nr 2 (2003), 165-166.

Brandom Robert, "Heidegger's Categories in *Being and Time*", w "*A Companion to Heidegger*, pod *redakcją* Huberta Dreyfusa i Marka Wrathalla, Malden, mgr: Blackwell Publishing Company, 2005.

Breen Michael, Eamonn Conway i McMillan Barry, *Technology and Transcendence,* Dublin: The Columba Press, 2003.

Brogan A. Walter, *Heidegger i Arystoteles: The Two-foldness of Being,* New York: Państwo Prasa uniwersytecka, 2005.

Cairncross Frances, *The Death of Distance: Jaka jest rewolucja komunikacyjna Changing our Lives*, Boston: Harvard Business School Press, 1997.

Carman Taylor, Przedmowa do "Czym jest metafizyka?", w Martin Heidegger, *Podstawowe pisma:*

From Being and Time (1927) to The Task of Thinking (1964), redagowany przez Davida Farrella Krela, Londyn i Nowy Jork: Routledge, 2008.

Carnevale Franco, "Palliation of Dying. A Heideggerian Analysis of the Technologization' of Death", *The Indo-Pacific Journal of Phenomenology,* Vol.5, 1st edition (2005), 1-12.

Casey K. Timothy, "The Emergence of Cybernetic Humanity", w Harold Baillie i

Timothy Casey, *czy ludzka natura jest przestarzała? Genetyka, bioinżynieria i przyszłość kondycji człowieka,* Londyn: The MIT Press, 2005.

De Beistegui Miguel, *The New Heidegger, Nowy* Jork: Continuum, 2005.

De Vries J. Mark, *Teaching About Technology: Wprowadzenie do Filozofii Technology for Non-philosophers,* Dordrecht-Holandia: Springer, 2005.

Downes Paul, "The Relevance of Early Heidegger's Radical Conception of Transcendence to Choice, Freedom and Technology", w *"Technology and Transcendence"*, pod redakcją Michael Breen, Conway Eamonn i Barry McMillan, Dublin: The Columba Press, 2003.

Drohan M. Christopher, "I think therefore Everything Is: A brief Phenomenology of the Spirit of New Technology", w*: Semiophagy: Journal of Pataphysics and Existential Semiotics, Vol. II,* 2009.

Dreyfus Hubert, *Being-in-the-World: Komentarz o byciu i czasie Heideggera, Wydział I,* Londyn-Cambridge: MIT Press, 1991.

Edwards Paul, *Heidegger's Confusions,* Nowy Jork: Książki Prometeusza, 2004.

Ellul Jacques, *The Technological Society*, tłumaczenie: John Wilkinson, Nowy Jork: Vintage Books, 1964.

Ellul Jacques, "The Technological Order", w: Mitcham Carl i Robert Mackey, *Filozofia i technologii: Odczyty w "Philosophical Problems of Technology",* Nowy Jork: The Free Press, 1983.

Ellul Jacques, "Porządek techniczny", w *"Filozofii i technologii": Odczyty w Philosophical Problems of Technology*, pod redakcją Carla Mitchama i Roberta Mackeya, Londyn: The Free Press, 1972.

Elshtain B. Jean, "The Body and the Quest for Control", w "Is *Human Nature Przestarzały?*

Genetyka, Bioinżynieria i Przyszłość kondycji człowieka, pod redakcją Harolda Baillie i Timothy'ego Caseya, London-Cambridge: The MIT Press, 2005.

Feenberg Andrew, "A Critical Theory of Technology", w *The Cambridge Companion to the Philosophy of Technology, pod redakcją* Olsena Kyrre'a, Andura Stiga i Hendricksa Vincenta, Oxford: Blackwell Publishing Limited, 2009.

Feenberg Andrew, "Alternatywna nowoczesność. Zwrot techniczny", *w "Filozofii i społeczeństwie".*

Teoria, Berkeley, Los Angels, Londyn: University of California Press, 1995.

Feenberg Andrew, "Krytyczna ocena Heideggera i Borgmanna", w: *Filozofia Technologia: The Technological Condition An Ontology*, pod redakcją Roberta Scharffa i Val Dusek, Oxford: Blackwell Publishing Limited, 2003.

Feenberg Andrew, *Między rozumem a doświadczeniem: Eseje z dziedziny technologii i nowoczesności,*

Londyn, Cambridge: The MIT Press, 2010.

Feenberg Andrew, *Heidegger i Marcuse: The Catastrophe and Redemption of History,*

Nowy Jork: Routledge, 2005.

Feenberg Andrew, *Technologia przesłuchań,* Nowy Jork: Routledge, 1999.

Feenberg Andrew, "The Ontic and the Ontological in Heidegger's philosophy of Technology": Reakcja na Thomsona", *zapytanie* 43, nr 4 (2000), 445.

Feenberg Andrew, *Transforming Technology: Zrewidowana teoria krytyczna,* Nowy Jork: Oksford

Prasa uniwersytecka, 2002.

Feher M. Istvan, "Fenomenologia, Hermeneutyka, Lebensphilosophie: Heidegger's

Konfrontacja z Husserlem, Diltheyem i Jaspersem", w "*Czytaniu Heideggera od początku": Eseje w jego najwcześniejszej myśli, pod redakcją* Theodore'a

Kisiela i Johna Van Burena, Nowy Jork: State University of New York Press, 1994.

Ferkiss C. Victor, "Toward the Creation of Technological Man", in *Technology and Man's Przyszłość*, pod redakcją Alberta H. Teicha, Nowy Jork: St. Martin's Press, 1972.

Frankl E. Viktor, *Man's Search for Meaning: Wprowadzenie do Logoterapii*, Nowy Jork: Kieszonkowe książki, 1963.

Giddens Anthony, *Modernity and Self-Identity,* California: Stanford University Press, 1991.

Glazebrook Trish, *Heidegger's Philosophy of Science,* Nowy Jork: Fordham University Press, 2000, 21.

Godzinski Jr. Ronald, "[En] Framing Heidegger's Philosophy of Technology," w *Esejach w Filozofia:* Tom 6: Wydanie. 1 (2005), art. 9.

Graham Harman, *Heidegger wyjaśniony: Od Object do Phenomenon*, Chicago: Otwarty sąd, 2007.

Greaves Tom, *Począwszy od Heideggera*, Nowy Jork: Continuum International Publishing Grupa, 2010.

Guignon Charles, *On Being Authentic,* Londyn i Nowy Jork: Routledge, 2004.

Guignon Charles, *Heidegger and the Problem of Knowledge,* Indianapolis: Hackett Firma wydawnicza, 1983.

Praca Haynes'a John'a na temat "Obliczeniowego myślenia i niezbędnego myślenia w Heidegger's Fenomenologia", zaprezentowana w Szkole Systemów Informatycznych, Technologii i Zarządzania, University of New Wales, Australia, marzec 2008.

Hefner Philip, *Technology and Human Becoming,* Minneapolis: Forteca Press, 2003.

Hood F. Webster, "Dewey and Technology. Podejście Fenomenologiczne, w *badaniach nad Philosophy and Technology"*, tom 5, pod redakcją Durbin, Londyn: TAI Inc., 1982.

Horkheimer Max i Adorno Theodor, *Dialectic of Enlightenment,* New York: Continuum, 1993.

Horkheimer Max, *Eclipse of Reason,* Nowy Jork: Seabury Press, 1974.

Husserl Edmund, *Logical Investigations Vol. II,* tłumaczenie: J. N. Findlay, London i Henley: Humanities Press, 1970.

Husserl Edmund, *The Cartesian Meditations: Wprowadzenie do Fenomenologii*, tłumaczenie przez Cairnos D., Haga: Martinus Nijhoff, 1960.

Husserl Edmund, *The Crisis of European Sciences and Transcendental Phenomenology: Wprowadzenie do Filozofii Fenomenologicznej,* Evanstan: Northwestern University Press, 1970.

Husserl Edmund, *The Paris Lectures,* tłumaczenie: Peter Koestenbaum, The Hague: Martinus Nijhoff, 1967.

Hyland A. Drew i Panteleimon John, *Heidegger i Grecy: Eseje interpretacyjne,* Bloomington i Indianapolis, Indiana University Press, 2006.

Ihde Don, *Bodies in Technology,* Minneapolis: Uniwersytet w Minnesocie, 2001.

Ihde Don, *Heidegger's Technologies: Perspektywy postfenomenologiczne,* Nowy Jork: Fordham University Press, 2010.

Ihde Don, "Heidegger's Philosophy of Technology", w *"Philosophy of Technology": Technological Condition An Ontology, pod redakcją* Roberta Scharffa i Val Dusek, Oxford: Blackwell Publishing Limited, 2003.

Ihde Don, *Technologia i Świat Życia: Z Ogrodu na Ziemię,* Bloomington: Indiana Prasa uniwersytecka, 1990.

Ihde Don, *"Czy Heidegger zajmował się naukami technicznymi?" Existentia Vol.* 11, 2001.

Ilchi Lee, *Human Technology: A Tool for Authentic Living,* Sedona-USA: Healing Society, 2005.

Jan Paweł II, Encyklika "*Veritatis Splendor*", Rzym: Veritas Books, 1993.

Jan Paweł II, *Teologia Ciała*, Boston: Pauline Books, 1997.

Keld Nielson, "Western Technology", w "Towarzyszu *Filozofii Techniki",* pod redakcją Jan Kyrre Olsen Friis, Stig Andur Pedersen i Vincent F. Hendricks, Oxford: Blackwell Publishing Limited, 2013.

Kiran H. Asle i Peter-Paul Verbeek, "Trusting Ourselves to Technology", in *Know Technopol* (2010) 23: 409-427.

Kisiel Theodore i Van Buren John, *czytając Heideggera od początku: Eseje w jego Earliest Thought,* New York: State University of New York, 1994.

Kolb David, *Krytyka Czystej Nowoczesności (The Critique of Pure Modernity): Hegel, Heidegger i After,* Chicago: University of Chicago Press, 1986.

Krell F. David, "The Factical Life of Dasein. Od kursów wczesnego Fryburga do Bycia i Czas," w *"Czytaniu Heideggera od początku": Eseje w jego najwcześniejszej myśli, pod redakcją* Theodore'a Kisiela i Johna Van Burena, Nowy Jork: State University of New York Press, 1994.

Lafont Cristina, "Hermeneutyka", w "Towarzyszu *Heideggera", pod redakcją* Huberta Dreyfusa i Mark Wrathall, Malden, mgr: Blackwell Publishing Limited, 2005.

Large William, *Heidegger's Being and Time*, Bloomington i Indianapolis: Indiana Prasa uniwersytecka, 2001.

Lescoe J. Francis, *Egzystencjalizm - z Bogiem czy bez Boga,* Nowy Jork: Alba House, 1974.

Lewis S. Clive, "The Abolition of Man", w "The Abolition of Man", w "*Philosophy and Technology": Odczyty w Philosophical Problems of Technology, pod redakcją* Carla Mitchama i Roberta Mackeya, Nowy Jork: The Free Press, 1972.

Loscerbo John, *Being and Technology: A Study in the Philosophy of Martin Heidegger,* The Haga: Martinus Nijhoff Publishers, 1981.

Macquarrie John, *Teologia Egzystencjalistyczna: Porównanie Heideggera i Bultmanna, Greenwood Press, 1979.*

Mansbach Abraham, "Przezwyciężenie antropocentryzmu: Heidegger na temat heroicznej roli, jaką odgrywa Dzieło sztuki", *w Ratio (Nowa seria) X,* 2 września 1997.

Marcel Gabriel, *Man Against Mass Society*, tłumaczenie: G. Fraser, Lanham: Uniwersytet Ameryka, 1985.

Marcel Gabriel, "The Limits of Industrial Civilization", w "*The Decline of Wisdom"*, tłumaczenie Manya Harari, Londyn: Harvill Press, 1954.

Marcel Gabriel, *The Mystery of Being,* Vol I, Wielka Brytania: The Harvill Press, 1960.

Marcel Gabriel, *The Mystery of Being,* Vol. 2, Chicago: Henry Regnery Company, 1960.

Marcuse Herbert, *człowiek jednego wymiaru: Studia z zakresu Ideologii Zaawansowanych Technologii Przemysłowych*

Towarzystwo, 2. edycja, Londyn i Nowy Jork: Routledge, 1991.

Marshall McLuhan, *Understanding Media: The Extensions of Man*, Cambridge: MIT Press, 1994.

Misa Thomas, "Historia technologii", w "*The Cambridge Companion to the Philosophy of Technology, pod redakcją* Olsena Kyrre, Andura Stiga i Hendricksa, Vincent Oxford: Blackwell, 2009.

Mitcham Carl i Robert Mackey, *Filozofia i technologia: Odczyty w Philosophical Problems of Technology*, Nowy Jork: The Free Press, 1983.

Mitcham Carl, *Thinking Through Technology: Ścieżka między inżynierią a Filozofia,* Chicago: University of Chicago Press, 1994.

Moenkemeyer Heinz, "Martin Heidegger", w "*Egzystencjalistycznych Myślicielach i Myśli",* zredagowany przez Fredericka Patka z Nowego Jorku: The Citadel Press, 1962.

Mohanty N. Jitendra, *The Possibility of Transcendental Philosophy*, Dordrech: Martinus Nijhoff, 1985.

Moran Dermot, *Wprowadzenie do Fenomenologii,* Londyn: Routledge, 2000.

Mumford Lewis, "Technika i natura człowieka", w "*Filozofii i technologii": Odczyty w "Philosophical Problems of Technology"*, pod redakcją Carla Mitchama i Roberta Mackeya, Nowy Jork: The Free Press, 1983.

Murray B. Stephen, "Reimaging Humanity. Przekształcający się wpływ powiększania (Augmenting) Technologies upon Doctrines of Humanity", w "*Technology and Transcendence", pod redakcją* Michael Breen, Eamonn Conway i Barry McMillan, Dublin: The Columba Press, 2003.

Olsen K. Kyrre, Pedersen A. Stig i Hendricks F. Vincent, *Towarzysz filozofii of Technology,* Oxford: Blackwell Publishing Limited, 2009.

Ortega y Gasset José, "Myśli o technologii" w *Filozofii i technologii: Odczyty w Philosophical Problems of Technology, pod redakcją* Mitchama Carla i Roberta Mackeya, Nowy Jork: The Free Press, 1983.

Pacey Arnold, *Meaning in Technology,* Cambridge, mgr: MIT Press, 1999.

Pattison George, *The Later Heidegger,* New York: Routledge, 2000.

Philipse Herman, *Heidegger's Philosophy of Being: Krytyczna interpretacja,* Princeton: Princeton University Press, 1998.

Pitt C. Joseph, Thinking About Technology: Podstawy Filozofii Technologicznej, Nowy Jork: Seven Bridges Press, 2000.

Papież Paweł VI, *Gaudium et spes,* Konstytucja duszpasterska o Kościele we współczesnym świecie,

1965.

Listonosz Neil, *Technopoly: The Surrender of Culture to Technology,* Nowy Jork: Alfred Knopf, 1992.

Puthenpurackal J. Johnson, *Heidegger Through Authentic Totality to Total Authenticity,* Leuven: Leuven University Press, 1987.

Raffoul Francois i David Pettigrew, *Heidegger i Filozofia Praktyczna,* Nowy Jork: State University of New York Press, 2002.

Ridling Zaine, *A Comprehensive Study of Heidegger's Thought,* New Orleans, Louisiana: Columbus University Press, 2001.

Rojcewicz Richard, *Bogowie i technologia: A Reading of Heidegger,* Nowy Jork:

The University of New York Press, 2006.

Rollin Bernard, "Telos, wartość i inżynieria genetyczna", w: Harold Baillie i Timothy Casey, czy *ludzka natura jest przestarzała? Genetyka, bioinżynieria i przyszłość kondycji człowieka,* Londyn, Cambridge: The MIT Press, 2005.

Rorty Richard, *Heidegger, Contingency and Pragmatism,* Cambridge: Uniwersytet w Cambridge Prasa, 1991.

Rotenstreich Nathan, *Alienacja: The Concept and its Reception,* Nowy Jork: E. J. Brill, 1989.

Rouse Joseph, "Heidegger's Philosophy of Science", w "*A Companion to Heidegger",* red. Hubert Dreyfus i Mark Wrathall, Malden, MA: Blackwell Publishing Limited, 2005.

Scharff Robert i Val Dusek, Filozofia technologii: Stan technologiczny: An Ontologia, Oxford: Blackwell Publishing Limited, 2003.

Scheibler Ingrid, "Heidegger and the Rhetoric of Submission": Technologia i pasywność", w *Rethinking Technologies, pod redakcją* Verena Andermatt Conley, Minneapolis: University of Minnesota Press, 1993.

Schraube Ernst, "Torturing Things Until the Confess": Krytyka Günthera Andersa wobec Technology, *Science as Culture, Vol 14, No.1,* (2005), 77-85.

Schuurman Egbert, *Perspektywy Technologii i Kultury,* Sioux, USA: Dordt College Prasa, 1995.

Sharry John, Gary McDarby, "Szukając Najwyższej Wartości": The E-sense of Technology", w *Technology and Transcendence*, pod redakcją Michael Breen, Eamonn Conway i Barry McMillan, Dublin: The Columba Press, 2003.

Sheehan Thomas, "Dasein", w "*A Companion to Heidegger", pod redakcją* Huberta L. Dreyfusa i

Mark A. Wrathall, Malden, MA: Blackwell Publishing, 2005.

Skolimowski Henryk, "Struktura myślenia w technice", w: "*Filozofia i filozofia".*

Technologia: Odczyty w "Philosophical Problems of Technology", pod redakcją Carla Mitchama i Roberta Mackeya, Nowy Jork: The Free Press, 1972.

Smith W. David i Mclntyre Ronald, *Husserl i Intencjonalność,* Dordrecht: D. Reidel

Firma wydawnicza, 1982.

Spiegelberg Herbert, *The Phenomenological Movement: Wprowadzenie historyczne,* tom I, 2.

wydanie, Haga: Martinus Nijhoff, 1971.

Stuhr J. John, *Pragmatyzm, Postmodernizm i Przyszłość Filozofii,* Nowy Jork:

Routledge, 2003.

Taminiaux Jacques, "The Husserlian Heritage", w *Reading Heidegger from the Start: Eseje*

w Jego najwcześniejszej myśli, Nowym Jorku: State University of New York, 1994.

Thomson Iain, *Heidegger na ontoteologii: Technologia i polityka edukacyjna,* Nowa

York: Cambridge University Press, 2005.

Thomson Iain, "Fenomenologia i technologia", w Olsen Kyrre, Andur Stig i Hendricks.

Vincent, *A Companion to the Philosophy of Technology,* Oxford: Blackwell Publishing Limited, 2009.

Thomson Iain, *Co jest złego w byciu technologicznym esencjonalistą?* Reakcja na

Feenberg, *zapytanie* 43, nie. 4 (2000), 439-440.

Tonner Philip, *Heidegger, Metaphysics and the Univocity of Being*, New York: Continuum,

2010.

Turkle Sherry, *Life on the Screen: Tożsamość w epoce Internetu*, Nowy Jork: Simon i Schuster, 1995.

Val Dusek, "Wprowadzenie: Filozofia i technologia", w Olsen Kyrre, Andur Stig i Hendricks Vincent, Towarzysz *Filozofii Technologii,* Oxford: Blackwell, 2009.

Van Nieuwenhove Rik, "Technology and Mystical Theology", w "*Technology and Transcendencja*, pod redakcją Michaela Breena, Eamonna Conwaya i Barry'ego McMillana, Dublin: The Columba Press, 2003.

Vensus George, *Autentyczne Ludzkie Przeznaczenie: The Paths of Shankara and Heidegger,* Washington: Biblioteka Kongresu Wydawnictwo Katalogowe, 1998.

Vensus George, *The Experience of Being as a Goal of Human Existence: Heideggerian Zbliż się,* Waszyngtonie: The Council for Research in Values and Philosophy, 1998.

Verbeek Peter-Paul, "Technological Artifacts", w *Cambridge Towarzysz filozofii Technology, pod redakcją* Olsena Kyrre'a, Andura Stiga i Hendricksa Vincenta, Oxford: Blackwell Publishing Limited, 2009.

Verbeek Peter-Paul, *What things do,* Pennsylvania: The Pennsylvania State University Prasa, 2005.

Webster F. Hood, "Dewey and Technology. A Phenomenological Approach", w *Research in Filozofia i technika, tom 5*, pod redakcją Durbin, Londyn: TAI Inc. 1982.

Wiener Norbert, *The Human Use of Human Beings: Cybernetyka i społeczeństwo*, Boston: Houghton i Mifflin, 1950.

Zwycięzca Langdon, *Autonomiczna Technologia: Techniki - brak kontroli jako temat w*

Myśl polityczna, Cambridge, mgr: MIT Press, 1977.

Zwycięzca Langdon, Wieloryb *i Reaktor: A Poszukiwanie ograniczeń w epoce wysokiej Technology,* Chicago: University of Chicago Press, 1989.

Wisser Richard, *Martin Heidegger w Conversation*, New Delhi: Arnold-Heinemann, 1970.

Wojtyła Karol, *The Acting Person*, Holandia: D. Reidel Publishing, 1979.

Wrathall Mark i Jeff Malpas, *Heidegger, Autentyczność i Nowoczesność: Eseje honorowe Huberta L. Dreyfusa, Vol. I,* Londynu, Cambridge: The MIT Press, 2000.

Wrathall Mark, *How to Read Heidegger,* Londyn: Granta Books, 2005.

Młody Julian, *Heidegger's Later Philosophy,* Cambridge: Cambridge University Press, 2002.

Zahavi Dan, *Subjectivity and Selfhood: Investigating the First-Person Perspective,* Landon: Cambridge-The MIT Press, 2008.

Zahavi Dan, Husserl i Transcendentalna Intersubiektywność: Reakcja na lingwistykę... Krytyka pragmatyczna, tłumaczenie: Elizabeth A. Behnke, Ateny: Ohio Prasa uniwersytecka, 2001.

Zimmerman Michael, *Heidegger's Confrontation with Modernity: Technologia, polityka, sztuka,* Bloomington: Indiana University Press, 1990.

Źródła internetowe

http://www.childinfo.org/cmr/revis/db1.htm

http://www.comp.lancs.ac.uk/sociology/css/antres/ant-a.htm

http://www.egs.edu/faculty/paul-virilio/biography

http://www.mdpi.org/entropy

http://www.nickbostrom.com

http://www.ntu.ac.uk/writing_technologies/index.html

http://www.sfu.ca/~andrewf/Heideggertalksfu.htm

http://www.sfu.ca/~andrewf/paradoksy

http://www. socrates.berkeley.edu/~hdreyfus/html/paper

http://www.techradar.com

http://www.ul.ie/~philos/vol10/Heidegger.html

Przedmowa

Dla wielu refleksje nad nowoczesną technologią w tej książce mogą wydawać się dziwne i zbyt surowe, by je budzić, a dla niektórych będą wydawać się zbyt budujące, by były ściśle technologiczne. Co do pierwszego, nie wyraża to jednak mojej opinii na ten temat; a gdyby było prawdą, że forma jest zbyt surowa, by ją budować, to według mojej koncepcji byłoby to nieprawdziwe. Jednym pytaniem jest, czy nie może być budująca dla wszystkich, widząc, że nie każdy ma zdolność do podążania za nią; innym pytaniem jest, czy ma ona specyficzny charakter budujący. Z chrześcijańskiego punktu widzenia wszystko, absolutnie wszystko powinno służyć budowaniu. Takie uczenie się, które nie jest w ostateczności budujące, jest właśnie z tego powodu niechrześcijańskie. Wszystko, co jest chrześcijańskie, musi mieć pewne podobieństwo do przemówienia, które lekarz wygłasza przy chorym łożu: chociaż może to być w pełni zrozumiałe tylko dla kogoś, kto jest biegły w medycynie, to jednak nigdy nie wolno zapominać, że jest ono wygłaszane przy chorym łożu. Ta relacja chrześcijańskiej nauki do życia (w przeciwieństwie do naukowej powściągliwości wobec życia), czy też ta etyczna strona chrześcijaństwa, jest w istocie budująca, a forma, w jakiej jest ona przedstawiana, jakkolwiek ścisła, jest zupełnie inna, jakościowo odmienna od tego rodzaju nauki, która jest "obojętna", której wzniosłe bohaterstwo jest z chrześcijańskiego punktu widzenia tak dalekie od heroizmu, że z chrześcijańskiego punktu widzenia jest nieludzkim rodzajem ciekawości. Bohaterstwem chrześcijańskim (i być może rzadko się to zdarza) jest całkowite zaryzykowanie bycia sobą samym, jako indywidualnym człowiekiem, tym definitywnie indywidualnym człowiekiem, samotnym przed obliczem Boga, samotnym w tym ogromnym wysiłku i tej ogromnej odpowiedzialności; ale nie jest to bohaterstwo chrześcijańskie być nękanym przez czystą ideę człowieczeństwa, czy też grać w grę zachwycając się historią świata. Cała wiedza chrześcijańska, bez względu na to, jak ścisła jest jej forma, powinna budzić niepokój, ale to właśnie ta troska jest uwagą budującą. Troska oznacza związek z życiem, z rzeczywistością osobistej egzystencji, a więc w sensie chrześcijańskim jest powagą; duża powściągliwość w uczeniu się obojętnym jest z chrześcijańskiego punktu widzenia daleka od powagi, jest to z chrześcijańskiego punktu widzenia żart i próżność. Ale powaga znów jest budująca. Ta mała książka jest więc w pewnym sensie skomponowana w taki sposób, że mógłby ją napisać student seminarium; w innym jednak sensie w taki sposób, że być może nie każdy profesor mógłby ją napisać.

Ale to, że forma, w jaką jest ubrany ten traktat, jest co najmniej wynikiem należytej refleksji, a w każdym razie jest z pewnością poprawna z psychologicznego punktu widzenia. Istnieje bardziej podniosły styl, który jest tak podniosły, że nie znaczy wiele, a ponieważ jest się do niego zbyt dobrze przyzwyczajonym, łatwo staje się całkowicie bez znaczenia. Jeszcze tylko jedna uwaga, bez wątpienia zbyteczna, ale za to jestem skłonny przyjąć na siebie winę: chciałbym raz jeszcze zwrócić uwagę na fakt, że w całej tej książce, jak rzeczywiście mówi tytuł, rozpacz jest rozumiana jako choroba, a nie jako lekarstwo. Więc dialektyka to rozpacz. Tak więc również w terminologii chrześcijańskiej śmierć jest wyrazem największej nędzy duchowej, a jednak lekarstwem jest po prostu umrzeć, "umrzeć od". ”

MIX
Papier aus verantwortungsvollen Quellen
Paper from responsible sources
FSC® C105338

Printed by Books on Demand GmbH, Norderstedt / Germany